仪器仪表与智能传感应用技术

主　编	李　辉	黄　鹏	邓三鹏	
副主编	丘建雄	苏美亭	翁锦华	于方波
参　编	张　建	张迎春	陈建毅	郑　伟
	戴　琨	董海云	许光华	李经炎
	周旺发	权利红	薛　强	吴卫苹
主　审	刘桂雄			

北京理工大学出版社

BEIJING INSTITUTE OF TECHNOLOGY PRESS

内 容 简 介

本书由长期从事仪器仪表的一线教师和企业工程师，根据在仪器仪表与智能传感技术教学、培训、工程应用、技能评价和竞赛方面的丰富经验，对照"全国智能制造应用技术技能大赛——仪器仪表制造工"竞赛要求，结合仪器仪表与智能传感技术在企业中的实际应用编撰而成。基于仪器仪表与智能传感应用教学创新平台（BNRT-IISA），从智能仪器仪表选型、检测与安装调试，工业智能检测系统配置，逻辑控制算法编程与调试，工业信息网络搭建与调试，智能测控系统编程与调试，安全系统安装与调试等方面来讲述，以学生职业能力培养为目标，并兼顾仪器仪表与智能传感技术的工业应用和发展趋势，以工作过程为导向，以智能仪器仪表典型应用为教学案例，深入浅出、循序渐进地对每个项目进行了讲解。编写中力求做到"理论先进，内容实用、操作性强"，突出学生动手能力和职业素养的养成。

本书既可作为化工仪表及自动化、工业自动化仪器仪表装配与维护、智能设备运行与维护、智能化生产线安装与运维、工业自动化仪表及应用、化工智能制造技术、智能控制技术、自动化技术与应用、电气工程及其自动化等相关专业用教材，仪器仪表制造工、化工总控工的培训教材，也可作为从事工业流程工艺的设计、搭建、编程和调试等工作的工程技术人员的参考书。

图书在版编目（CIP）数据

仪器仪表与智能传感应用技术／李辉，黄鹏，邓三鹏主编. --北京：北京理工大学出版社，2022.12

ISBN 978-7-5763-1992-7

Ⅰ.①仪… Ⅱ.①李… ②黄… ③邓… Ⅲ.①仪器-智能传感器 ②仪表-智能传感器 Ⅳ.①TH7

中国国家版本馆 CIP 数据核字（2023）第 003582 号

出版发行／北京理工大学出版社有限责任公司
社　　　址／北京市海淀区中关村南大街 5 号
邮　　　编／100081
电　　　话／（010）68914775（总编室）
　　　　　　（010）82562903（教材售后服务热线）
　　　　　　（010）68944723（其他图书服务热线）
网　　　址／http://www.bitpress.com.cn
经　　　销／全国各地新华书店
印　　　刷／唐山富达印务有限公司
开　　　本／787 毫米×1092 毫米　1/16
印　　　张／19.75　　　　　　　　　　　　　　　　责任编辑／王玲玲
字　　　数／460 千字　　　　　　　　　　　　　　　文案编辑／王玲玲
版　　　次／2022 年 12 月第 1 版　2022 年 12 月第 1 次印刷　　责任校对／刘亚男
定　　　价／85.00 元　　　　　　　　　　　　　　　责任印制／施胜娟

前言

    仪器仪表是物质世界信息获取、传输、转换、探测和控制的重要工具，是信息化和工业化深度融合的源头。仪器仪表广泛服务于能源、原材料、交通、农业、机械、电子、轻纺、建筑、医药、卫生、国防、环保和科学研究等各个行业，全面覆盖了国民经济和现代国防各个领域。作为国民经济的基础性、战略性高新技术产业，其对促进工业转型升级、提升科技发展能力、推动现代国防建设、保障和提高人民生活水平具有十分重要的意义。

    本书由长期从事仪器仪表的一线教师和企业工程师，根据在仪器仪表与智能传感技术教学、培训、工程应用、技能评价和竞赛方面的丰富经验，对照"全国智能制造应用技术技能大赛——仪器仪表制造工"竞赛要求，结合仪器仪表与智能传感技术在企业中的实际应用编撰而成。基于仪器仪表与智能传感应用教学创新平台（BNRT-IISA），从智能仪器仪表选型、检测与安装调试，工业智能检测系统配置，逻辑控制算法编程与调试，工业信息网络搭建与编程，智能测控系统编程与调试，安全系统安装与调试等方面来讲述，以学生职业能力培养为目标，并兼顾仪器仪表与智能传感技术的工业应用和发展趋势，以工作过程为导向，以智能仪器仪表典型应用为教学案例，深入浅出、循序渐进地对每个项目进行了讲解。编写中力求做到"理论先进，内容实用、操作性强"，突出学生动手能力和职业素养的养成。

    本书由李辉、黄鹏、邓三鹏主编，参与编写工作的有天津职业技术师范大学李辉、邓三鹏，湖北工程职业学院黄鹏，惠州市技师学院丘建雄，山东工业技师学院苏美亭、许光华，江苏省淮海技师学院于方波，漳州技师学院翁锦华，中国仪器仪表学会张建、张迎春，厦门城市职业学院陈建毅，天津市职业大学郑伟，唐山工业职业技术学院戴琨，北京金隅科技学校董海云，广西南宁技师学院李经炎，安徽博皖机器人有限公司周旺发，天津博诺智创机器人技术有限公司权利红、吴卫苹，湖北博诺机器人有限公司薛强，以及天津职业技术师范大学机器人及智能装备研究院的蒋永翔教授、祁宇明副教授、孙宏昌副教授、石秀敏副教授，硕士研究生张凤丽、赵宝乐、王振等参与了素材收集、文字图片处理、实验验证、学习资源制作等辅助编写工作。

    本书得到了全国职业院校教师教学创新团队建设体系化课题研究项目（TX20200104）

和天津市智能机器人技术及应用企业重点实验室开放课题的资助。在编写过程中，得到了中国仪器仪表学会、全国机械职业教育教学指导委员会、机械工业教育发展中心、天津市机器人学会、天津职业技术师范大学机械工程学院和机器人及智能装备研究院、南京科远自动化集团股份有限公司等单位的大力支持和帮助，在此深表谢意。本书承蒙华南理工大学刘桂雄教授细心审阅，提出许多宝贵意见，在此表示衷心的感谢。

由于编者水平所限，书中难免存在不妥之处，恳请同行专家和读者们不吝赐教，多加批评指正，联系邮箱：37003739@ qq. com。

教学资源网站：www. dengsanpeng. com。

编　者

目 录
Contents

智能仪器仪表选型、检测与安装调试

任务一　智能仪器仪表选型

一、学习目标

1. 了解仪器仪表与智能传感应用教学创新平台的工艺流程和组成；
2. 掌握智能仪器仪表与传感器的常用技术指标和选型原则；
3. 掌握压力、流量、液位、温度、称重等智能仪器仪表与传感器的选型方法。

二、任务描述

1. 认识仪器仪表与智能传感应用教学创新平台，了解其工艺流程和组成；
2. 根据平台的工作要求，进行压力、流量、液位、温度、称重等智能仪器仪表的选型；
3. 根据平台的工作要求，进行调节阀、水泵、压力表、电动机的选型；
4. 根据平台的工作要求，进行安全栅的选型。

三、实践操作

1. 知识储备

（1）仪器仪表与智能传感应用教学创新平台简介

BNRT-IISA 型仪器仪表与智能传感应用教学创新平台（简称教学创新平台）包含柔性配料、柔性深加工、柔性后处理、智能测控、能源管理、可视化平台等系统，如图 1-1 所示。面向应用订单式柔性生产系统，进行典型流程工业产品的智能生产，以智能测控技术为基础，融入工业互联网、智能化管控、数据可视化等新一代信息技术，按照流程自动化的智能处理模式，建立可定义配置的订单式柔性化生产流程。可以完成柔性流程工艺设计与搭建、工业智能检测系统配置、系统信号处理及数字化、工业信息网络搭建与调试、智能测控系统的编程运行与调试、生产过程的可视化与远程监控等方面的教学与职业技能竞赛。

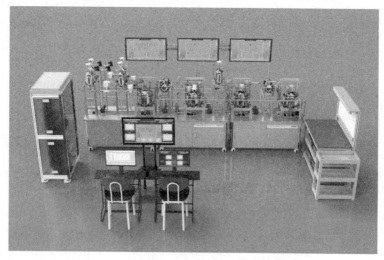

图 1-1　仪器仪表与智能传感应用教学创新平台

①数字化网络化智能测控系统。

数字化网络化智能测控系统是以流程工业领域广泛应用的 DCS 控制系统与安全控制模块为基础，主要包括可编程逻辑控制器（PLC）、人机交互界面（HMI）、安全栅、能源管理模块、快接航插、电源模块、NT6000 DCS 系统模拟量输入模件（KM231A）、Modbus RTU 通信模件（KM631A）、DCS 控制器单元（KM950A）、16 通道数字量输出模件（KM235B）、6 通道电流输出模件（KM236A）、16 通道继电器输出组件（KB423A）等功能模块，为采用模块化设计理念搭建的数字化与网络化智能测控平台，如图 1-2 和图 1-3 所示。

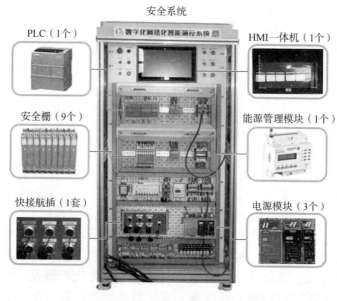

图 1-2　安全系统一侧

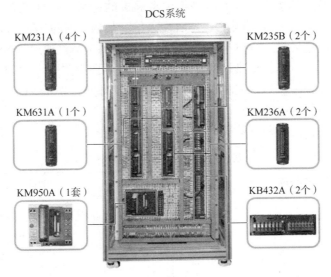

图1-3 DCS系统一侧

②综合生产系统。

综合生产系统由柔性配料系统、柔性深加工系统、柔性后处理系统等部分组成，如图1-4所示。要完成生产系统的流程控制，需要具备识读工艺流程图、电气原理图等工程图纸的能力、DCS过程控制编程能力、PLC编程能力、流程设计能力、对设备性能和质量检测能力、应用工具进行设备安装配管的装配技能以及综合布线的能力。

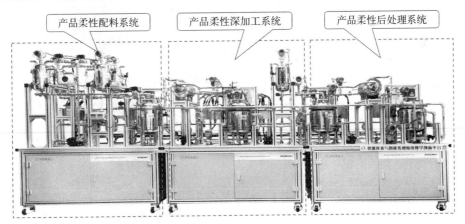

图1-4 生产系统

柔性配料系统：其主要工作流程是控制加料泵向原料储罐加料，通过液位和重量检测方式进行加料比例控制，通过称重和计量方式进行原料储罐出料控制，原料按配方比例进入柔性配料混合罐，并通过直流无刷电动机进行混合搅拌，完成后由循环泵输送至下一单元。

柔性深加工系统：其主要工作流程是由水泵向柔性深加工罐壁套注入冷热媒，对罐内原料进行加热、冷却反应，并通过直流无刷电动机进行搅拌；加热过程中产生的热蒸汽通过管道传输至换热器，并通过换热器壁套的循环冷媒将热蒸汽转换为冷凝水返回罐内，全部流程完成后，通过循环泵输送至下一单元。

　　柔性后处理系统：其主要工作流程是将原料储罐的原料通过计量方式加入柔性后处理罐，同时控制水泵向柔性后处理罐壁套先后注入冷、热媒，对罐内原料进行加热、冷却反应，并通过直流无刷电动机进行搅拌；加热过程中产生的热蒸汽通过管道传输至换热器，并通过换热器壁套的循环冷媒，将热蒸汽转换为冷凝水返回到罐内；全部流程完成后，通过循环泵输送至柔性后处理罐，然后控制水泵向柔性后处理罐壁套注入冷媒，对罐内原料进行冷却反应，并通过直流无刷电动机进行搅拌冷却。

　　综合生产系统的主要零部件见表1-1。

表1-1　综合生产系统零部件

零部件说明	示意图
1）原料水箱 材质为 PE，规格为 450 mm×380 mm×350 mm，用于存储供应系统所需的原料	
2）原料储罐 材质为 304 不锈钢，规格为 φ159 mm×300 mm，用于存储不同的原料，以完成柔性配料任务。 罐体正面安装有查看罐内液位的亚克力板透明窗；罐体配有液位传感器，可实时通过表头或 DCS 查看当前罐内液位值；侧面安装有液位开关，可实时保证液位处于安全范围	
3）柔性配料混合罐 材质为 304 不锈钢，规格为 φ300 mm×420 mm，用于将 4 个原料储罐的不同原料进行混合搅拌。 罐体正面安装有玻璃管液位计，可直接查看罐内液位高度；顶部安装有直流无刷电动机并带有扇叶进行混合搅拌；侧面安装有液位开关，可实时保证液位处于安全液位范围	
4）水泵 选用 AC 220 V 电动隔膜泵，用于原料储罐的上料及罐体之间原料输送	
5）电磁阀 选用 AC 220 V 节能型防水电磁阀，用于对管路中原料流向和通断进行控制	

零部件说明	示意图
6）电动调节阀 选用 DC 24 V 智能型电动球阀，内置高性能 CPU，具有过热/过载保护功能，用于对管路中原料的流量和通断进行控制	
7）称重传感器 主要由传感器、接线盒和放大器组成，用于原料储罐重量检测	
8）涡轮流量计 选用一体式涡轮流量计，检测与显示计算一体化，可自动记录现场瞬时流量累计流量并显示在表头，用于原料储罐出料流量检测	
9）原料储罐液位传感器 选用一体式射频导纳液位计，检测与显示计算一体化，可实时将罐内液位值显示在表头，用于原料储罐液位检测	
10）直流无刷电动机 用于完成罐内液体的混合搅拌	
11）高压内置式无刷驱动器 支持 RS485 通信，具有欠压、过压、过流、过载、堵转、短路、缺相、过温等保护功能，用于驱动、控制直流无刷电动机	

零部件说明	示意图
12）压力表 用于水泵出口压力检测	
13）浮球液位开关 用于检测罐体液位高度，保证液位不超过安全上限	
14）玻璃管液位计 外侧带有数值刻度，可直观地观察罐内液位高度，用于查看罐体液位高度	
15）换热器 用于将罐内加热产生的蒸汽转化为冷凝水，具有循环利用的环保作用	
16）水箱温度传感器 选用装配式热电阻传感器，传感器具备远传功能，通过 4~20 mA 电流信号实时传输至主控制界面，用于热媒水箱温度检测	
17）温度开关 选用一体化机械插入式定温温度开关，用于热媒水箱温度监测，保证水箱温度在安全范围内	

零部件说明	示意图
18）加热棒 材质为 304 不锈钢，杆长为 250 mm，电压为 AC 220 V，功率为 1 500 W，用于热媒水箱原料加热	
19）冷媒水箱 材质为 304 不锈钢，规格为 450 mm×380 mm×350 mm，用于存储供应系统所需的原料	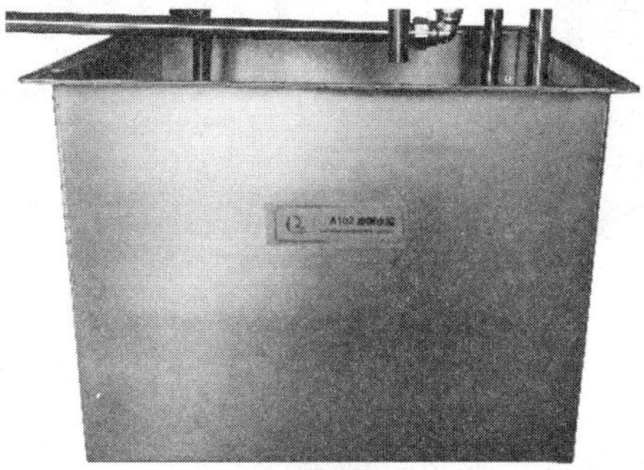
20）液位传感器 选用一体式射频导纳液位计，用于原料储罐液位检测	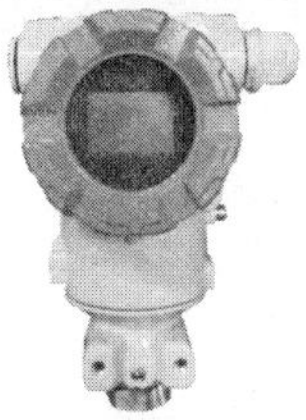
21）柔性后处理罐液位传感器 选用差压式液位计，用于柔性后处理罐液位检测	
22）低温恒温水槽 具有内/外循环、快速制冷、快速制热、智能温控等特点，用于冷媒水箱原料恒温控制	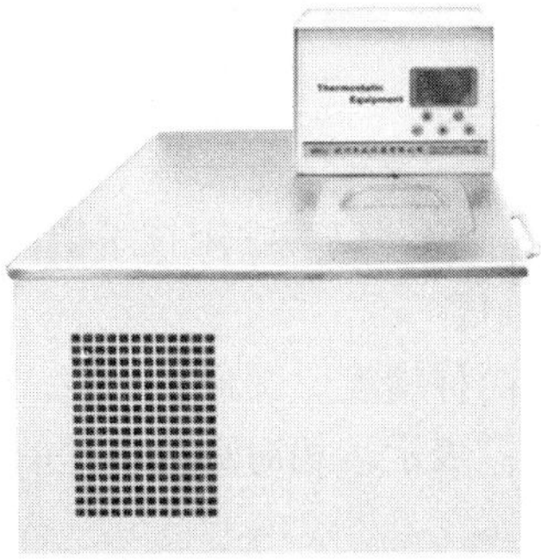

③生产过程可视化平台。

生产过程可视化平台提供生产过程监控、能源管理、流程及工艺参数调整等功能，如图 1-5 所示。

工程师站

操作员站

管理看板

柔性配料流程看板

柔性深加工流程看板

柔性后处理流程看板

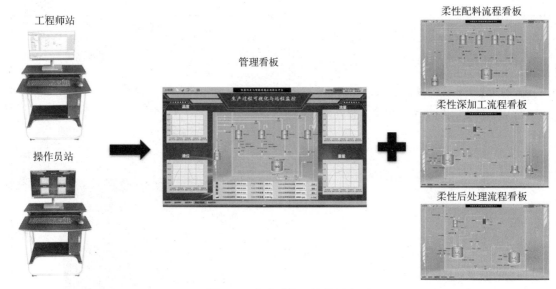

图1-5　生产过程可视化平台

④多功能操作实训台。

多功能操作实训台配有工具、收纳盒、台钳、LED灯、白板、工具车等，如图1-6所示。

实训台

配套工具

LED灯　白板

台钳

收纳盒

工具车

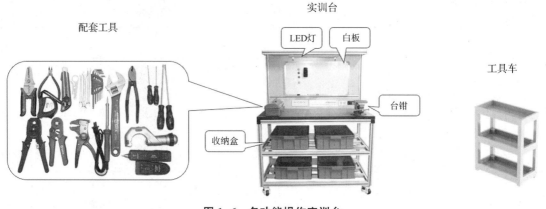

图1-6　多功能操作实训台

（2）智能仪器仪表常用技术指标

1）精确度

精确度简称精度，又称准确度。仪表精确度是仪表测量值接近真值的准确程度，通常用相对百分误差表示。相对百分误差的表达式如下：

$$\delta = \frac{\Delta x}{标尺上限值-标尺下限值} \times 100\% \tag{1.1}$$

式中，δ为检测过程中相对百分误差；（标尺上限值-标尺下限值）为仪表测量范围；Δx为绝对误差，是被测参数测量值x_1和被测参数标准值x_0之差。

仪表精确度不仅和绝对误差（测量值与真实值的差）有关，还与仪表的测量范围有关。

绝对误差越大，则相对百分误差越大，仪表精确度越低。例如，绝对误差相同的两台仪表，其测量范围不同，则测量范围大的仪表相对百分误差越小，仪表精确度越高。精确度是仪表很重要的一个质量指标，常用精度等级来规范和表示。按国家统一规定划分的等级有0.005、0.02、0.05、0.1、0.2、0.35、0.5、1.0、1.5、2.5 和 4 等。仪表精度等级一般都刻在仪表标尺或标牌上，数字越小，说明仪表精确度越高。

误差通常可以分为疏忽误差、缓变误差、系统误差和随机误差。疏忽误差是指测量过程中人为造成的误差。缓变误差是由仪表内部元器件老化引起的，它可以用更换元器件、零部件或通过不断校正加以克服和消除。系统误差是指对同一被测参数进行多次重复测量时，所出现的数值大小或符号都相同的误差，或按一定规律变化的误差，可以通过分析计量加以处理，使其最后的影响减到最小，但是难以消除。随机误差是由某些目前尚未被人们认识的偶然因素所引起，其数值大小和性质都不固定，难以估计，但可以通过统计方法从理论上估计其对检测结果的影响。误差来源主要指系统误差和随机误差。在用误差表示精度时，是指随机误差和系统误差之和。

2）灵敏度和灵敏限

灵敏度表示测量仪表对被测参数变化的敏感程度，常以仪表输出（如指示装置的直线位移或角位移）与引起此输出的被测参数变化量之比表示，即

$$灵敏度 = \frac{\Delta \alpha}{\Delta x} \tag{1.2}$$

式中，$\Delta \alpha$ 为仪表指示装置的直线位移或角位移；Δx 为被测参数的变化值。

仪表的灵敏度可用增加放大系统的放大倍数来提高。但是，单纯提高仪表的灵敏度并不一定能提高仪表的精确度，例如，把一个电流表的指针接得很长，虽然可把直线位移的灵敏度提高，但其读数的精确度并不一定能提高。相反，由于平衡状况变坏，精确度反而可能下降。为了防止这种虚假灵敏度，经常规定仪表读数标尺的分格值不能小于仪表允许误差的绝对值。仪表的灵敏限，是指仪表能感受并发生动作的输入量的最小值。

3）变差

在外界条件不变的情况下，使用同一仪表对被测参量进行反复测量（正行程和反行程）时，所产生的最大差值与测量范围之比称为变差。造成变差的原因很多，例如传动机构间存在的间隙和摩擦力、弹性元件的弹性滞后等。在设计和制造仪表时，必须尽量减小变差的数值。一个仪表的变差越小，其输出的重复性和稳定性越好。

各种不同的工业企业在实现自动化时，需要检测的工艺参数种类很多，因而需根据具体工业应用选用仪器仪表和传感器。仪器仪表与智能传感应用教学创新平台所用仪器仪表和传感器，如图1-7所示。

（3）智能仪器仪表与传感器选型原则

1）根据测量对象与测量环境选型

要进行一个具体的测量工作，首先要确定采用何种原理的传感器，这需要在分析多方面的因素之后才能确定。即使是测量同一物理量，也有多种原理的传感器可供选用，哪一种原理的传感器更为合适，则需要根据被测量的特点和传感器的使用条件，考虑以下具体问题：

射频导纳液位计（5个）	射频导纳液位计（带HART）（1个）	差压液位计（1个）	一体化温度变送器（5个）
涡轮流量计（3个）	压力变送器（1个）	电动调节阀（7个）	称重传感器（2套）
温度开关（1个）	浮球液位开关（9个）	压力表（4个）	温度变送器（1个）
电磁阀（17个）	水泵（6个）	能源管理模块（1个）	直流电动机驱动器（4个）

图1-7　仪器仪表与智能传感应用教学创新平台所用仪器仪表和传感器

➢量程的大小；

➢被测位置对传感器体积的要求；

➢测量方式为接触式还是非接触式；

➢信号的引出方法，有线或是非接触测量；

➢传感器的来源，包括国产、进口、价格合理性等。

在考虑上述问题之后确定选用何种类型的传感器，然后再考虑传感器的具体性能指标。

2）根据灵敏度选型

通常，在传感器的线性范围内，传感器的灵敏度越高越好。因为只有灵敏度越高时，与被测量变化对应的输出信号的值越大，有利于信号处理。但要注意的是，传感器的灵敏度越高，与被测量无关的外界噪声也越容易混入，也会被放大系统放大，影响测量精度。因此，要求传感器本身应具有较高的信噪比，尽量减少从外界引入的干扰信号。

传感器的灵敏度是有方向性的。当被测量是单向量，而且对其方向性要求较高时，则应选择其方向灵敏度小的传感器；如果被测量是多维向量，则要求传感器的交叉灵敏度越小越好。

3）根据频率响应特性选型

传感器的频率响应特性决定了被测量的频率范围，必须在允许频率范围内保持不失真。实际上，传感器的响应有一定延迟，延迟时间越短越好。传感器的频率响应越高，可测的信号频率范围就越宽。

在动态测量中，应根据信号的特点（稳态、瞬态、随机等）响应特性，以免产生过大的误差。

4）根据传感器的线性范围选型

传感器的线性范围是指输出与输入成正比的范围。传感器的线性范围越宽，则其量程越大，并且能保证一定的测量精度。在选择传感器时，当传感器的种类确定以后，首先要看其量程是否满足要求。

在实际应用中，传感器难以保证绝对的线性，其线性度也是相对的。当所要求测量精度比较低时，在一定的范围内，可将非线性误差较小的传感器近似看作线性的，这会给测量带来极大的方便。

5）根据传感器的稳定性选型

传感器使用一段时间后，其性能保持不变的能力称为稳定性。影响传感器长期稳定性的因素除传感器本身结构外，主要是传感器的使用环境。因此，要使传感器具有良好的稳定性，传感器必须要有较强的环境适应能力。

在选择传感器之前，应对其使用环境进行调查，并根据具体的使用环境选择合适的传感器，或采取适当的措施，降低环境的影响。

6）根据传感器的精度选型

精度是传感器的一个重要的性能指标，是关系到整个测量系统测量精度的一个重要环节。传感器的精度越高，其价格越高昂，因此，传感器的精度只要满足整个测量系统的精度要求即可，不必选得过高。这样可以在满足同一测量目的的诸多传感器中选择比较便宜和简单的传感器。

如果测量目的是定性分析的，应选用重复精度高的传感器，不宜选用绝对量值精度高的传感器；如果是为了定量分析，必须获得精确的测量值，就需选用精度等级能满足要求的传感器。

2. 任务实施

（1）压力传感器的选型

被测量的介质：压力传感器安装在教学创新平台上的罐体上部或换热器管道上，压力传感器的被测物质是罐体内部空气。

压力测量类型的确定：确定要测的是表压、绝压还是差压。

表压是指以大气压为零点的压力值，可以有正负值，高于大气压时为正，低于大气压时为负。

绝压是指以绝对真空为零点的压力值，绝压只有正值，没有负值。

差压是指两个压力之间的差值。

绝压测量是将一个参考的压力封闭在传感器的芯片之中，通常这个压力的大小只有真空（小于 5 Torr）和标准大气压（14.7 psi）两种。参考压力为真空的传感器称为绝压传感器，为一个标准大气压的传感器称为密封表压传感器。

密封压力是指在压力传感器的背压腔密封了一个标准大气压的参考压力，背压腔与大气压力相隔离，故采用密封压力可以保持压力传感器具有较高的环境适应能力（例如：潮湿、大气压力流动等）。当测量表压时，会受到大气压力的变化产生影响。但当测量较高量程的表压时，大气压力变化的影响可以忽略不计，故密封压力产品常用在测量高压力量程的场所。因为教学创新平台为了在压力测量时可以提高精度，增强抗干扰能力，压力传感器测量类型选用密封压力测量方式。教学创新平台选用的压力传感器，如图1-8所示。

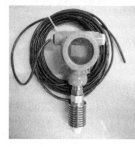

图1-8　压力传感器

（2）涡轮流量计选型

涡轮流量计选型应注意以下几点：

1）流量范围

使用时的最小流量不得低于仪表允许测量的最小流量，使用时的最大流量不得高于仪表允许测量的最大流量。对于仪表每日实际运行时间不超过8 h的断续工作场合，应选择实际使用时最大流量的1.3倍作为流量范围上限；对于仪表每日实际运行时间不低于8 h的连续工作场合，应选择实际使用时最大流量的1.4倍作为流量范围上限。仪表下限流量以实际使用最小流量的80%为合适。

2）精确度等级

对仪表精确度的选择要慎重，应从经济角度考虑。使用涡轮流量计的主要原因是其精确度很高，同时涡轮流量计的准确度也很高。精确度等级越高，涡轮流量计对现场条件的变化就越敏感。教学创新平台中管道的直径为20 mm，流体输送量不大，因此，选用中等精度的涡轮流量计。

3）压力损失

应选用压力损失小的涡轮流量计。因为流体通过涡轮流量计的压力损失越小，则流体由输入输出管道所消耗的能量就越少，所需的总动力就越小，可大大减少能源消耗，降低液体输送成本，提高利用率。

4）轴承

涡轮流量计的轴承一般有碳化钨、聚四氟乙烯、碳石墨、304不锈钢或316不锈钢等材质。教学创新平台管道内的液体介质为水，因此，为防止生锈，选择304不锈钢材质的轴承。

5）结构型式

①内部结构宜选用反推式涡轮流量计。因为反推式结构在一定流量范围内可使叶轮处于浮游状态，轴向不存在接触点，无端面摩擦和磨损，可延长轴承的使用寿命。

②按管道连接方式选型。流量计有水平安装和垂直安装两种方式，水平安装与管道连接方式有法兰连接、螺纹连接和夹装连接。中等口径选用法兰连接；小口径和高压管道选用螺纹连接；夹装连接只适用于低压中小直径管道；垂直安装只有螺纹连接。因为教学创新平台管道复杂，安装方式包括水平和垂直两种，所以选择螺纹连接。教学创新平台选用的涡轮流

量计如图 1-9 所示。

（3）液位计的选型

1）原料储罐液位传感器

原料储罐液位传感器选型时，需要注意以下几点：

①传感器材质：教学创新平台原料罐内的液体介质为水，对测量杆的材质没有特别要求。

②测量范围：教学创新平台原料罐高度为300 mm，混合罐高度为 420 mm，应根据液位传感器安装罐体高度选择合适杆长和测量范围的液位传感器。

图 1-9　涡轮流量计

综合考虑以上因素，液位计选用一体式射频导纳液位计，该液位计检测与显示计算一体化，可实时将罐内液位值显示在表头。仪表具备远传功能，液位测量范围为 0~290 mm，通过 4~20 mA 电流信号（如图 1-10 所示）或通过 4~20 mA/HART 信号（图 1-11）实时传输至主控制界面显示。

图 1-10　液位传感器

图 1-11　HART 信号型液位传感器

2）柔性后处理罐液位传感器

差压液位计（图 1-12）的选型需要考虑以下因素：被测介质的物理和化学性质、工作温度、压力、测量量程、现场安装条件、输出信号方式等。选型时应注意以下几点：

①对于结晶性液体、黏稠性液体、易气化液体、腐蚀性液体、含悬浮物液体的液位测量，宜选用法兰式差压变送器；在检测高结晶液体、高黏度液体、凝胶性液体、沉淀性液体的液位时，应选用插入式法兰差压变送器。

②当测量液面高度时，可选用差压式变送器，上部液面应始终高于上部测压口。

③测量液位的差压变送器应带迁移机构，正、负迁移量应在选择仪表量程时确定。

④正常工况下液体密度有明显变化时，不宜选用差压式变送器进行液位测量。

教学创新平台柔性后处理罐选用的液位传感器如图 1-12 所示。

（4）温度传感器的选型

1）罐体、管道温度传感器的选型

罐体、管道温度传感器选型需要注意以下几点：

①被测量的介质：教学创新平台管道中的液体介质为水，选择工作环境为无腐蚀气体或类似环境的温度传感器，见表 1-2。

图 1-12　液位传感器

表1-2　温度传感器材质类别和测量范围

类别	材质	分度号	测量范围
热电偶	镍铬-康铜	E	0~1 000 ℃范围内任选
	镍铬-镍硅	K	0~1 300 ℃范围内任选
	铂铑30-铂铑6	B	0~1 800 ℃范围内任选
	铜-康铜	T	0~400 ℃范围内任选
热电阻	铜热电阻	CU50	-50~150 ℃范围内任选
	铜热电阻	CU100	-50~150 ℃范围内任选
	铜热电阻	Pt100	-200~600 ℃范围内任选

②被测量的温度范围：教学创新平台的热媒温度最高设定为70 ℃（参考第四届智能制造大赛——仪器仪表制造工（智能仪器仪表与传感器应用技术）赛项），故测量范围最高为70 ℃，最低为室温，根据需求选择热电阻中的CU50铜热电阻。

③表头显示：被测液体温度不仅要能在远程的控制器界面上显示，也要在当地设备上显示，以方便检修设备时可以实时观测，教学创新平台的罐体和管道上选择的是带表头的温度传感器。

④测量杆长度选择：原料罐体高度为300 mm，混合罐体高度为420 mm，管道直径为20 mm，所以测量杆的长度要根据具体安装位置进行确定。教学创新平台选用的罐体温度传感器如图1-13所示。

2）水箱温度传感器的选型

热媒水箱位于教学创新平台工作台下部的柜子里面，无须选择有表头显示的温度传感器。

①安装方式：热媒水箱为敞口式构造，导致温度传感器只能以垂直于水箱壁的方式安装在水箱壁上。

②尺寸选择：热媒水箱的尺寸为450 mm×380 mm×350 mm，所以测量杆的长度要≤450 mm，具体长度适中即可。

③测量范围：因为热媒加热棒的水温加热由安全系统严格控制，水箱提供的是恒温的热水，恒温水的设定范围为70~90 ℃，所以可选择测量范围为-50~150 ℃的CU50的铜热电阻材质传感器。教学创新平台水箱温度传感器如图1-14所示。

图1-13　罐体温度传感器　　　　　　　　图1-14　水箱温度传感器

（5）调节阀的选型

调节阀的作用是调节介质的流量参数。调节阀的选型方法随着使用场合的不同而不同。主要介绍以下选型方法：

1）调节功能

①要求阀动作平稳；②小开度调节性能好；③满足所需的流量特性；④满足可调比；⑤阻力小、流量比（阀的额定流量参数与公称通径之比）大；⑥调节速度快。

2）泄漏量与切断压差

这是不可分割、互相联系的两个因素。泄漏量应满足工艺要求，并且有密封面的可靠性保护措施。

3）防堵

即使是干净的介质，也存在堵塞问题，管道内的不干净东西被介质带入调节阀内，造成堵塞是常见的故障，所以应考虑阀的防堵性能。

4）耐蚀

包括耐冲蚀、汽蚀、腐蚀等。主要涉及材料的选用和阀的使用寿命问题。教学创新平台选用的电动调节阀如图 1-15 所示。

图 1-15 电动调节阀

（6）称重传感器的选型

称重传感器选型需要注意以下几点：

1）稳定性

传感器性能保持不变的能力称为稳定性，在使用一段时间之后，传感器的稳定性可能会有变化。影响传感器长期稳定的因素除了本身的结构之外，还包括使用环境。因此，欲使传感器具有良好的稳定性，必须选择具有较强环境适应能力的传感器。

2）最大测量值

原料罐尺寸为 $\phi159$ mm×300 mm，持续装水，当水位到达溢流位置时，罐体内水的质量约为 3.54 kg，所以称重传感器测量范围的最大值须大于 3.54 kg。

3）灵敏度

在传感器的线性范围内，希望灵敏度越高越好，因为只有灵敏度高时，与被测量相对应的输出信号才比较大，有利于信号处理。但灵敏度高时，与被测量无关的外界噪声也会被放大系统放大，影响测量精度。因此，要求传感器本身应具有较高的信噪比，尽量减少从外界引入的干扰信号。

4）其他

原料罐的体积较大，需要每侧均各安装一个称重传感器。称重传感器的封装形式应根据称重传感器应用环境来考虑。称重传感器常用全密封和局部密封两种方式，因此由称重传感器应用环境来选择传感器密封方式。教学创新平台选用的称重传感器如图 1-16 所示。

图 1-16　称重传感器

（7）水泵的选型

水泵选型需要注意的事项：

①所选泵的型式和性能有装置流量、扬程、压力、温度、汽蚀流量、吸程等工艺参数的要求。

②必须满足介质特性的要求。

对输送易燃、易爆、有毒或贵重介质的泵，要求轴封可靠或采用无泄漏泵，如磁力泵、隔膜泵、屏蔽泵。

对输送腐蚀性介质的泵，要求对流部件采用耐腐蚀性材料，如 AFB 不锈钢耐腐蚀泵、CQF 工程塑料磁力驱动泵。

对输送含固体颗粒介质的泵，要求对流部件采用耐磨材料，必要时轴封采用清洁液体冲洗。

③机械方面可靠性高、噪声低、振动小。

④经济上要综合考虑到设备费、运转费、维修费和管理费的总成本最低。

⑤离心泵具有转速高、体积小、质量小、效率高、流量大、结构简单、输液无脉动、性能平稳、容易操作和维修方便等特点。因此，除以下情况外，应尽可能选用离心泵。

a. 有计量要求时，选用计量泵；

b. 扬程要求很高，流量很小且无合适小流量高扬程离心泵可选用时，可选用往复泵，如汽蚀要求不高时，也可选用旋涡泵；

c. 扬程很低，流量很大时，可选用轴流泵和混流泵；

d. 介质黏度较大（大于 $650 \sim 1\,000\ \text{mm}^2/\text{s}$）时，可考虑选用转子泵或往复泵（齿轮泵、螺杆泵）。

教学创新平台选用的水泵如图 1-17 所示。

（8）压力表的选型

压力表是指以弹性元件为敏感元件，测量并指示高于环境压力的仪表，应用极为普遍，由于机械式压力表的弹性敏感元件具有很高的机械强度以及生产方便等特性，使得机械式压力表应用很广泛。压力表的选择需要注意以下事项：

图 1-17 水泵

1）选择压力表的测量上限

①压力表测量上限值的大小是根据弹簧管外廓尺寸、刚度和非线性条件设计的，测量上限值有 $1×10^n$、$1.6×10^n$、$2.5×10^n$、$4×10^n$、$6×10^n$ 五种系列，n 是正整数、负整数或零。

②数字压力表压力范围：-100 kPa~2 kPa~260 MPa。

③压力表低于 1/3 量程部分准确度较低，不宜使用。选择测量上限时，为了保证压力表安全可靠地工作，延长压力表使用寿命，压力表的量程一般应大于最高使用压力的 1/3。

④选择使用范围时，按负荷状况的通用性，应选用全量程的 1/3~2/3 为宜，因为这一使用范围准确度较高，并且在平稳、波动两种负荷下均可使用。使用范围最高不得超过满刻度的 3/4。

2）选择压力表的种类

①用于测量黏稠或酸碱等特殊介质时，应选用隔膜压力表、不锈钢弹簧管、不锈钢机芯、不锈钢外壳或胶木外壳。按其所测介质不同，在压力表上应有规定的色标，并注明特殊介质的名称，氧气必须标以红色"禁油"字样，氢气用深绿色下横线色标，氨用黄色下横线色标等。

②靠墙安装时，应选用有边缘的压力表；直接安装于管道上时，应选用无边缘的压力表；用于直接测量气体时，应选用表壳后面有安全孔的压力表。出于测压位置和便于观察管理的考虑，应选择表壳直径的大小。

③根据压力表的用途，可分为普通压力表、氨压力表、氧气压力表、电接点压力表、远传压力表、耐振压力表、带检验指针压力表、双针双管或双针单管压力表、数显压力表、数字精密压力表等。

3）选择压力表的准确度等级

①压力表的准确度等级是反映被检表与精密表进行比对中，指示值与真实值接近的准确程度。其为最大基本误差绝对值与测量上限比值的百分数，是依据校验中所产生误差的大小来决定的。

②合理选择压力表准确度等级的方法，应根据生产工艺、经济实用、检测方法等提出的要求，按被测压力最小值所要求的允许误差来选择准确度等级。

设备压力表选用不锈钢耐震型压力表，外壳材质为 304 不锈钢；表头有清晰的压力数值图，可通过指针方向快速确定压力值，内部充油进一步提高了耐震能力，用于水泵出口压力检测。教学创新平台选用的压力表如图 1-18 所示。

图 1-18 压力表

（9）直流无刷电动机的选型

直流无刷电动机选型需要考虑以下几点：

1）首先需要考虑电动机方面的要求

①直流无刷电动机的功率。

②直流无刷电动机的转速。

③直流无刷电动机的电压。

④直流无刷电动机的尺寸。

⑤直流无刷电动机需要带霍尔传感器还是不带霍尔传感器。

⑥如果需要较低的输出转速，则需要考虑是否搭配减速器和搭配减速器的种类。

2）直流无刷电动机选型参数确定后，需要考虑配套的电动机驱动器与控制器

①直流无刷电动机驱动器与控制器的功率要大于或满足所选定的无刷电动机的功率。

②直流无刷电动机驱动器/控制器的功能是否符合需要，例如调速方式有模拟量等多种选择。

③如果有通信控制要求，则需要注意直流无刷电动机驱动器/控制器的通信控制功能，例如 RS485 等。

④不同无刷电动机驱动器/控制器的尺寸大小或安装型式差别较大，需要认真确认。

⑤是否需要数字显示：一般的无刷电动机驱动器/控制器没有显示或只是简易显示，如果需要精确数显功能，需要另外配无刷电动机驱动器/控制器，需要额外确认。

⑥有无更复杂的控制要求：需要区分无刷电动机驱动器和控制器，控制器可以对无刷电动机进行某些更复杂的控制，但成本相对更高。

3）选择直流无刷电动机的驱动与控制电源时应注意的问题

①直流无刷电动机和无刷电动机驱动器/控制器选型确定后，开关电源的选型是至关重要的，电动机在快速运动切换时，电源会出现过载的情况，因此电源的电压在达到要求的基础上，要求电源功率要比电动机功率大 30%或 50%。

图 1-19　直流无刷电动机

②推荐使用线性电源整流滤波后使用，功率也要适当加大余量。

教学创新平台选用的直流无刷电动机如图 1-19 所示。

（10）安全栅的选型

安全栅也称为安全保持器，作为本安回路的安全接口，安全栅能在安全区和危险区之间双向转递电信号，并可限制因故障引起的安全区向危险区的能量转递。安全栅是用在现场仪表与中控室的 DCS 之间的，由于中控室一般在非防爆区，而现场仪表一般又是防爆的，为了防止将非防爆区的危险信号（大功率干扰）引入防爆区，须考虑使用安全栅。

安全栅的选用原则：

①安全栅的防爆标志等级应不低于本安回路现场设备的防爆标志等级。

②确认安全栅的端电阻及回路电阻，可以满足本安回路现场设备的最低工作电压要求。

③安全栅的本安端安全参数能够满足 $U_o < U_i$、$I_o < I_i$、$P_o < P_i$、$C_o > C_c$ 和 $L_o > L_c$ 的要求。

④应根据本安回路现场仪表的电源极性及信号传输方式选择与之相匹配的安全栅。

⑤避免安全栅的漏电流影响本安回路现场设备的正常工作。

⑥安全栅有两大类：一类为齐纳式安全栅，另一类为隔离式安全栅。

安全栅的选用方法有两种：一种是根据"回路认证（Loop Approvals）"，即常说的"联合取证"，根据危险环境使用仪表的联合取证情况，选择已与其联合取证的安全栅，一经联合取证，现场仪表与安全栅便固定组合构成本安系统，我国主要采用这种方式认证本安系统。实践中，这种方式对安全栅和现场仪表的选择有很大的局限。一个工程可能采用多种仪表，国产的、进口的仪表等。可能没有与同一个安全栅厂家的安全栅进行联合取证，如果严格按照这种联合取证方式，那么这个工程可能要使用多个厂家生产的安全栅。可能有不同的供电、安装、接地等要求，从而带来很多麻烦。

另一种是新的本质安全认证技术，即"参量认证"。按照"参量认证"方式认证的本安设备和关联设备都会给出一组安全参数。这些参数包括：

1）本安现场设备

V_{max}——在正常工作或故障条件下，能接受并能保持其本安性能的最高电压；

I_{max}——在正常工作或故障条件下，能接受并能保持其本安性能的最大电流；

C_i——本安现场设备内部未被保护的电容；

L_i——本安现场设备内部未被保护的电感；

P_{maxi}——本安现场设备允许输入的最大功率。

2）关联设备

V_{oc}——最高开路电压，即在正常工作或故障条件下可能传送到危险场所的最高电压；

I_{sc}——最大短路电流，即在正常工作或故障条件下可能传送到危险场所的最大电流；

C_a——关联设备允许外接的最大电容；

L_a——关联设备允许外接的最大电感；

P_{maxo}——关联设备允许输入的最大功率。

只要本安现场设备和关联设备的上述参数满足关系式（1.3）~式（1.7），用户就可以不经防爆检验机构的认可而任意组合配套构成本安防爆系统。

$$V_{max} \geq V_{oc} \qquad (1.3)$$

$$I_{max} \geq I_{sc} \qquad (1.4)$$

$$P_{maxi} \geq P_{maxo} \qquad (1.5)$$

$$C_i + C_c < -C_a \qquad (1.6)$$

$$L_i + L_c < -L_a \qquad (1.7)$$

式中，C_c、L_c分别表示本安现场仪表与关联设备之间连接电缆的分布电容和分布电感。

下面结合"参量认证"介绍一下安全栅的选用。

①安全栅的最高允许输入电压：与安全栅相连的安全设备的工作电压或可能产生的电压不得超过安全栅的最高允许输入电压。齐纳安全栅的最高允许输入电压一般为 DC 250 V。某些安全设备（如彩色 CRT）产生的高压可达上万伏，若用在本安系统，则这些安全设备应采用光电隔离技术使之从本安系统中隔离开来，或者采用隔离型安全栅。

②在"参量认证"公式 $V_{max} \geq V_{oc}$、$I_{max} \geq I_{sc}$、$P_{maxi} \geq P_{maxo}$ 中，V_{max}、I_{max} 和 P_{maxi} 即为本安现场设备能够正常工作的最大电压、电流和功率，若本安关联设备可能输出的最大电压 V_{oc}、

电流 I_{sc} 和功率 P_{maxo} 中的任何一个参数值大于上述对应值，则本安设备就可能引爆危险气体而不能够正常工作，因此，选用时应逐一对比。

③ "参量认证" 公式 $C_i+C_c \leqslant C_a$ 和 $L_i+L_c \leqslant L_a$ 中，引入参数 C_c 和 I_c，在安全栅选用的基础上引出了控制电缆的选用问题，把本安设备和控制电缆的电容和电感视为一个储能元件，储能分别不应大于相应类、级别的爆炸性气体混合物的最小点燃能量，因此，限定了控制电缆的使用长度。

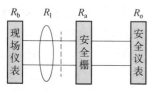

图 1-20　本安系统中阻抗匹配示意图

上述三种条件都满足后，本安回路是本质安全的，但是本安回路能否正常工作还涉及安全栅选用的另一个问题，即阻抗匹配问题。

在本安系统中，如图 1-20 所示，安全栅阻抗 R_a、现场仪表阻抗 R_b、电缆阻抗 R_l 及安全仪表的允许负载阻抗 R_o 应满足：

$$R_b+R_l+R_a \leqslant R_o \tag{1.8}$$

对于输出回路，作为安全仪表的调节器或 I/O 卡的输出通道等，允许负载阻抗是由制造厂商提供的，如 Smar 公司的 CD600 调节器 4~20 mA 输出时，允许负载为 750 Ω；FOXBORO 公司 IA 系列 I/O 卡 4~20 mA 输出时，允许负载为 735 Ω。

对于输入回路，作为安全仪表的显示仪表或 I/O 卡的输入通道等，允许负载阻抗取决于其输出电压 V_o 和现场仪表的无负载工作电压 V_i，公式表示为：

$$R_o = (V_o-V_i)/0.023 \tag{1.9}$$

以 FCX 变送器为例，其无负载工作电压为 DC 10.5 V，那么一个输出电压为 DC 24 V 的 I/O 卡的负载电阻 $R_o = (24\ V-10.5\ V)/0.023\ A = 587\ \Omega$。

无论是输入还是输出回路，选用安全栅时，其阻抗满足式（1.9）即可保证回路的正常工作。

安全栅按结构分，主要有齐纳式安全栅和隔离式安全栅两大类。隔离式安全栅的价格要稍高于齐纳式安全栅，但在要求较高的场合，会采用隔离式安全栅。隔离式安全栅也有逐步取代齐纳式安全栅的趋势。

教学创新平台选用的安全栅如图 1-21 所示。

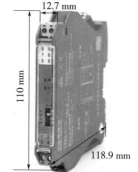

图 1-21　安全栅

四、知识拓展

检测仪表（元件）及控制阀选型的一般原则：

1. 工艺过程条件

工艺过程的温度、压力、流量、黏度、腐蚀性、毒性、脉动等因素是决定仪表选型的主要因素，关系到仪表选用的合理性、仪表的使用寿命及车间的防火、防爆、保安等问题。

2. 操作上的重要性

各检测点的参数在操作上的重要性是仪表的指示、记录、积算、报警、控制、遥控等功能选定依据。一般来说，对工艺过程影响不大，但需经常监视的变量，可选指示型；对需要经常了解变化趋势的重要变量，应选记录式；而一些对工艺过程影响较大的，又需随时监控的变量，应设控制；对关系到物料衡算和动力消耗而要求计量或经济核算的变量，宜设积算；一些可能影响生产或安全的变量，宜设报警。

3. 经济性和统一性

仪表的选型也取决于投资的规模，应在满足工艺和自控的要求前提下，进行必要的经济核算，取得适宜的性能/价格比。为便于仪表的维修和管理，在选型时也要注意到仪表的统一性。

4. 仪表的使用和供应情况

选用的仪表应是较为成熟的，经现场使用证明性能可靠的；同时，要注意到选用的仪表应当货源供应充沛，不能影响工程的施工进度。

五、练习题

1. 仪表的基本技术指标有哪些？
2. 智能仪器仪表与传感器的选型原则是什么？
3. 如何选择压力传感器？
4. 如何选择称重传感器？
5. 安全栅的作用是什么？安全栅的选用原则有哪些？安全栅的选用方法有哪些？分别是什么？

任务二　智能仪器仪表与传感器检测和调试

一、学习目标

1. 掌握智能仪器仪表与传感器的质量检测方法；
2. 掌握智能仪器仪表与传感器的参数设置方法，以获得精确和可靠的被控参数，以及高质量的控制效果。

二、任务描述

1. 完成压力传感器、涡轮流量计的质量检测与量程设置；
2. 完成液位计的调试与零点设置；
3. 完成温度传感器的校验与量程设置；
4. 完成调节阀的校验；
5. 完成无刷直流电动机驱动器的检测与参数设置；
6. 完成称重传感器的检测与参数设置；
7. 完成水泵、电磁阀、浮球液位开关、温度开关、压力表的检测。

三、实践操作

1. 知识储备

在测量过程中，任何测量结果都不可能绝对准确，必然存在测量误差。由仪表测量的被测量的值与被测量实际值之间总是存在一定的误差，这个误差称为测量误差。测量误差的表示方法有绝对误差和相对误差。

（1）绝对误差

绝对误差在理论上是指测量值 x 与被测量的真值 A 之差，记为 Δx，有

$$\Delta x = x - A \tag{1.10}$$

由此可见，Δx 可正可负，为有单位的数值，其大小和符号分别表示测量值偏离被测量真值的程度和方向。所谓真值，是指被测物理量客观存在的真实数值，是无法得到的理论值。因此，实际上是用标准仪表（准确度等级更高的仪表）的测量结果作为约定真值，此时绝对误差也称为实际绝对误差。

（2）相对误差

相对误差是指绝对误差与真值或测量值的百分比。

（3）测量范围与量程

每台检测仪表都有一个测量范围，工作在测量范围内，可以保证仪表不会被损坏，而且仪表输出值的准确度能符合所规定的值。测量范围的最小值 x_{min} 和最大值 x_{max} 分别为测量下限和测量上限。测量上限和测量下限的代数差称为仪表的量程 x_m，即

$$x_m = x_{max} - x_{min} \tag{1.11}$$

（4）输入/输出特性

仪表的输入/输出特性主要包括仪表的灵敏度、死区、回差、线性度等。

（5）稳定性

检测仪表的稳定性可以从两个方面来描述：一是时间稳定性，表示在工作条件保持恒定时，仪表输出值在一段时间内随机变动量的大小；二是使用条件变化稳定性，表示仪表在规定的使用条件内某个条件的变化对仪表输出的影响。

（6）重复性

在相同测量条件下，对同一被测量，按同一方向（由小到大或由大到小）多次测量时，检测仪表提供相近输出值的能力称为检测仪表的重复性。这些条件应包括相同的测量程序、相同的观察者、相同的测量设备、在相同的地点以及在短的时间内重复。

（7）反应时间

当用仪表测量被测量时，被测量突然变化，仪表指示值总是要经过一段时间后才能准确地显示出来，这一段时间称为反应时间。反应时间是用来衡量仪表能不能尽快反映出参数变化的品质指标。仪表反应时间的长短，反映了仪表动态特性的好坏。

2. 任务实施

（1）压力传感器的质量检测与量程设置

测量压力的仪表很多，按照其转换原理的不同，常用的压力检测仪表（简称压力表）可分为4类。

①液柱式压力表：根据流体静力学原理，将被测压力转换为液柱高度进行测量。按其结构形式的不同，有U形管压力计、单管压力计等。这类压力表结构简单、使用方便。但是，其精度受工作液的毛细管作用、密度及视差等因素的影响，测量范围较窄，一般用来测量较低压力、真空度或压力差。

②弹性式压力表：是将被测压力转换成弹性元件变形的位移进行测量的。

③电气式压力表：是通过机械和电气元件将被测压力转换成电量（如电压、电流、频

率等）来进行测量的仪表。

④活塞式压力表：是根据水压机液体传送压力的原理，将被测压力转换成活塞上所加平衡砝码的质量来进行测量的。这类压力计测量精度很高，允许误差可小到±0.05%～±0.02%，结构较复杂，价格较高，通常用作标准压力表。

压力传感器的测量方法按测量手段分类，有直接测量、间接测量和组合测量；按测量方式分类，有微差式、偏差式和零位式测量；按测量精度分类，有等精度和非等精度测量；按变化情况分类，有动态、静态测量；按敏感元件是否与被测介质接触分类，有接触和非接触性测量等。

压力传感器检测方法，见表1-3。

表1-3　压力传感器检测方法

名称	类别	内容
压力传感器	压力传感器外观质量检测	1. 外观：传感器的外观应无明显的瑕疵、划痕，接头螺纹应无毛刺、锈蚀和损伤，焊接处应牢固，接插件应接触可靠。 2. 其他尺寸和外形参数特性应符合压力传感器相关的国家标准
	压力传感器桥路和零点检测	1. 桥路的检测：主要检测传感器的电路是否正确，一般是惠斯通全桥电路，利用万用表的欧姆挡，测量输入端之间的阻抗，以及输出端之间的阻抗，这两个阻抗就是压力传感器的输入、输出阻抗。如果阻抗是无穷大，桥路就是断开的，说明传感器有问题或者引脚的定义没有判断正确。 2. 零点的检测：用万用表的电压挡，检测在没有施加压力的条件下，传感器的零点输出。这个输出一般为mV级的电压，如果超出了传感器的技术指标，说明传感器的零点偏差超出范围
	压力传感器压力检测	加压检测：检测的方法是：给传感器供电，吹压力传感器的导气孔，用万用表的电压挡检测传感器输出端的电压变化。如果压力传感器的相对灵敏度很大，这个变化量会很明显。如果丝毫没有变化，就需要改用气压源施加压力

教学创新平台选用的压力传感器量程设置步骤，见表1-4。

表1-4　压力传感器量程设置步骤

操作步骤及说明	示意图
1）量程设置：先按下M键，进入设置，最右边参数开始闪烁	

操作步骤及说明	示意图
2）按下 Z 键，输入密码"1"，按 M 键确认进入	
3）进入之后，连续两次按下 Z 键，左下角出现"bSL"，表示压力表的下限"0"	
4）再按下 Z 键，左下角出现"bSH"，表示压力表的上限"1"，说明压力表的量程在 0~1 MPa	
5）以 0.8 MPa 为例，按 M 键确认进入，当左边参数开始闪烁时，按 S 键进行移位	
6）通过 Z 键，将"1"改为"0"	
7）按 S 键移位，然后将"0"修改为"8"，修改完成后，按 M 键确认	
8）数值停止闪烁后，按 Z 键跳到下一参数，一直按 Z 键，直到右下角出现 End	

续表

操作步骤及说明	示意图
9）然后按 M 键，退出到初始界面，量程设置完成	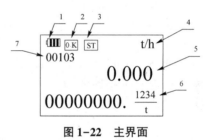

（2）涡轮流量计的质量检测与量程设置

工程上，流量是指单位时间内通过某一管道的物料数量，其常用的计量单位有以下两种：

①体积流量 Q，即以体积表示单位时间内的物料通过量，常用单位为 L/s（升/秒）、m^3/h（立方米/小时）等；

②质量流量 Q，即以质量表示单位时间内的物料通过量，常用单位为 kg/s（千克/秒）、t/h（吨/小时）等。显然，质量流量 Q 等于体积流量 Q 与物料密度 p 的乘积。

除了上述瞬时流量外，生产上还需要测定一段时间内物料通过的累计量，称为总流量。为此，可在流量计上附加积算装置，进行瞬时流量对时间的积分运算，以获得一段时间内通过的物料总体积或总质量。流量的测量方法较多，按原理，分为节流式、容积式、涡轮式、电磁式、旋涡式等，各有一定的适用场合。

仪表上电时，将进行自检，如果自检异常，将显示自检错误界面，1~2 s 后跳转到主界面；否则，将直接跳转到主界面，主界面启动后，如图 1-22 所示。

图 1-22　主界面

标签 1：运行模式显示，如果为电池模式，则显示当前电池电量；如果为二线制电流，则显示数符"Ⅱ"；如果为三线制，则显示数符"Ⅲ"。

标签 2：仪表运行状态实时显示，如果正常，显示"OK"；若故障，显示"ERR"。

标签 3：设置温度标识，如果仪表运行时异常或手动设置为设置温度，则显示"ST"。如果传感器运行正常，将显示为空（仪表显示传感器正常温度范围为 -50~300 ℃）。

标签 4：仪表显示单位，可自由设置。

标签 5：瞬时流量值显示，显示最大值为 9 999 999，单位 t/h，运行模式显示。

标签 6：流量累计总量显示，显示数值最大值为 99 999 999.9，单位 t。

标签 7：仪表通信状态信息显示，前三位表示表号。第四位表示奇偶校验位：0，无校验；1，奇校验；2，偶校验。第五位表示波特率：0，1200；1，2400；2，4800；3，9600。例如，在图 1-22 中，当表号为 1，校验为无校验，波特率为 9 600 时，显示界面提示行显示"00103"。

流量计量程设置方法和步骤，见表 1-5。

表1-5　流量计量程设置

操作步骤及说明	示意图
1）按下设定键，出现"CodE"界面	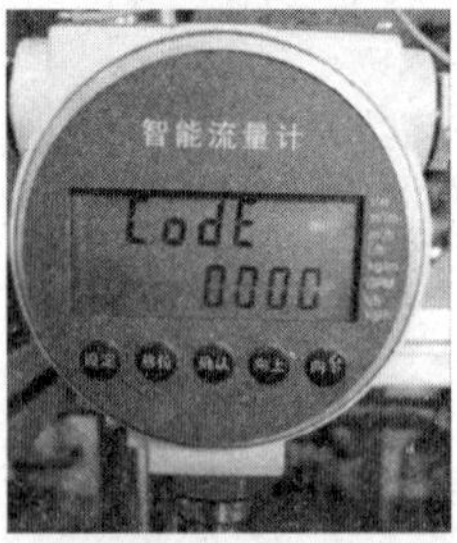
2）按下"移位"键，移动到最后一位	
3）按下"向上"键，将密码修改为"2"，按"确认"键进入	
4）出现"L01"，按下"确认"键，到达"L09"，就是我们的量程设置，默认初始值为0~2.5 m³/h	
5）将其改为0~2.0 m³/h，通过"移位"键，将"5"改为"0"	
6）按下"确认"键，参数修改完成，按下"设定"键，退出，回到初始界面	

（3）液位计的调试和零点设置

调试说明：

①先把灵敏度细调旋钮"F"调到小箭头向上，该位置表示在 H 与 L 中间位置。

②再把灵敏度粗调旋钮"C"由绿灯调到刚刚红灯亮的位置（"C"向左旋转为"L"方

向，一定要慢慢旋转），如果向右旋转为"H"方向，指灯会变成常绿灯。物位元开关正常工作指示灯为红灯亮。

③再调整灵敏度细调旋钮"F"向"H"方向，一定要慢慢旋转，调到刚刚变成绿灯亮，这时停下，再向回旋转"L"方向，到刚刚变成红灯亮，在这个位置再向"L"方向旋转一格或两格，这是完整的调试过程。

④电位器"F"为细调旋钮，"C"为粗调旋钮，向"L"方向调整为灵敏度变低，向"H"方向调整为灵敏度变高。

进行调试时，请注意以下事项：

将两个灵敏调节电位器"F"和"C"顺时针旋转时，增大灵敏度；逆时针旋转时，减小灵敏度。

当两个灵敏度控制调好后，绿色灯亮，表示探头上"有"物料存在；红色灯亮，表示"无"物料存在。

教学创新平台选用的液位计的表头如图1-23所示。

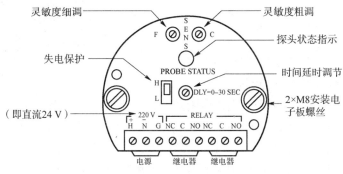

图1-23　液位计表头

教学创新平台选用的液位计的零点标定设置方法，见表1-6。

表1-6　液位计零点设置

操作步骤及说明	示意图
1）按下"Z"和"S"键3 s以上	
2）出现 ZSOK 后，按下 Z 键，零点标定完成	
3）修改杆的长度：按下"设定"键，将密码改为600	

操作步骤及说明	示意图
4）进入之后，按"设定"键，现在为220，为之前的零点迁移后的值	
5）将总杆长由220改为290	
6）修改完成后，按下"设定"键，再按一次"设定"键，返回到初始界面	

（4）温度传感器的质量检测与调试

检测温度开关的好坏，可用万用表电阻挡，把万用表的两根表笔分别接温度开关的两根引脚，在常温下万用表显示阻值基本为零，然后用烧热的电烙铁（20 W 以上的烙铁即可以）给温度开关的金属外壳加热，2~3 min 后（达到了温度开关的动作温度），温度开关响一声，同时，万用表的显示阻值应为无穷大。拿开电烙铁，待温度开关的温度下降后，又可听到响一声，同时，万用表显示的阻值又变为零，能有这样变化的温度开关即为合格。如果用万用表电阻挡测温度开关的两根引出线不通，或者测量时通，而给温度开关的加热很长时间，温度开关也不断，这样的温度开关即为不合格。

热电阻温度变送器和热电偶温度变送器检验方法，见表1-7。

表1-7　检验方法

变送器	检验方法
热电阻温度变送器	按系统连接方法接线，根据变送器铭牌上标明的传感器和量程范围，输入相应的**阻值**，使输出分别为 1 V 和 5 V（可分别调整零点电位器满度电位器），按量程十等分点输入各电阻值，检查各温度点输出是否符合精度范围
热电偶温度变送器	按系统连接方法接线，根据变送器铭牌上标明的传感器和量程范围，输入相应的**电势**，使输出分别为 1 V 和 5 V（可分别调整零点电位器满度电位器），按量程十等分点输入各电势值，检查各温度点输出是否符合精度范围

温度传感器量程设置方法，见表1-8。

表 1-8　温度传感器量程设置

操作步骤及说明	示意图
1）按"SET"键，1 s 以后松开，闪烁	
2）再按下"SET"键，1 s 后松开	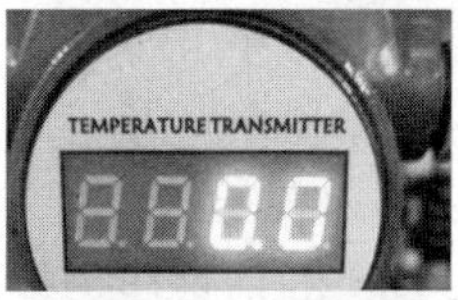
3）再按下"SET"键，1 s 后松开	
4）再按下"SET"键，1 s 后松开，150 为其上限，量程为 0~150	
5）通过上下键进行修改，以 139 举例	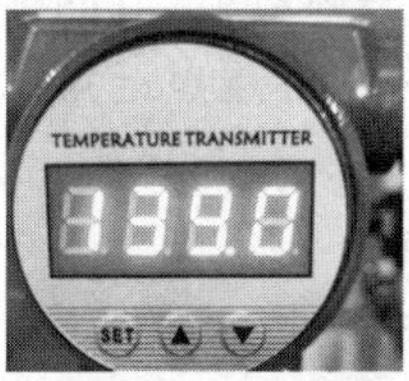
6）修改完成后，按"SET"键，长按 1 s，出现"CC"	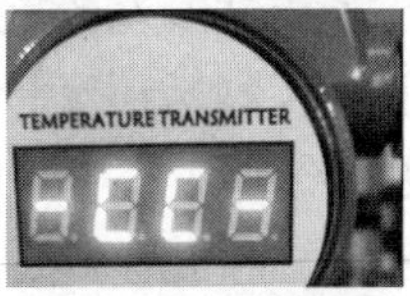
7）长按"SET"键 1 s，出现 0.0	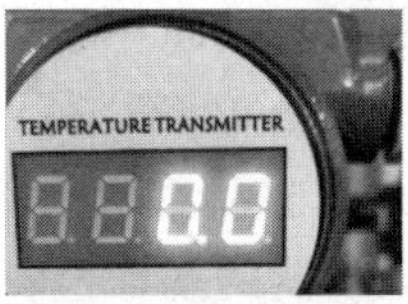
8）长按"SET"键 1 s 后，松开，回到初始状态，量程设置完成	

（5）调节阀的质量检测与调试

电磁阀的好坏取决于两个方面：一是线圈，二是阀体，检测时主要检测这两个方面，需要一个 24 V 的电源接到线圈上，如果能听到响声，说明电磁阀的线圈和阀芯都是正常的，可以正常吸合。检查是否漏气，需要把气源接入电磁阀，判断是否漏气。此外，线圈用万能表也可以检查出来：

①电磁阀通电，拔下插头，用万用表测量有没有电。

②电磁阀通电，用细的钢丝贴近线圈，看看有没有吸力。

③电磁阀通电-断电反复测试，用很细的内六角扳手捅电磁阀轴线上的黄铜色的"小坑"，看看能否吸进-弹出。

比例调节阀校正：

1）始终点偏差校验

将 0.2 kg/cm² 的信号压力输入，然后增加信号压力至 1.0 kg/cm²，阀杆应走完全行程，再降低信号压力至 0.2 kg/cm²。在 1.0 kg/cm² 和 0.2 kg/cm² 处测量阀杆行程，其始点偏差和终点偏差不应超过允许值。

2）全行程偏差校验

将 0.2 kg/cm² 的信号压力输入，然后增加信号压力至 1.0 kg/cm²，阀杆应走完全行程。测量全行程偏差不超过允许值。

3）非线性偏差校验

将 0.2 kg/cm² 的信号压力输入，然后以同一方向增加信号压力至 1.0 kg/cm²，使阀杆做全行程移动，再以同一方向降低信号压力至 0.2 kg/cm²，使阀杆反向做全行程移动。在信号压力升降过程中，逐点记录每隔 0.08 kg/cm² 的信号压力时对应的阀杆行程值（平时校验时可取 5 点）。输入信号压力-阀杆行程的实际关系曲线与理论直线之间的最大非线性偏差不应超过允许值。

4）正反行程变差校验

校验方法与非线性偏差校验方法相同，按照正反信号压力-阀杆行程实际关系曲线，在同一信号压力值时，阀杆正反行程值的最大偏差不应超过允许值。

5）灵敏限校验

输入信号压力，在 0.3 kg/cm²、0.6 kg/cm²、0.9 kg/cm² 的行程处，增加和降低信号压力，当阀杆移动 0.01 mm 时，测量信号压力变化值，其最大变化值不应超过允许值。如果是电信号，则一般是 4~20 mA。

（6）直流无刷驱动器的质量检测与参数设置

直流无刷驱动器的基本检测项目，见表 1-9。

表 1-9　直流无刷驱动器的基本检测项目

检测项目	检测内容
一般检测	定期检查驱动器安装部位、端子与接线、电动机轴心与机械连接处的螺丝是否有松动
	定期检查，防止油、水或金属粉等异状物落入驱动器内
	驱动器设置于有害气体或多粉尘的场所时，应防止有害气体与粉尘的侵入
	更改接线时，注意接线顺序是否有误，否则可能发生危险

检测项目	检测内容
操作前检测 （未供应电源）	配线前，请在确保断电、电动机停止运行的状态下进行
	配线端子的接续部位，请实施绝缘处理
	配线应正确，避免造成损坏或发生异常动作
	螺丝或金属片等导电性物体、可燃性物体是否存在驱动器内
	外接控制开关是否置于 OFF 状态
	为避免电磁制动失效，请检查立即停止运转及切断电源的回路是否正常
	驱动器附近使用的电子仪器受到电磁干扰时，请使用仪器降低电磁干扰
	请确定驱动器的外加电压是否正确
运转前检测 （已供应电源）	当电动机在运转时，注意接续电缆是否与机件接触而产生磨耗，或发生拉扯现象
	电动机若有因驱动器引起的振动现象，或运转声音过大，请与厂商联系
	确认各项参数设定是否正确，依机械特性的不同可能会有不预期的动作，勿将参数作过度极端的调整
	重新设定参数时，请确定驱动器是否在停止（STOP）的状态下进行，否则会成为故障发生的原因
	LED 指示灯显示是否有异常现象
	键盘显示和指令设置是否有异常现象

直流无刷电动机 RS-485 参数设置，见表 1-10。

表 1-10　电动机 RS-485 通信参数设置

操作步骤及说明	示意图
1）正确连接驱动器与调试面板，接口插入 2/3 即可	
2）首先按下"PRG"键，进入 F00 参数	

续表

操作步骤及说明	示意图
3）按"上箭头"键，调到 F08，按"ENTER"键	
4）首先是显示 F08.00，是 RS-485 直流驱动器从机地址	
5）按 ENTER 键，再按"上箭头"键，修改数值为 3	
6）修改数值后，按"ENTER"键，显示为 F08.01	
7）按"ENTER"键，默认波特率为 19 200，这个设置为 4	
8）按"ENTER"键，然后再按两次"PRG"键退出	

（7）称重传感器的质量检测与参数设置

称重传感器是一种将质量信号转变为可测量电信号输出的装置。用传感器时，应先要考虑传感器所处的实际工作环境，这对正确选用称重传感器至关重要，关系到传感器能否正常工作以及安全和使用寿命，乃至整个衡器的可靠性和安全性。在称重传感器主要技术指标的基本概念和评价方法上，新旧国标有质的差异。主要有 S 型、悬臂型、轮辐式、板环式、膜盒式、桥式、柱筒式等几种样式。

检测好坏操作方法：

①传感器厂家出厂时，提供传感器输出灵敏度和供电电压，根据这两个参数检测传感输出信号。应变片式称重测力传感器输出模拟信号毫伏电压。

②根据传感器的输入电阻和输出电阻判断传感器应变片是否损坏。对于传感器输入输出电阻值，每个厂家有不一样的规格。用万用表欧姆挡位检测电源和电源地间的电阻、信号线

与信号地间的电阻。如果比出厂电阻值大，说明传感器已经过载，应变片变形；如果阻值无穷大，说明传感器应变片严重损坏，不可修复。

③因为传感器使用过程经常有导线拉断现象，而护套线外层是完好的，因此目测传感器导线完好，用万用表的欧姆挡位检测传感器导线通断。如果电阻无穷大，判断导线是否断裂；如果电阻不稳定，判断导线是否接触不良。

称重传感器设置方法，见表 1-11。

表 1-11　称重传感器设置

操作步骤及说明	示意图
1）设备正常上电后，称重传感器显示正常	
2）长按"确认"键 2 s，进入参数设置。显示窗口显示 F1-CAP	
3）设置小数点：在 F1-CAP 显示状态下，按"确认"键，进入小数点设置界面，通过按"移动"键移动小数点，设置小数点为 2 位，设置完成后按"确认"键	
4）设置量程：在"0000.10"量程显示状态下，按"移位"键和"置零"键，将量程设置为"0050.00"，然后按"确认"键	

操作步骤及说明	示意图
5）切换至通信设置：按"退出"键，返回界面"F1-CAP"；依次按"置零"键至显示为"F6-COM"通信设置	
6）波特率设置：按两次"确认"键，进入波特率设置界面；按"移动"键，切换波特率至"b 9600"，按"确认"键	
7）从站地址设置：再按"确认"键，进入地址设置，通过按"移动"键和"置零"键将地址改为"id 02"（WIQ101 称重传感器），按"确认"键	
8）保存修改：按"退出"键，返回至 F6-COM 界面；再按"退出"键，界面显示"SAVE"，按"确定"键，完成保存	

（8）电磁阀的质量检测与故障排除

检测电磁阀好坏的方法有以下几种：

根据电磁阀的定义，电磁阀主要是由线圈和阀体组成，电磁阀的好坏主要取决于两个方面：一是线圈，二是阀体。需要一个 220 V 的电源，连接到线圈上，如果能听到响声，说明电磁阀的线圈和阀芯都是正常的，可以正常吸合。检查阀体是否漏气，把气源接入电磁阀，判断是否漏气。此外，线圈好坏也可以用万能表进行检测。

①电磁阀通电后，拔下插头，用万用表测量是否有电。

②电磁阀通电后，用细的钢丝贴近线圈，看看有没有吸力。

③电磁阀通电-断电反复测试，用很细的内六角扳手捅电磁阀轴线上的黄铜色的"小坑"，看看能否吸进-弹出。

电磁阀故障排除检修，见表 1-12。

表 1-12　电磁阀故障排除检修

故障现象	解决方法
电磁阀通电后不工作	检查电源线是否不良→接插件是一种定位接头
	检查电源电压是否在工作范围内→调整到正常范围
	线圈短路→更换线圈
	工作压差不合适→调整压差或更换相匹配的电磁阀
	流体温度过高→更换相匹配的电磁阀
	有杂质卡住主阀芯和动铁芯→清洗膜片、阀芯→密封件损坏，需更换密封件且在管道加装精密过滤器
	介质黏度过大、频率过高、使用寿命已到→更换阀门
电磁阀无法关闭或关闭不严	有杂质进入电磁阀的主阀芯或动铁芯→清洗膜片、阀芯→密封件损坏，需更换密封件且在管道加装精密过滤器
	流体温度、黏度过高→更换相匹配的阀门
	使用寿命已到→更换产品
	管道有回压→在电磁阀出口位置安装止回阀
通电时有噪声	顶部固定线圈的螺母松动→固定螺母拧紧
	电压波动过大，不在允许范围→调整好电压，或者加装稳压器
	动铁芯吸合面有杂质→清洗→若密封面损坏，更换密封件

（9）水泵的质量检测与故障排除

水泵是输送液体或使液体增压的机械。它将原动机的机械能或其他外部能量传送给液体，使液体能量增加，主要用来输送的液体包括水、油、酸碱液、乳化液、悬乳液和液态金属等，也可输送液体、气体混合物以及含悬浮固体物的液体。水泵性能的技术参数有流量、吸程、扬程、轴功率、水功率、效率等；根据不同的工作原理，可分为容积水泵、叶片泵等类型。容积泵是利用其工作室容积的变化来传递能量；叶片泵是利用回转叶片与水的相互作用来传递能量，有离心泵、轴流泵和混流泵等类型。

水泵电动机的线圈有三相和单相两种，分别是三相异步电动机和单相异步电动机，故水泵电动机性能检测判断和其他设备上的电动机是相同的，电动机工作时处于旋转状态，需要

"对称"才可以做持续光滑的圆周运动，所以电动机是否正常，关键是看水泵能测量的参数是否平衡一致。在电气回路中，最重要的三个参数分别是电压、电阻和电流，判断一款电气设备是否正常，要针对这三个参数来进行，通过和标准值或者经验值进行比较，实际值是否脱离标准值太大，多数电气参数平衡比例只要偏差在5%以内（偏差越小越好），即可认定它是可以继续使用的，或者认为它是正常的。

水泵故障排除及解决办法，见表1-13。

表1-13　水泵故障排除及解决方法

故障现象	解决方法
泵无法停止工作，反复启动/停止	进水口或出水口的管道管径配备得太小
	检查接头是否有拧紧或者出水口管道是否存在漏气
	检查出水口的软管是否打结、弯曲
	是否有存在憋泵工作，尽量保持水泵的顺畅排水
电动机正常运行，但泵停止抽水	进出水口软管阻塞
	进水管漏气
	隔膜片破损
	起始电流不足以启动隔膜泵
	阀门被细屑堵塞
	泵壳破裂
电动机无法启动	电线松或者接错
	泵所连接的电池没有电
	保险丝烧断，或者热载保护启动压力开关坏掉
	电动机坏掉
泵在所连接终端关闭后，泵仍继续工作	膜片破损
	出水管漏气
	压力开关坏掉
	电压不足
	泵头阀门堵塞

（10）浮球液位开关的质量检测

浮球液位开关在安装前只需要重新标定水位线。若无法对开关本身进行调整，则需用万用表测量开关状态，在水线附近会随水位高低通断，说明没问题。要保证安装过程中其与热力设备的水位线一致。如SOR的液位开关，一般在筒壁上都贴着水位线，把开关泡在水槽中，慢慢下沉，使水面逐渐靠近标识线，当靠近时，会听到微动开关动作的声音。需要注意的是，浮球液位开关的工作温度高，里边的水温也高；高温水的密度要小于室温水密度。因而室温水的动作线比开关标识线要低些。液位低，报警接在常闭触点上（NC）；液位高，报警接常开触点（NO）。液位开关本身都会带两对以上的微动开关，分别输出两对常开、两对常闭接点，在应用时，通常是接通报警。

（11）温度开关的质量检测

温度开关在低温时处于导通状态，当温度升到温度开关的动作温度时，温度开关断开；当温度降到动作温度以下时，温度开关又导通。测试温度开关的好坏，可用万用表电阻挡，把万用表的两根表笔分别接温度开关的两个引脚，在常温下万用表显示阻值基本为零，然后用烧热的电烙铁（20 W 以上的烙铁即可以）给温度开关的金属外壳加热 2~3 min 后（达到了温度开关的动作温度），温度开关响一声，同时，万用表的显示阻值应为无穷大。移开电烙铁，待温度开关的温度下降后，又可听到响一声，同时，万用表显示的阻值又为零。由此判断温度开关是正常的。如果用万用表电阻挡测温度开关的两根引出线不通，或者测量时通，而给温度开关加热很长时间，温度开关也不断，由此判断温度开关是不正常的。使用温度开关时，应选择动作温度与电热器"维持"温度相同的，如电开水壶就可选择动作温度为 100 ℃ 的温度开关。另外，温度开关所标注的额定电压和电流应略大于电热器工作时的电压和电流。安装温度开关要尽量靠近电热器需要达到的"维持"温度的地方。

（12）压力表的校验

常用的压力校验仪器是活塞式压力计和压力校验泵。活塞式压力计是用砝码法校验标准压力表，压力校验泵则是用标准表比较法来校验工业用压力表。

①压力表应安装在能满足仪表使用环境条件，并易观察、易检修的地方。

②安装地点应尽量避免振动和高温影响，对于蒸汽和可凝性热气体以及当介质温度超过 60 ℃ 时，就地安装的压力表选用带冷凝管的安装方式。

③测量有腐蚀性、黏度较大、易结晶、有沉淀物的介质时，应优先选取带隔膜的压力表及远传膜片密封变送器。

④压力表的连接处应加装密封垫片，一般低于 80 ℃ 及 2 MPa 以下时，用石棉纸板或铝片；温度及压力更高时（50 MPa 以下），用退火紫铜或铅垫。选用垫片材质时，还要考虑介质的影响。例如测量氧气压力时，不能使用浸油垫片、有机化合物垫片；测量乙炔压力时，不得使用铜质垫片，否则会有发生爆炸的危险。

⑤仪表必须垂直安装，若装在室外时，还应加装保护箱。

⑥当被测压力不高，而压力表与取压口又不在同一高度时，对由此高度差所引起的测量误差应进行修正。

四、知识拓展

质量检验也称"技术检验"。采用一定检验测试手段和检查方法测定产品的质量特性，并把测定结果同规定的质量标准作比较，从而对产品或一批产品做出合格或不合格判断的质量管理方法。其目的在于，保证不合格的原材料不投产，不合格的零件不转到下一道工序，不合格的产品不出厂；并收集和积累反映质量状况的数据资料，为测定和分析工序能力、监督工艺过程、改进质量提供信息。

质量检验的方式可以按不同的标志进行分类：

①按检验的数量，划分为全数检验、抽样检验。

②按质量特性值，划分为计数检验、计量检验。

③按检验技术方法，划分为理化检验、感官检验、生物检验。

④按检验后检验对象的完整性，划分为破坏性检验、非破坏性检验。

⑤按检验的地点，划分为固定检验、流动检验。

⑥按检验目的，分为生产检验、验收检验、监督检验、验证检验、仲裁检验。

⑦按供需关系，分为第一方检验、第二方检验、第三方检验。

质量检验的方法一般有两种：

①全数检验。

②抽样检验。

根据产品的不同特点和要求，质量检验的方式也各不相同：

①按检验工作的顺序，有预先检验、中间检验和最后检验。

②按检验地点不同，可分为固定检验和流动检验。

③按检验的预防性，可分为首件检验和统计检验。

五、练习题

1. 简述压力传感器量程设置方法。

2. 简述液位计的调试方法。

3. 简述无刷直流电动机驱动器参数设置方法。

任务三　智能仪器仪表与传感器的安装

一、学习目标

1. 掌握智能仪器仪表与传感器安装时的注意事项；

2. 掌握压力、流量、液位、温度等智能仪器仪表与传感器安装方法。

二、任务描述

1. 按照规范完成压力传感器、涡轮流量计、液位计、温度传感器、称重传感器、浮球液位开关、温度开关、压力表等智能仪器仪表与传感器的安装；

2. 按照规范完成调节阀、无刷直流电动机驱动器、水泵、电磁阀等控制器件的安装。

三、实践操作

1. 知识储备

（1）仪表安装前注意事项

①仪表安装前，工艺管道应进行吹扫，防止管道中滞留的铁磁性物质附着在仪表里，影响仪表的性能，甚至会损坏仪表。如果不可避免，应在仪表的入口安装磁过滤器。仪表本身不参加投产前的吹扫，以免损坏仪表。

②仪表在安装到工艺管道之前，应检查其有无损坏。

③仪表按安装形式，分为垂直安装和水平安装。如果是垂直安装形式，应保证仪表的中心垂线与铅垂线夹角小于2°；如果是水平安装，应保证仪表的水平中心线与水平线夹角小于2°。

④仪表的上下游管道应与仪表的口径相同，连接法兰和螺纹应与仪表的法兰和螺纹匹配，仪表上游直管段长度应保证至少是仪表公称口径的 5 倍，下游直管段长度大于等于250 mm。

⑤由于仪表是通过磁耦合传递信号的，所以，为了保证仪表的性能，安装周围至少 250 px 处，不允许有铁磁性物质存在。

⑥测量气体的仪表是在特定压力下校准的，如果气体在仪表的出口直接排放到大气，将会在浮子处产生气压降，并引起数据失真。如果是这样的工况条件，应在仪表的出口处安装一个阀门。

⑦安装在管道中的仪表不应受到应力的作用，仪表的出入口应有合适的管道支撑，可以使仪表处于最小应力状态。

⑧安装 PTFE（聚四氟乙烯）衬里的仪表时，要特别小心。由于在压力的作用下，PTFE 会变形，所以法兰螺母不要拧得过紧。

⑨带有液晶显示的仪表，安装时要尽量避免阳光直射显示器，以免降低液晶使用寿命。

⑩低温介质测量时，需选夹套型。

（2）仪表安装中注意事项

①仪表开孔应避免在成型管道上开孔。

②注意流量计前后直管段长度。

③如有接地要求的电磁、质量等流量计，应按说明进行接地。

④工艺管道焊接时，接地线应避开仪表本体，防止接地电流流经仪表本体入地，损坏仪表。

⑤工艺焊接时，避免接地电流流经单、双法兰仪表的毛细导压管。

⑥中、高压引压管采用氩弧焊或承插焊，风速>2 m/s 时，应有防风措施，否则，应采用药皮焊丝；风速>8 m/s 时，必须有防风措施，否则应停止施焊。

⑦注意流量计节流装置取压口的安装方向。

⑧不锈钢引压管严禁热煨，严禁将引压管煨扁。

⑨仪表引压管、风管、穿线管的安装位置，应避免妨碍工艺生产操作，应避开高温腐蚀场所，应固定牢固；从上引下的穿线管，其最低引线端应低于所接仪表的接线进口端；穿线管最低端应增加三通；靠近仪表侧宜增加 Y 形或锥形防爆密封接头；仪表主风管最低处应加排凝（污）阀。

⑩仪表使用的铜垫片，如无退火处理，使用前应退火，并注意各种材质垫片的许用温度、介质和压力等条件。

⑪现场仪表接线箱内，不同接地系统的接地不能混接，所有仪表的屏蔽线应单独连接上下屏蔽层，严禁拧在一起连接上下屏蔽。

⑫仪表处于不易观察、检修位置时，改变位置或加装平台。

⑬仪表线中间严禁接头，并做好隐蔽记录，补偿导线接头应采用焊接或压接。

⑭不锈钢焊口应进行酸洗、钝化、中和处理。

⑮需要进行脱脂的仪表、管件，应严格按照规范进行脱脂处理，并做好仪表、管件脱脂后的密封、保管工作，严防保管和安装过程中被二次污染。

⑯不锈钢管线严禁与碳钢直接接触。

⑰镀锌、铝合金电缆桥架严禁用电、气焊切割和开孔，应采用无齿锯及专用开孔器等类

似机械切割和开孔。

⑱不锈钢管严禁用电、气焊切割和开孔，应采用等离子或机械切割、开孔。

⑲大于 36 V 的仪表穿线管、柜、盘等应接地，接地仪表穿线管丝扣用导电膏处理；小于等于 36 V 的仪表穿线管丝扣至少应有防锈处理；外露丝扣不宜大于一个丝扣。

⑳爆炸危险区域的仪表穿线管，应保持电气的连续性。

㉑100 V 以下绝缘仪表线路应用 250 V 摇表测量线路绝缘电阻，并且 ≥5 MΩ。

㉒铝合金桥架应跨接短接线，镀锌桥架应不少于两个防松螺丝拧紧，长度 30 m 以内应两端可靠接地，超过 30 m 的，应每隔 30 m 增加一个接地点。

㉓不同接地系统的仪表线与电源线共用一个槽架时，应用金属隔板隔开。

㉔仪表盘、柜、箱、台的安装及加工中严禁使用气焊方法，安装固定不应采用焊接方式，开孔宜采用机械开孔方法。

㉕仪表回水的盲端不应大于 100 mm。

㉖变送器排污阀下口宜增加防阀泄漏的管帽（特别在防爆区）。

㉗仪表及其穿线管、引压管一端固定于热膨胀区（如塔、随塔热膨胀移动的附件），一端固定于非热膨胀区（如劳动保护间），连接仪表时，应根据现场实际情况，其柔性管、穿线管、引压管必须留出一定的热膨胀裕度。

㉘附塔桥架、穿线管应根据现场实际情况留有热膨胀伸缩节或柔性连接。不管是装置原始安装还是技改技革的仪表安装，都应得到足够的重视，严格按照相关规范来安装。

2. 任务实施

（1）压力传感器的安装

如图 1-24 所示，供电电源是通过信号线连接到变送器的，电源和信号共用一对电线，无须外加接线。电源接线端子分为正、负端子，设置在仪表壳的电源仓室内。接线时，拧下电源仓盖，经电源线穿线孔，按正、负极将电源信号线连接在正、负接线端子上。

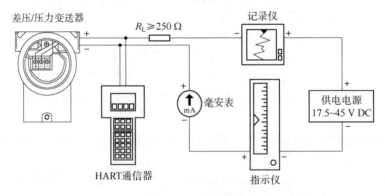

图 1-24　接线图

电源信号线可用双绞线，在电磁干扰较为严重的现场，建议使用屏蔽线，并良好接地。电源信号线的截面积应为 $0.5\ m^2 \leqslant S \leqslant 2.5\ m^2$，不能与其电源线一起穿在同一金属管中或放在同一线槽内，也不应通过强电设备附近。

仪表壳上的穿线孔，用密封塞（螺栓为 M20×1.5）密封，以避免仪表壳的电源仓室内潮气积聚。如果电源线穿线孔不密封，应使穿线孔朝下，以便排出液体。

变送器的压力容室上的导压连接孔为 NPT1/4 螺纹孔，接头上的导压连接孔为 NPT1/2

锥管螺丝或平管螺丝。

为确保接头的密封性，在安装导压连接时，紧固螺栓应交替用扳手均匀拧紧，最大拧紧力矩约为 40 N·m，不能一次性拧紧某一只螺栓。为了方便安装，可转动变送器本体，只要压力容室处于垂直位置，则不会产生零位变化。如果压力容室水平安装（例如，在垂直管道上测量流量时），必须消除因导压管高度不同而引起的液柱压力的影响，通过变送器上的按键、编码器旋扭或 HART 通信软件或手操器重新调整零位，进行"零压力微调"。

变送器和导压管安装的位置正确与否，将直接影响其对压力、差压的测量精确程度。因此，正确掌握变送器和导压管的安装非常重要。由于工艺流程的需要或为节省导压管材料等原因，变送器经常安装在工作条件较为恶劣的现场。为降低工作条件的恶劣程度，应尽量安装在温度梯度和温度波动较小、无冲击和振动的地方。

（2）涡轮流量计的安装

涡轮流量计的安装示意图如图 1-25 和图 1-26 所示，传感器的安装方式根据规格不同，采用螺纹或法兰连接。

图 1-25 螺纹连接的涡轮流量计

图 1-26 法兰连接的涡轮流量计

安装注意事项：

1）安装场所

传感器应安装在便于维修、管道无振动、无强电磁干扰与热辐射影响的场所。涡轮流量计的典型安装管路系统如图 1-27 所示。图中各部分的配置可视被测对象情况而定，并不一定全部都需要。涡轮流量计对管道内流速分布畸变及旋转流是敏感的，进入传感器应为流体充满管道，因此，要根据传感器上游侧阻流件类型，配备必要的直管段或流动调整器。

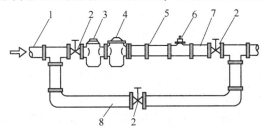

1—入口；2—阀门；3—过滤器；4—消音器；5—前直管段；6—传感器；7—后直管段；8—旁路。

图 1-27 涡轮流量计的典型安装管路系统

2）连接管道的安装要求

水平安装的传感器要求管道不应有目测可觉察的倾斜（一般在5°以内），垂直安装的传感器管道垂直度偏差也应小于5°。垂直安装时，流体方向必须向上。

需连续运行不能停流的场所，应加装旁通管和可靠的截止阀，测量时要确保旁通管无泄漏。

在新铺设管道安装传感器的位置先介入一段短管代替传感器，待"扫线"工作完毕确认管道内清扫干净后，再正式接入传感器。由于忽视此项工作，扫线损坏传感器时常发生。

若流体含杂质，则应在传感器上游侧加装过滤器，对于不能停流的，应并联安装两套过滤器轮流清除杂质，或选用自动清洗型过滤器。若被测液体含有气体，则应在传感器上游侧装消气器。过滤器和消气器的排污口和消气口要通向安全的场所。

若传感器安装位置处于管线的低点，为防止流体中杂质沉淀滞留，应在其后的管线装排放阀，定期排放沉淀杂质。流量调节阀应装在传感器下游，上游侧的截止阀测量时应全开，且这些阀门都不得产生振动和向外泄漏，对于可能产生逆向流的流程，应加止回阀，以防止流体反向流动。

传感器应与管道同心，密封垫圈不得突入管路。液体传感器不应装在水平管线的最高点，以免管线内聚集的气体（如停流时混入空气）停留在传感器处，不易排出而影响测量。

传感器前后管道应支撑牢靠，不产生振动，对易凝结流体，要对传感器及其前后管道采取保温措施。

（3）液位计的安装

安装方法有水平或垂直两种。为保证设备稳定工作，应有5 mm热运动。

1）灵敏度矫正（参考图1-23和图1-28）

①对于一个没有水的空容器，调节灵敏度细调旋钮（F）到中间位置，然后慢慢调节灵敏度粗调旋钮（C），直到状态指示灯刚刚变红。重调灵敏度细调旋钮（F）到一个刚变红点，记下"空"的位置。然后将探头插入物料重调灵敏度细调旋钮（F）到两个记号的中间位置，这是一个完整的调试过程。对于非水基工艺液体（不导电液体），最好的安装方法是垂直安装，当液体到达一半时报警。

②对于水基液体（导电液体），逆时针调节灵敏度，因为水基液体容易测量，只需碰到传感探头即可，这个过程提供最大的抗黏附能力，这是一个完整的调节过程。

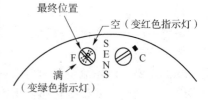

图1-28　液位计报警显示位置

2）时间延时

0~30 s延时时间，有延时开关模式。这种模式典型的用处是消除控制继电器的"抖动"，或者控制线圈顺序。开始时，延时控制设为零（逆时针到底位置）。当用延时来消除继电器抖动时，仅要求旋转最小的角度。延时将导致在工艺物位控制点的上面或下面摆动，但平均物位仍等于控制点。超过量和不到量与延时比例有关。

3）故障报警/（失电保护）模式选择，故障报警工作反映大多数的故障情况，包括电源的故障，这将引起控制继电器释放电压。因此，继电器释放电压的状态被称为"报警"状态。这意味着如果电源消失，也会发生报警。XXSP 系列设备具有高位或低位故障报警。这个动作由靠近控制台中央位置（延时调节左边）的一个小的跳接器完成。"H"位置显示高位报警，"L"位置显示低位报警。

（4）温度传感器的安装

温度传感器的安装地点应具有代表性，避免安装在温度死角、强磁场处和炉门旁边，或距离加热物体过近的地方。温度传感器的接线盒不可碰到被测介质的容器壁。温度传感器接线盒处的温度不宜超过 100 ℃。对使用陶瓷或云母铂电阻元件的 WZP 型热电阻温度传感器，应安装在无震动或震动很少的场合。对于 WZC 型铜热电阻温度传感器，应避免安装在有强烈震动的地方。对有震动的场合，可以选用抗震性能较好的铠装式温度传感器。

热电偶温度传感器的安装，其测量端的温度变化应尽可能小，并尽可能不超过 100 ℃。选择隔爆式热电偶温度传感器时，必须注意安装场所的分类分级，分组和区域范围应符合相应规定。带瓷保护套管的热电偶温度传感器，必须避免急冷急热，并安装在不妨碍加热体移动处，以免瓷管的爆裂和损坏。

温度传感器的插入深度一般可按实际需要决定。但最低插入深度不应低于温度传感器保护套管直径的 8~10 倍。

温度传感器的安装位置尽可能垂直，可以防止高温下产生变形，但在有流速的情况下，则必须采用和流速逆向倾斜安装（一般倾斜 45°）。最好选择管道弯曲处，温度传感器有效工作部分应位于流体的中部。需要水平安装时，若有必要，应加装支撑架。倾斜和水平安装的温度传感器接线盒出线孔应该向下，以免水汽等脏物落入接线盒中。对于承受压力的温度传感器，须严格保证密封面的密封性能。

（5）调节阀的安装

电动调节阀安装前：

①确认管道清洁是否有异物，有异物会损坏阀门的密封表面甚至阻碍阀芯、球或蝶板的运动而造成阀门不能正确地关闭。为了降低危险情况发生的可能性，需在安装阀门前清洗所有的管道，确认已清除管道污垢、金属碎屑、焊渣和其异物。另外，要检查管道法兰，以确保有一个光滑的垫片表面。如果阀门有螺纹连接端，要在管道阳螺纹上涂上高等级的管道密封剂。不要在阴螺纹上涂密封剂，因为在阴螺纹上多余的密封剂会被挤进阀体内。多余的密封剂会造成阀芯的阻塞或脏物的积聚，进而导致阀门不能正常关闭。

②安装之前，检查并除去所有运输挡块、防护用堵头或垫片表面的盖子，检查阀体内部，以确保不存在异物。

③如果执行机构水平安装是必需的，则考虑对执行机构增加一个额外的垂直支撑。应确保安装阀体，流体流向与流向箭头所指示的方向一致。

④确保在阀门的上面和下面留有足够的空间，以便在检查和维护时容易拆卸执行机构或阀芯。空间距离通常可以从阀门制造商认定的外形尺寸图上找到。对于法兰连接的阀体，确保法兰面准确地对准，以使垫片表面均匀地接触。在法兰对中后，轻轻地旋紧螺栓，最后以交错形式旋紧螺栓。正确地旋紧能避免产生不均匀的垫片负载，并有助于防止泄漏，也有助于避免法兰损坏或甚至裂开的可能性。当连接法兰和阀门法兰材质不一样时，衬氟蝶阀这种

预防措施就显得尤为重要。安装于控制阀（调节阀）上游和下游的引压管有助于检查流量或压力降。将引压管接到远离弯头、缩径或扩径的直管段处。这种位置可将由于流体紊流而导致的不精确性减到最小。用 1/4 in①或 3/8 in 的管子把执行机构上的压力接口连接到控制器上。保持较短的连接距离，并尽量减少管件和弯头的数量，以减少系统时间滞后。如果距离很长，那么可以在控制阀（调节阀）上使用一个定位器或增压器。调节阀如图 1-29 所示。

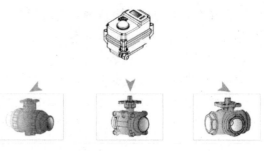

图 1-29　调节阀

（6）直流无刷电动机驱动器的安装

高压内置式无刷驱动器通常为壁挂式安装，使用 M5 螺钉配合垫片固定，安装在有良好散热的金属固定面，并良好接地，否则容易发生火灾事故。多台驱动器并排安装时，为了保证良好散热，安装间距请保持在70 mm以上。当使用侧边端口或 485 通信时，可加大安装距离，注意线缆布局。安装示意图如图 1-30 所示。

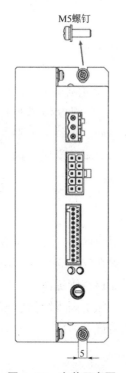

M5螺钉

5

图 1-30　安装示意图

高压内置式无刷驱动器安装时，应注意下列事项：

①驱动器与电动机连接线不能拉紧，防止松动脱落。

②固定驱动器时，必须将所有固定螺钉锁紧。

③电动机轴中心必须与设备轴中心同心度良好。

④固定电动机的螺丝必须锁紧。

（7）称重传感器的安装

当安装称重传感器时，特别是由铝合金弹性体制成的小容量称重传感器时，应格外小心，因为任何震动或跌落都可能会对称重传感器造成严重损害，影响测量性能，通常对于大容量电阻应变式称重传感器，重量相对较大，因此，在运输和安装过程中，需要使用合适的起重设备（例如手板葫芦、电动葫芦）。称重传感器的底座安装表面应平整、干净，并且不应有油膜或橡胶膜，称重传感器的基座本身应具有足够的强度和刚度，要高于称重传感器本身的强度和刚度。

称重传感器的安装注意事项：

称重传感器的信号线不应与电源线或控制线平行布置（例如，请勿将称重传感器信号线与电源线、控制线放在同一根管中），如果必须平行放置，之间至少应间隔 50 cm，并且信号线应衬有金属管，在任何情况下，称重传感器的电源线和控制线均应扭绞至 50 r/min 的水平，如果需要延长称重传感器的信号线，则应使用特殊的密封电缆接线盒，如果不使用

---

① 　1 in＝2.54 cm。

这种接线盒，而是将电缆直接连接到焊接端时，则应特别注意密封性和防潮性，连接后，应符合安装标准。

如果信号电缆很长，并且测量精度很高，则应考虑使用带继电器的电缆，通往或离开显示电路的所有引线均应使用屏蔽电缆，屏蔽线的连接和连接点应合理，如果未通过机械框架接地，则将其从外部接地，但是当屏蔽线相互连接时，应是浮动而不是接地。称重传感器应用时应注意：称重传感器本身由 4 根导线组成，接线盒由 6 根导线代替，称重传感器输出信号读出电路不应与可能产生强烈干扰的设备和可能产生大量热量的设备放在同一盒中，如果不能保证这一点，则需考虑用挡板隔离，并在盒中安装一个微型风扇，保持散热。

（8）电磁阀的安装

1）安装查验

①安装前请检查电磁阀电压是否与电源电压匹配（如常用电压 AC 220 V 配 AC 220 V 电磁阀，如果是 DC 24 V 或 DC 12 V，请配好直流电源，电流 2.5 A 或者 2.5 A 以上才能正常启动电磁阀）。

②管道使用前请冲洗干净（新管道安装也容易遇到焊渣或其杂质），介质不清洁有杂质的，应安装精密过滤器，以防止杂质影响电磁阀正常工作。

③电磁阀是单向工作，有方向性，不能装反，阀体上的箭头方向需要与管道流体的运动方向保持一致。

④电磁阀要水平安装，线圈垂直向上，电磁阀不能垂直或者是反着安装，错误安装会影响电磁阀正常使用，导致电磁阀漏水或者关不严。

⑤电磁阀线圈引出线（接插件）连接好后，应确认电器元件触点是否连接牢固，不应出现抖动，松动将引起电磁阀不工作。

⑥电磁阀所处管道应该固定牢固，管道震动会导致电磁阀无法关闭，并且影响电磁阀使用寿命。

⑦长时间停用的电磁阀时，应清洗阀内的杂质与凝结物后再使用。

2）安装图示

正确安装示意图如图 1-31 所示。

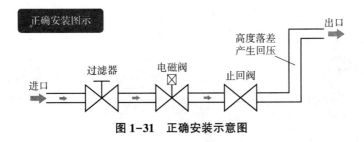

图 1-31　正确安装示意图

出口标示如图 1-32 所示，出线型线圈接线方式如图 1-33 所示，塑料线圈接线方式如图 1-34 所示。

塑料线圈具体的接线方式如图 1-35 所示。

图 1-32 出口标示

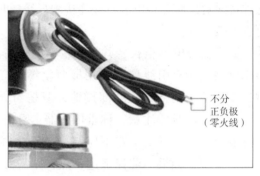

不分
正负极
（零火线）

图 1-33 出线型线圈接线方式

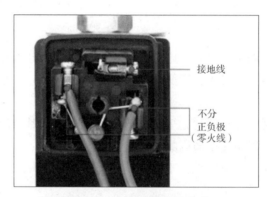

接地线

不分
正负极
（零火线）

图 1-34 塑料线圈接线方式

1.拧下接线盒上的螺丝

2.拔出接线盒

3.把接线端子从边上缺口处撬出来

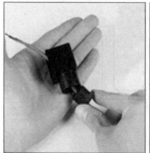

4.将线头穿进接线盒

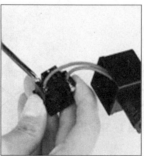

5.两条线分别接上左、右端子，
中间为预留端子，不用接线

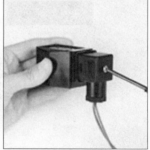

6.最后拧上螺丝

图 1-35 塑料线圈具体的接线方式

安装示意图如图 1-36 所示。

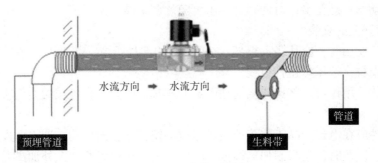

图 1-36　安装示意图

（9）水泵的安装

①泵可以任何角度安装。若需垂直安装，要确保泵的头部朝下，防止泵漏水而导致损害电动机，造成故障。

②锁紧安装脚，切勿紧压。螺丝过紧可能会使其减少噪声和震动的功能相对下降。

③进水加强软管直径最小应为 3/4 in（19 mm），连接泵的出水口直径最小应为 3/4 in（19 mm）的加强软管，以及一个独立的不小于 3/8 in（10 mm）软管分支。

④进水口压力不能超过 30 psi，尽量避免任何可能存在的入水压力。

⑤避免任何管道打结或者任何可能影响泵体功能的配件。

水泵的结构图如图 1-37 所示。

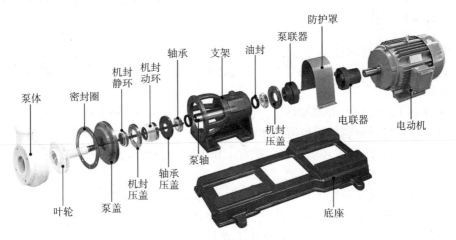

图 1-37　水泵的结构图

（10）浮球液位开关的安装

①安装位置应远离进水口，否则开关会因进水口的波动而造成误动作。

②若开关装置于容器池壁，可加装 L 形角钢支架。

③若开关装置于搅拌区域，可安装防波管或防波挡板。

④选择管的内径大于浮球直径的法兰连接管。

⑤配线时建议使用多芯电缆。

⑥被控制线路负载必须与浮球开关接点容量相匹配。

⑦被测液体的密度必须大于浮球密度。

⑧浮球的动作点已在出厂时调整好，不可随意调整浮球位置。

（11）温度开关的安装

①引线折弯使用时，应从距离根部 6 mm 以上的部件折弯；折弯时，不得损伤根部和引线，不得强行牵拉、按压、扭拧引线。

②热熔断体采用螺钉、铆接或接线柱固定方式时，应能防止机械蠕变而接触不良现象的发生。

③连接部件应在电器产品工作范围内可靠地工作，不会因振动、冲击而发生位移。

④引线焊接作业时，应限制加热湿度。注意，不得在热熔断体上外加高温，不得强行牵拉、按压、扭拧热熔断体和引线。焊接完毕后，应立即冷却 30 s 以上。

⑤热熔断体只能在规定的额定电压、电流和指定温度的条件下使用，尤其要注意热熔断体可连续承受的温度。

（12）压力表的安装

连接导管的水平段应有一定的斜度，以利于排除冷凝液体或气体。当被测介质为气体时，导管应向取压口方向倾斜；当被测介质为液体时，导管则应向测压仪表方向倾斜；当被测参数为较小的差压值时，倾斜度可增大。此外，如导管在上下拐弯处，则应根据导管中的介质情况，在最低点安置排泄冷凝液体装置或在最高处安置排气装置，以保证在相当长的时间内不致因在导管中积存冷凝液体或气体而影响测量的准确度。冷凝液体或气体要定期排放。

四、知识拓展

检测仪器安装环境要求：

环境的考虑因素包括场地的温湿度、空气的含尘量、场地的颤动度、电磁场干扰度等。

1. 温湿度

电子器件在工作过程中要散发热量，电子仪器本身也有一定范围的工作温度。

工作温度或环境温度越接近仪器工作温度的上限，电子器件的性能指标就越呈现几何级数地变差。例如，在 25 湿度环境下可以正常工作 10 年的仪器也许只能在 45 湿度环境下正常工作 3 年。适宜的工作温度是仪器"长寿"的必要条件。

仪器的性能指标是在一定的环境下测定的，注意每台仪器的使用条件不相同，有些适合野外作业，有些则适合实验室使用，建议在储存箱内放置干燥剂以去湿。潮湿的环境尤其对电子测量仪器具有"杀伤力"，一定的潮湿环境下，仪器内部印制电路板上器件的阻抗特性会发生异常的变化，甚至有导致短路的危险。

2. 空气含尘量

操作环境应保持清洁少尘，空气中大于 0.5 Micron 的杂质在每立方米的空气中不得多于 45 000 个，空气中含尘量过多易造成接触不良。

3. 场地颤动度

使用场地颤动度不得大于 0.5 G，不应与产生震动的机器放置在一起，因为震动将使仪器内机械部分、接头、面板及母板接触部分产生松动而造成工作异常。

4. 电磁场杂讯干扰

使用场地附近无线电杂讯干扰应低于使用手册规定的标准。如果场地附近有强力磁场或大型的微波发射机站，应迁移使用场地，否则请将使用场地四周用金属隔离屏蔽，使干扰降至标准之下。

无线综合测试仪在生产线上屡屡产生误测，在送往维修中心后，被确认为"无硬件故障"，安装到生产线上故障依然存在，待工程师实地勘查后，发现生产线局部区域被较强的无线杂讯所污染，这便是产生仪器"误测"的根源所在。

5. 对于电源的要求

安装任何仪器及系统，电源均为重要的考虑因素，外电源品质（指电压、频率变化、滤波效果）越优，则使用效果越佳。如果对使用电源品质存有疑虑，可用电源检测器或示波器监测电源的变化情况，以便了解其可靠性。

五、练习题

1. 简述直流无刷电动机驱动器安装时的注意事项。
2. 电磁阀安装前应查验哪些内容？如何安装？

工业智能检测系统配置

任务一　线路敷设

一、学习目标

1. 了解电气图的基本知识，掌握电气原理图与电气接线图的识读方法及绘制方法；
2. 能够正确使用电气接线工具，并正确完成线路敷设；
3. 掌握电气配线、PLC 电气盘的接线方法。

二、任务描述

本设备线路敷设主要用于安全控制模块，包括 PLC 系统和安全栅的线路敷设，需根据给定的安全控制模块的电气安装接线图完成相应的接线和线路敷设，其中包括端子、线号、线径与线的颜色等，了解电气接线图、导线剥线方法、导线端子的压接要求、常用工具及材料，确保完成后的安全控制模块可以稳定且正常运行。安全控制模块如图 2-1 所示。

三、实践操作

1. 知识储备

（1）电气原理图与电气接线图的识读

电气接线图识图步骤及方法：

①分析电气原理图中主电路和辅助电路所含有的元器件，了解每个元器件的动作原理。

②明确电气原理图和电气接线图中元器件的对应关系。

③明确电气接线图中接线导线的根数和所用导线的具体规格。

④根据电气接线图中的线号，分析主电路的线路走向。

⑤根据线号，分析辅助电路的走向。

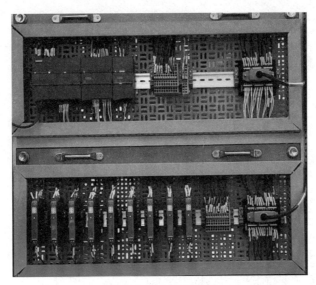

图 2-1 安全控制模块

电气接线示意图如图 2-2 所示。

（2）剥线方法

1）塑料硬导线线头绝缘层的剥离方法

芯线截面积为 4 mm² 及以下的塑料绝缘线，其绝缘层用钢丝钳剥离。

操作方法：根据所需线头长度，用钳头刀口轻切绝缘层（不可切伤芯线），然后用右手握住钳头用力向外勒去绝缘层，同时，左手握紧导线反向用力配合动作，如图 2-3（a）所示。

芯线截面积在 4 mm² 以上的塑料绝缘线，可用电工刀来剥离其绝缘层，如图 2-3（b）所示。

详细步骤：①用电工刀以 45°角斜切入塑料绝缘层；②用力要均匀，向线端推削；③削去一部分塑料层；④把剩下的塑料层翻下；⑤切去这部分塑料层；⑥线端的塑料层全部被剥去，露出芯线。

2）橡皮线线头的剥离方法

橡皮线线头的剥离方法如图 2-4 所示。

3）护套线线头的剥离方法

护套线线头的剥离方法如图 2-5 所示。

4）塑料多芯软线线头的剥离

这种线可以用剥线钳剥离塑料绝缘层，也可用尖嘴钳剥离。

5）漆包线绝缘层的去除

常用绝缘导线的芯线股数有单股、7 股和 19 股等多种。

漆包线的线径不同，去除绝缘层的方法分为：

①直径在 1.0 mm 以上的，可用细砂纸或细砂布擦除；

②直径为 0.6~1.0 mm 的，可用专用刮线刀刮去；

③直径在 0.6 mm 以下的，可用细砂纸或细砂布擦除，或用打火机烤焦线头绝缘漆层，再将漆层轻轻刮去。

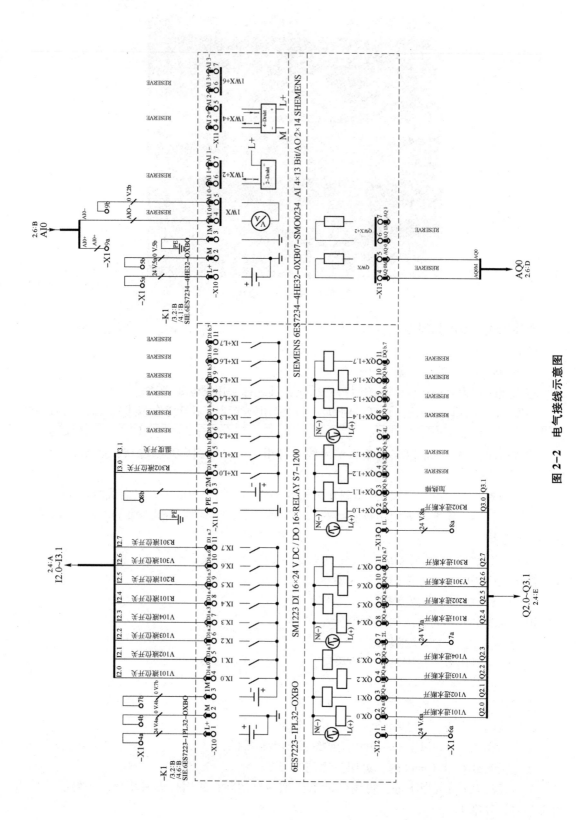

图 2-2　电气接线示意图

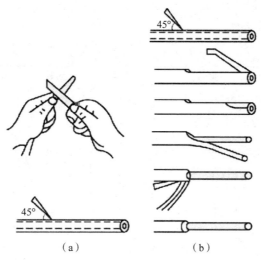

图 2-3 塑料硬导线线头绝缘层的剥离方法

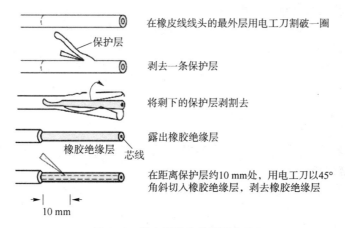

图 2-4 橡皮线线头的剥离方法

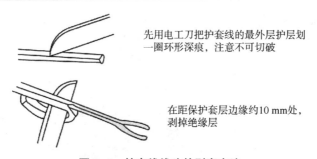

图 2-5 护套线线头的剥离方法

（3）导线端子的压接要求

剥线及压接要求如图 2-6 所示。

注意，管形绝缘端头压痕应在端头的管部均匀
压接。

图 2-6 剥线及压接要求

（4）常用工具及材料

工具及材料清单见表2-1。

表2-1　工具及材料清单

序号	名称	型号	序号	名称	型号
1	剥线钳	75141，5寸① 0.8~2.6 mm	5	端子	冷压管型/E2508
2	尖嘴钳	6寸	6	导线	单根多股/铜芯/塑料绝缘/2.5 mm²
3	压线钳	91118，7寸	7	万用表	VC890D
4	一字螺丝刀	3 mm×75 mm	8	线号管	用于导线连接端子/1.0 mm²

2. 任务实施

（1）电气配线原则

手工布线时，应符合平直、整齐、紧贴敷设面、走线合理、接点不松动、便于检修等要求。

①走线通道应尽可能少，同一通道中的沉底导线，按主控电路分类集中，单层平行密排或成束，应紧贴敷设面。

②同一平面的导线应高低一致或前后一致，不能交叉。当必须交叉时，可水平架空跨越，但必须走线合理。

③布线应横平竖直，变换走向应垂直。

④上下触点若不在同一垂直线上，不应采用斜线连接。

⑤导线与接线端子连接时，应不压绝缘层，漏铜不大于1 mm，并做到同一元件的不同接点的导线间距离保持一致。

⑥一个接线端子上的连接导线不得超过两根。

⑦布线时，严禁损伤线芯和导线绝缘。

⑧导线截面不同时，应将截面大的放在下层，截面小的放在上层。

⑨如果线路简单，可不套编码套管。

（2）PLC电气盘的接线

PLC电气盘由S7-1200 PLC（CPU 1214C）、扩展模块SM1223与SM1234、端子排X1及T096端子台组成。PLC电气盘安装示意图如图2-7所示。

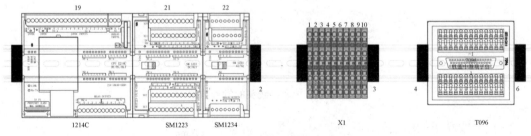

图2-7　PLC电气盘安装示意图

---

① 1寸=3.33 cm。

1）S7-1200PLC 的接线

CPU 1214C 接线图如图 2-8 所示。

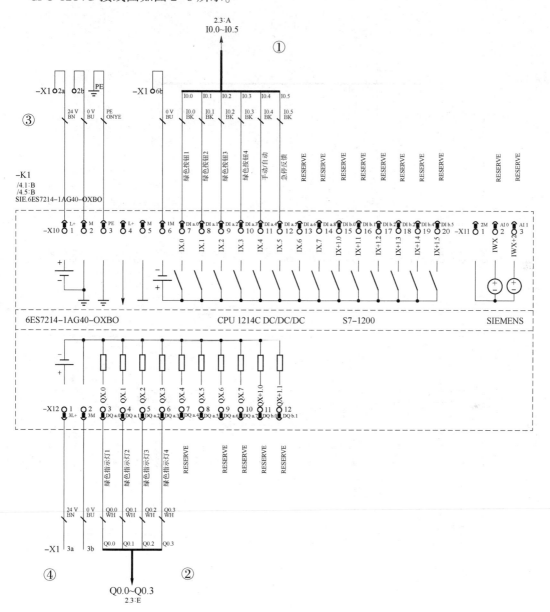

图 2-8 CPU 1214C 接线图

注：

①I0.0～I0.5 连接至 T096 端子台的 27～32 接口，采用黑色线。

②Q0.0～Q0.3 连接至 T096 端子台的 1～4 接口，采用白色线。

③L+、M 连接至端子排 X1 的 2a 和 2b 接口，PE 接地端，L+24 V 采用棕色线，M 0 V 采用蓝色线，接地线采用黄绿线。

④3L+、3M 连接至端子排 X1 的 3a 和 3b 接口，3L+24 V 采用棕色线，3M 0 V 采用蓝色线。

2）数字量扩展模块 SM1223 的接线

数字量扩展模块 SM1223 的接线图如图 2-9 所示。

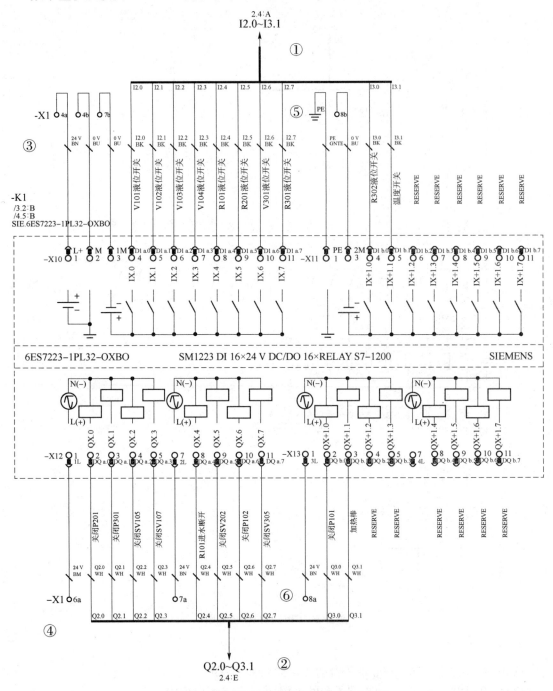

图 2-9 数字量扩展模块 SM1223 的接线图

注：

①I2.0~I3.1 连接至 T096 端子台的 33~42 接口，采用黑色线。

②Q2.0~Q3.1 连接至 T096 端子台的 6~15 接口，采用白色线。

③L+、M 连接至端子排 X1 的 4a、4b 接口，1M 连接至端子排 X1 的 7b 接口，L+ 24 V 采用棕色线，M 0 V 采用蓝色线。

④1L 连接至端子排 X1 的 6a 接口，采用棕色线。

⑤PE 为接地线，2M 连接至端子排 X1 的 8b 接口，接地线采用黄绿线，0 V 采用蓝色线。

⑥2L、3L 连接至端子排 X1 的 7a、8a 接口，均采用棕色线。

3）模拟量扩展模块 SM1234 的接线

模拟量扩展模块 SM1234 的接线图如图 2-10 所示。

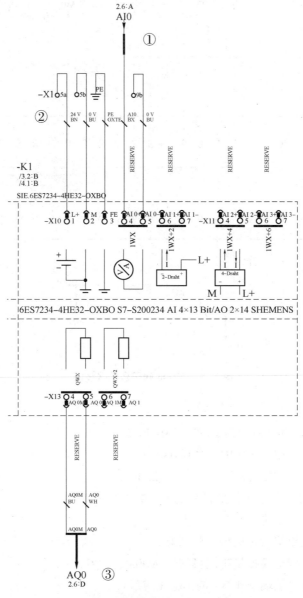

图 2-10　模拟量扩展模块 SM1234 的接线图

注：

①AI0 连接至 T096 端子台的 46 接口，采用黑色线。

②PE 为接地线，L+、M、0+连接至端子排 X1，接地线采用黄绿线，L+24 V 采用棕色线，M、0+采用蓝色线。

③AQ0M、AQ0 连接至 T096 端子台的 19、20 接口，AQ0M 接蓝色线，AQ0 接白色线。

4）T096 端子台的接线

T096 端子台的接线图如图 2-11 所示。

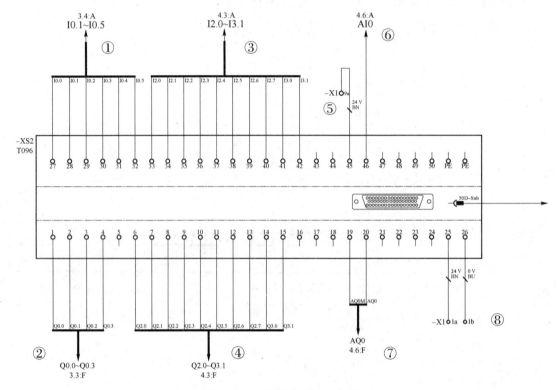

图 2-11　T096 端子台的接线图

注：

①27~32 接口连接至 CPU 1214C 的 I0.0~I0.5。

②1~4 接口连接至 CPU 1214C 的 Q0.0~Q0.3。

③33~42 接口连接至数字量扩展模块的 I2.0~I3.1。

④6~15 接口连接至数字量扩展模块的 Q2.0~Q3.1。

⑤45 接口连接至端子排 X1 的 9a 接口。

⑥46 接口连接至模拟量扩展模块的 AI0。

⑦19、20 接口连接至模拟量扩展模块的 AQ0M、AQ0。

⑧25、26 接口连接至端子排 X1 的 1a、1b 接口。

5）端子排 X1 的接线

端子排 X1 的接线图如图 2-12 所示。

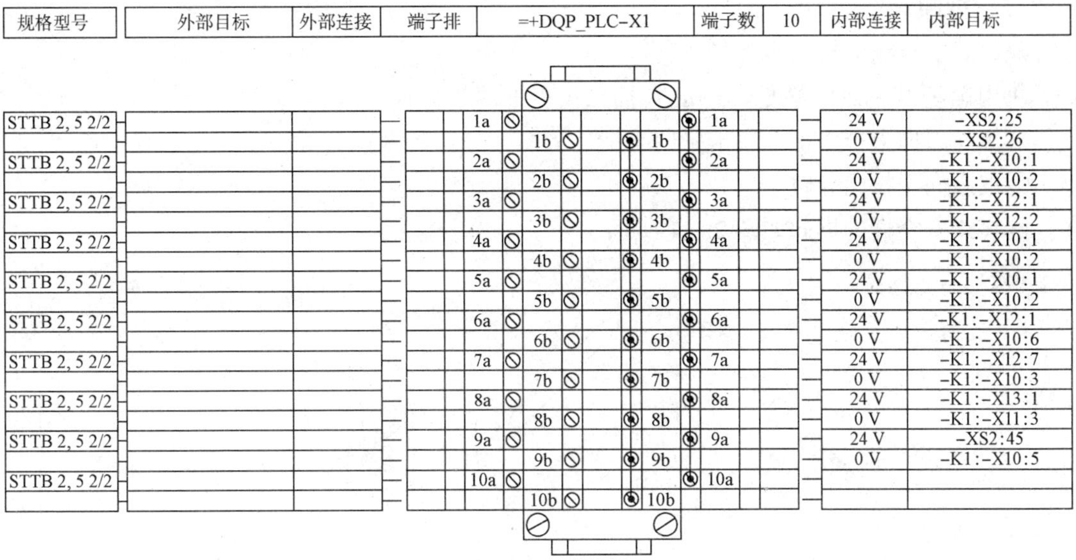

规格型号	外部目标	外部连接	端子排	=+DQP_PLC-X1	端子数	10	内部连接	内部目标

规格型号	外部目标	外部连接	端子		内部连接	内部目标
STTB 2, 5 2/2		—	1a	1a	24 V	−XS2:25
			1b	1b	0 V	−XS2:26
STTB 2, 5 2/2		—	2a	2a	24 V	−K1:−X10:1
			2b	2b	0 V	−K1:−X10:2
STTB 2, 5 2/2		—	3a	3a	24 V	−K1:−X12:1
			3b	3b	0 V	−K1:−X12:2
STTB 2, 5 2/2		—	4a	4a	24 V	−K1:−X10:1
			4b	4b	0 V	−K1:−X10:1
STTB 2, 5 2/2		—	5a	5a	24 V	−K1:−X10:1
			5b	5b	0 V	−K1:−X10:2
STTB 2, 5 2/2		—	6a	6a	24 V	−K1:−X12:1
			6b	6b	0 V	−K1:−X10:6
STTB 2, 5 2/2		—	7a	7a	24 V	−K1:−X12:7
			7b	7b	0 V	−K1:−X10:3
STTB 2, 5 2/2		—	8a	8a	24 V	−K1:−X13:1
			8b	8b	0 V	−K1:−X11:3
STTB 2, 5 2/2		—	9a	9a	24 V	−XS2:45
			9b	9b	0 V	−K1:−X10:5
STTB 2, 5 2/2		—	10a	10a		
			10b	10b		

图 2-12　端子排 X1 的接线图

四、知识储备

1. 接线端子排的作用

（1）美观

对于这类产品来说，能将线路的箱内以及箱门部分区分开，可以在很大程度上增加整块区域的美观性，线路再也不会像蜘蛛网一样乱七八糟，同时也增加了安全性，各个电线都在各区域安放。

（2）方便维修

对于任何产品来说，在使用时都会出现各种各样的问题，而线路更是如此。如果使用了端子排，在使用过程中出现状况，只需要用电表测量各个端子上的电压是否存在故障即可，而且查线也比较容易，最大限度地方便了日常维修。

（3）方便安装远控

由于远程也可以从端子排上接线，不需要对原来的回路进行修改，所以它极大限度地方便了安装远程，对于家中需要安装远程来说，端子排的使用非常符合心中的构想。

2. 隔离式安全栅的安装与拆卸

（1）安装

隔离式安全栅采用导轨安装步骤如下：

①将总线供电插座卡在导轨上（如无电源总线供电功能，此步骤省略）。

②把仪表上端卡在导轨上。

③把仪表下端推进导轨。

隔离式安全栅的安装如图 2-13 所示。

（2）拆卸

隔离式安全栅的拆卸步骤如下：

①用螺丝刀（刀口宽度≤6 mm）插入仪表下端的金属卡锁。

②螺丝刀向上推，把金属卡锁向下撬。

③仪表向上拉出导轨。

隔离式安全栅的拆卸如图 2-14 所示。

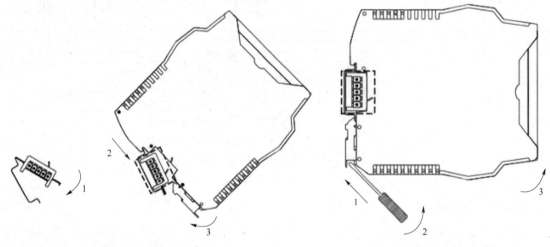

图 2-13　隔离式安全栅的安装　　　　图 2-14　隔离式安全栅的拆卸

五、练习题

1. 简述电气接线图的界接线步骤。

2. 塑料硬导线线头绝缘层的剥离方法是什么？

3. 电气配线原则有哪些？

任务二　工艺流程图的绘制与分析

一、学习目标

1. 掌握工艺流程图识读及工艺流程图绘制方法；

2. 了解压力传感器、称重传感器、液位传感器等仪器仪表在流程图中的表示方法；

3. 了解电磁阀、调节阀、水泵等设备在流程图中的表示方法；

4. 熟悉工艺流程图元器件图形及符号表示方法和元器件清单。

二、任务描述

根据仪器仪表与智能传感应用技术平台的模型图，绘制出平台的工艺流程图，要求流程图中包括管路、仪器仪表、阀门、多种罐体、水泵、电动机等重要元器件。仪器仪表与智能传感应用技术平台模型图如图 2-15 所示。产品柔性化配料系统工艺流程图如图 2-16 所示。产品柔性化深加工系统工艺流程图如图 2-17 所示。产品柔性化后处理系统工艺流程图如图 2-18 所示。

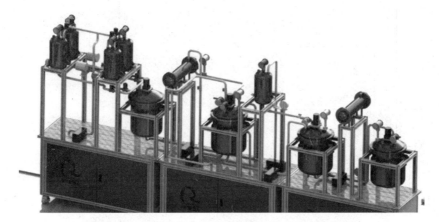

图 2-15　仪器仪表与智能传感应用技术平台模型图

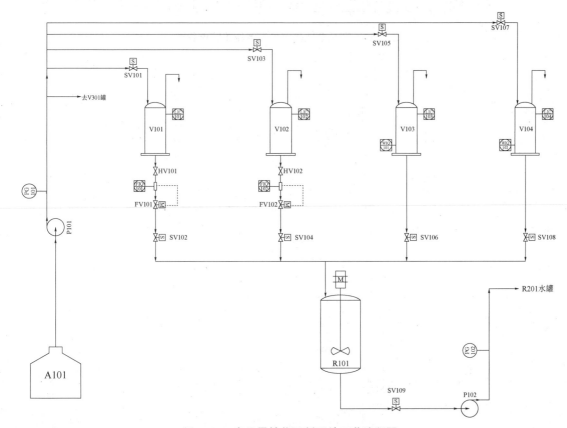

图 2-16　产品柔性化配料系统工艺流程图

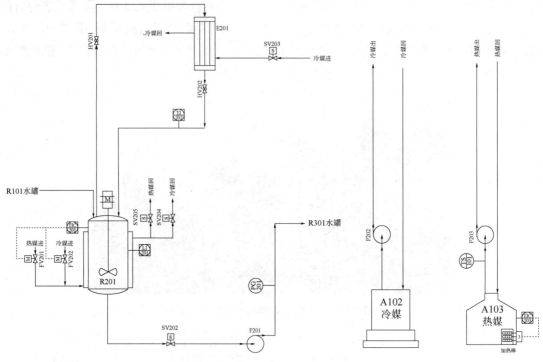

图 2-17 产品柔性化深加工系统工艺流程图

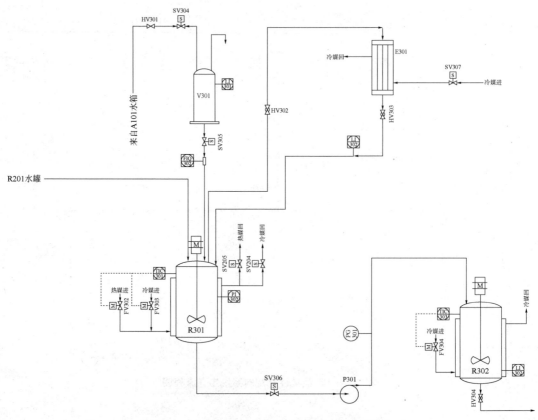

图 2-18 产品柔性化后处理系统工艺流程图

三、实践操作

1. 知识储备

（1）元器件图形及符号表示方法

绘制工艺流程图是工艺设计的关键步骤，同时也是生产过程中的指导工具，它以形象的图形、符号、代号，表示出工艺过程选用的化工设备、管路、附件和仪表等的排列及连接，借以表达出一个化工产品生产中物理量和能量的变化过程。

元器件符号与图例表示，见表2-2。

表2-2　元器件符号与图例表示

序号	元器件	符号表示	图例
1	电磁阀	SV	
2	调节阀	FV	
3	手动调节阀	HV	
4	流量计	FIQ	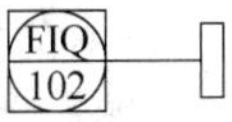 FIQ 102
5	液位传感器	LIC	 LIC 101
6	称重传感器	WIQ	 WIQ 101
7	温度传感器	TIC	 TIC 201
8	压力传感器	PG	 PG 101
9	液位指示表	LI	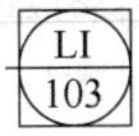 LI 103
10	水泵	P	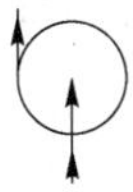
11	水箱	A	 A101
12	原料罐	V	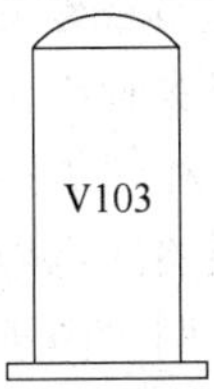 V103

序号	元器件	符号表示	图例
13	混合罐	R	R101

（2）工艺流程图中元器件清单

工艺流程图中的元器件清单，见表2-3。

表2-3　阀门、仪表元件清单

序号	元件	规格	数量
1	水泵	220 V	6
2	流量调节阀	4~20 mA/DC 24 V	14
3	电磁阀	常闭/220 V AC	17
4	手动调节阀	常规	8
5	流量计	4~20 mA/0~2.5 m^3/h	3
6	液位传感器	4~20 mA/0~290 mm/24 V 二线制	6
7	称重传感器	RS485/0~50 kg	2
8	压力表	4~20 mA/0~1.0 MPa	1

（3）工艺流程图基本特征

①按工艺流程次序，自左向右用流程线将设备示意图形连接起来的展开图。

②按标准图例详细画出一系列相关设备、辅助装置的图形和相对位置，并配以带箭头的物料流程线。

③在流程图上按标准图例详细绘制需配置的工艺控制用阀门、仪表、重要管件和辅助管线的相对位置，以及自动控制的实施方案等有关图形，并详细标注仪表的种类与工艺技术要求等。

2. 任务实施

（1）工艺流程图绘制注意事项

工艺流程图除画出主要物料的流程线外，还应画出辅助物料的流程线。流程线上的管段、管件、阀门和仪表控制点等，都要用符号表示，并编号或做适当标注。

工艺流程图的注意事项如下：

①图幅的比例。由于图样采用展开形式，因而图幅常采用一号或二号图幅面加长的规格。图中的设备图形及其高低位置，可大致按1：100或1：50的比例，在图上注明比例。

②根据流程，用细实线由左向右依次画出设备的简略外形和内部特征（如水箱、原料罐、混合罐等），设备管口不予画出。对于过大、过小的设备，可适当缩小、放大。各设备间应留有一定距离，以便布置流程线。

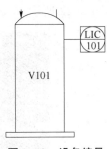

图 2-19 设备编号

③标注设备编号，一般写在相应设备的图形下方或上方，其位置横向排成一行。设备编号由设备符号和设备代号组成。如图 2-19 所示，原料罐 V101 中，V 表示原料罐，数字编号 101 的前一位数字"1"表示第一个流程图，后两位数字"01"表示该设备序号。

④用实线表示所有管路流程线，虚线表示带有 PID 控制功能，箭头表示物料的流向。

⑤在流程线上画出阀门、主要管件等符号与代号；流程线的起始与终了处应注明物料的来源去向，如图 2-20 所示，画出来自 R101 混合罐工段去 R201 混合罐的物料流程线（管线），管线上装有阀门（电磁阀）、水泵、压力表。

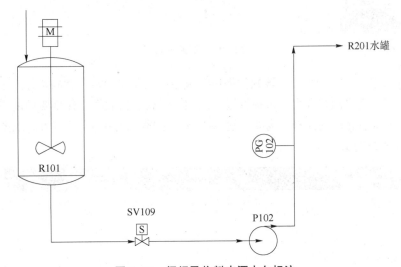

图 2-20 阀门及物料来源去向标注

⑥标出工艺流程图中仪表的编号。仪表编号包括图形符号和字母代号，这两部分合起来，表达仪表所处理被测变量的功能，或表示仪表的名称；字母代号和数字编号组合起来构成仪表位号。如 $\boxed{\begin{smallmatrix}LIC\\101\end{smallmatrix}}$，图形符号表示液位传感器，字母 L 表示被测变量（液位），IC 表示功能代号（指示、控制）。数字编号 101 中的前一位数字"1"表示第一个流程图，后两位数字"01"表示该仪表序号。标注仪表位号的方法如图 2-21 所示，字母代号填入圆内上半圆中，数字编号写在下半圆中。

PG 102 — 就地安装的压力观察仪表　　FIQ 101 — 集中控制安装的流量累计指示仪表

图 2-21 仪表标注

（2）工艺流程图绘制步骤

工艺流程图的绘制软件很多，在此通过亿图图示绘图软件来简单说明工艺流程图的绘制方法。

①首先打开绘图工具亿图图示，然后单击"新建"功能下的"+"，新建一个空白画布，

如图 2-22 所示。

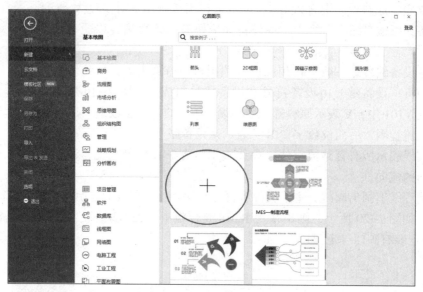

图 2-22　新建画布

②进入画布之后，开始画图，该软件提供了大量的矢量符号在左侧的符号库中，需要使用的时候直接用鼠标拖进画布即可。包括管道、阀门、设备、仪表等，几乎要用的符号都有，而且每个符号下方都有相应的注释，需要将这些设备管道排列连接起来。符号库如图 2-23 所示，绘制流程图如图 2-24 所示。

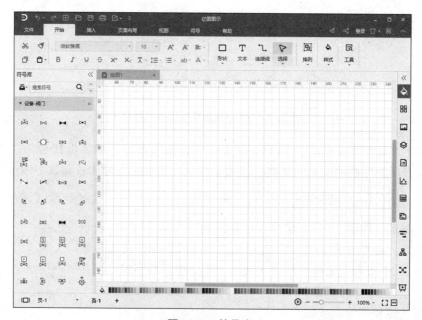

图 2-23　符号库

③最后，将画好的流程图保存、导出，亿图图示支持导出为图片、PDF、HTML、Office等格式，选择对应的格式，就能进行导出。导出的流程图如图 2-25 所示。

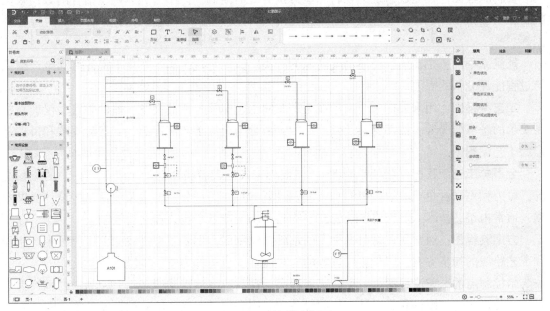

图 2-24　绘制流程图

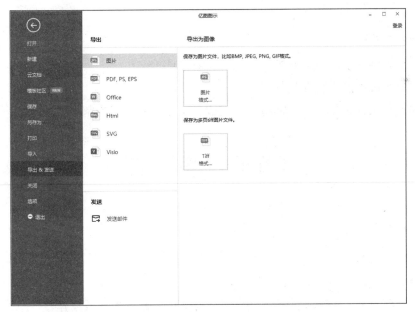

图 2-25　导出的流程图

四、知识储备

工艺流程图是表达化工生产工艺流程的示意图样，根据其作用和内容详细程度分为：物料流程图、能量流程图、工艺流程图、全厂总工艺流程图（物料平衡图）、方案流程图和带控制点的工艺流程图等。

物料流程图：在完成系统的物料和能量衡算之后绘制，以图形和表格相结合的方式来反映物料与能量衡算的结果，主要用来描述物料的种类、流向、流量以及主要设备的特性数据等。

能量流程图：主要用来描述消耗能源的种类、流向与流量满足热量平衡计算和生产组织与过程能耗分析的需要。

工艺流程图：用来表达一个工厂或生产车间工艺流程与相关设备、辅助装置、仪表与控制要求的基本概况等。按其内容及使用目的，可分为全厂工艺流程图、方案流程图和带控制点的工艺流程图。

全厂总工艺流程图（物料平衡图）：主要用来描述大型联合企业（或全厂）总的流程概况，可为大型联合企业的生产组织与调度、过程的技术经济分析，以及项目初步设计提供依据。通常由工艺技术人员完成系统的初步物料平衡与能量平衡计算之后绘制。

方案流程图：通常是在物料平衡图的基础上绘制的，主要用来描述化工过程的生产流程和工艺路线的初步方案。用于化工过程的初步设计，也可作为进一步设计的基础。

带控制点的工艺流程图：也称施工流程图，是在方案流程图的基础上绘制的内容较为详尽的一种工艺流程图。其是设计、绘制设备布置图和管道布置图的基础，又是施工安装和生产操作时的主要参考依据。在施工流程图中，应把生产中涉及的所有设备、管道、阀门以及各种仪表控制点等都画出。

五、练习题

1. 工艺流程图元器件图形及符号表示方法有哪些？
2. 工艺流程图的基本特征是什么？
3. 根据产品柔性配料系统的模型图，完成其工艺流程图的绘制。

任务三　管路的搭建

一、学习目标

1. 了解常用管路切割工具的使用方法；
2. 掌握管路与转接头的连接方法；
3. 熟悉管路布置、安装及连接方法，完成设备中管路的拆装及搭建；
4. 掌握管路切割操作步骤。

二、任务描述

根据所给工艺流程图，了解设备工作流程，利用合适的管路切割工具及材料，完成实际设备中未搭建好的管路，保证管路美观且搭建正确。产品柔性化配料系统部分设备管路示意图如图 2-26 所示。

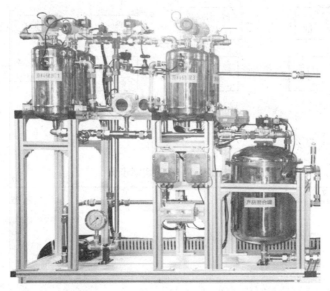

图 2-26　设备管路示意图

三、实践操作

1. 知识储备

（1）管路切割工具（割管器）结构

割管器结构如图 2-27 所示。

（2）电磁阀的安装注意事项

①电磁阀一般是定向的，不可装反，通常在阀体上用"→"指出介质流动方向，安装时要依照"→"指示的方向安装。

②要确认一下，电磁阀本身及它与接管连接

图 2-27　割管器结构

处是否有泄漏。对线圈引出线的连接要核对，特别是三根引出线的场合。

③安装时，用扳手或管钳固定好阀体，再拧上接管，千万不可将力作用在电磁线圈组件上而引起变形，使电磁阀难以正常工作。

④安装姿势：一般电磁阀的电磁线圈部件应竖直向上，竖直安装在水平于地面的管道。如果受空间限制或工况要求必须按侧立或倒立安装的，需在选型订货时提出。

⑤接管时注意，密封材料不可使用过量。如螺纹连接时，接管螺纹应保持在有效长度内，并在端部半螺距处用锉刀倒棱，自端部起 2 牙处开始缠绕密封带，否则过量的密封带或黏结剂将进入电磁阀的内腔，而发生妨碍正常动作的事故。

（3）管路搭建工艺流程

管路搭建工艺流程如图 2-28 所示。

2. 任务实施

（1）管路切割操作步骤

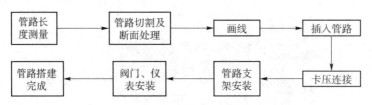

图2-28 管路搭建工艺流程

管路切割步骤，见表2-4。

表2-4 管路切割步骤

操作步骤及说明	示意图
1）放管 将需切割的管子放置于滚轮与割轮之间，管子的侧壁贴紧两个滚轮的中间位置，割轮的切口与管子垂直夹紧	
2）旋割 调整手柄，使割刀切入指定长度管子的管壁（注意，不要切入过深），然后转动调整手柄，每转动一圈/两圈，调整手柄一次	
3）切管 在切割过程中，当听到"咔嚓"的声音，继续转动，待"咔嚓"声音消失后，继续转动两圈，然后松开割管器，换用美工刀将管道切下	

（2）管路与接头的连接

管路与接头的连接步骤，见表2-5。

表2-5 管路与接头连接

操作步骤及说明	示意图
①将管路插入接头，确保管路顶端到达接头底部，用手拧紧卡套螺母	
②在卡套螺母的6点位置做标记	
③用扳手固定接头本体，旋转卡套螺母 $1\frac{1}{4}$ 转，这时所做标记旋转540°，至9点钟位置	

（3）管路安装及注意事项

管路与接头连接完成后，就可以将管路安装至需要安装的设备上，安装完成后，检查是否合格。管路安装如图2-29所示。检查安装是否合格，如图2-30所示。

图2-29 管路安装

图2-30 检查安装是否合格

注意事项：

①管子端面应平齐。管路锯断后，应在砂轮等工具上打磨平齐，并且去除毛刺，清洗并用高压空气吹净后再用。

②预装时，应尽量保持管路与接头体的同轴度，若管路偏斜过大，也会造成密封失效。

③预装力不宜太大。应使卡套的内刃刚好嵌入管路外壁，卡套不应有明显变形。在进行管路连接时，再按规定的拧紧力装配。

④禁止加入密封胶等填料。如果为了取得更好密封效果，在卡套上涂上密封胶，结果将会导致密封胶被冲入液压系统中，造成液压元件阻尼孔堵塞等故障。

⑤连接管路时，应使管路有足够的变形余量，避免使管路受到拉伸应力。

⑥连接管路时，应避免使其受到侧向力，侧向力过大会造成密封不严。

⑦连接管路时，应一次性紧好，避免多次拆卸，否则也会使密封性能变差。

四、知识储备

1. 钢塑复合管的结构

钢塑复合管是一种新兴的复合管管材，很多地方简称钢塑管。钢，是一种铁质材料；塑，是指塑料。产品以无缝钢管、焊接钢管为基管，内壁涂装高附着力、防腐、食品级卫生型的聚乙烯（HDPE）粉末涂料或环氧树脂涂料。

钢塑复合管有很多分类，可根据管材的结构分为钢带增强钢塑复合管、无缝钢管增强钢塑复合管、孔网钢带钢塑复合管以及钢丝网骨架钢塑复合管。

当前市面上最为流行的是钢带增强钢塑复合管，也就是我们常说的钢塑复合压力管，这种管材中间层为高碳钢带通过卷曲成型对接焊接而成的钢带层，内外层均为高密度聚乙烯（HDPE）。这种管材中间层为钢带，所以管材承压性能非常好，不同于铝带承压不高，管材最大口径只能做到 63 mm，钢塑管的最大口径可以做到 200 mm，甚至更大；由于管材中间层的钢带是密闭的，所以这种钢塑管同时具有阻氧作用，可直接用于直饮水工程，而其内外层又是塑料材质，具有非常好的耐腐蚀性。如此优良的性能，使得钢塑复合管的用途非常广泛，石油、天然气输送、工矿用管、饮水管、排水管等各种领域均用到钢塑复合管。复合管结构如图 2-31 所示。

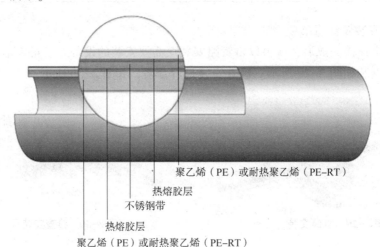

聚乙烯（PE）或耐热聚乙烯（PE-RT）
热熔胶层
不锈钢带
热熔胶层
聚乙烯（PE）或耐热聚乙烯（PE-RT）

图 2-31　复合管结构

2. 管道连接技术注意事项

管道常用的连接方法有螺纹连接、法兰连接、焊接连接、承插连接和卡套式连接五种。管道连接技术注意事项如下：

①管子必须根据压力和使用场所进行选择，应有足够的强度，而且内壁光滑、清洁、无

砂眼、锈蚀、氧化皮等缺陷。

②为了加强密封性，使用螺纹管接头时，在螺纹处还要加填料，如聚四氟乙烯薄膜；用连接盘连接时，必须在结合面之间垫以衬垫，如石棉板、橡皮或软金属等。

③配管作业时，对有腐蚀的管子要进行酸洗、中和、清洗、干燥、涂油、试压等工作，直到合格才能使用。较长的管道各段要有支撑，管道要用管夹固定，以防振动。

④切断管子时，断面应与轴线垂直。弯曲管子时，不要把管子弯瘪。

⑤在安装管道时，应保证最小的压力损失，使整个管道最短，转弯次数最少，并保证管道受温度影响时，有伸缩变形的余地。系统中任何一段管道或元件，应能单独拆装而不影响其他元件，以便于修理。

⑥在液压系统管道的最高处，应装设排气装置。液压系统中的所有管道都应进行二次拆装，即安装调好后，再拆下管道，经过清洗、干燥、涂油及试压，再进行安装，以防止管道内存有残留污物。

五、练习题

1. 安装电磁阀时，有哪些注意事项？
2. 简述管路从切割到安装的操作方法。

逻辑控制算法编程与调试

任务一　NT6000 的使用

一、学习目标

1. 掌握 DCS 编程软件（NT6000）的安装及操作方法；

2. 掌握 DCS 编程软件（NT6000）的编程方法；

3. 了解仪器仪表、传感器、量程变换、参数配置与数据采集等编程与组态方法。

二、任务描述

1. 完成 DCS 编程软件（NT6000）的安装；

2. 认识 DCS 编程软件（NT6000），了解集成开发环境、Graph、逻辑组态等功能界面的操作方法；

3. 完成测点清单在 DCS 控制站的信息设置，正确设置量程、上下限、信号类型等信息。

三、实践操作

1. 知识储备

DCS 编程软件的安装与卸载过程如下：

1）安装

安装过程分为两步，首先需要安装 NT6000 系统软件安装包，安装包安装完成之后，安装虚拟 DPU 安装包，安装过程见表 3-1。

表 3-1 DCS 安装过程及步骤

操作步骤及说明	示意图
1）选择语言 在语言选择界面选择"中文"，单击"下一步"按钮，进入开始安装界面	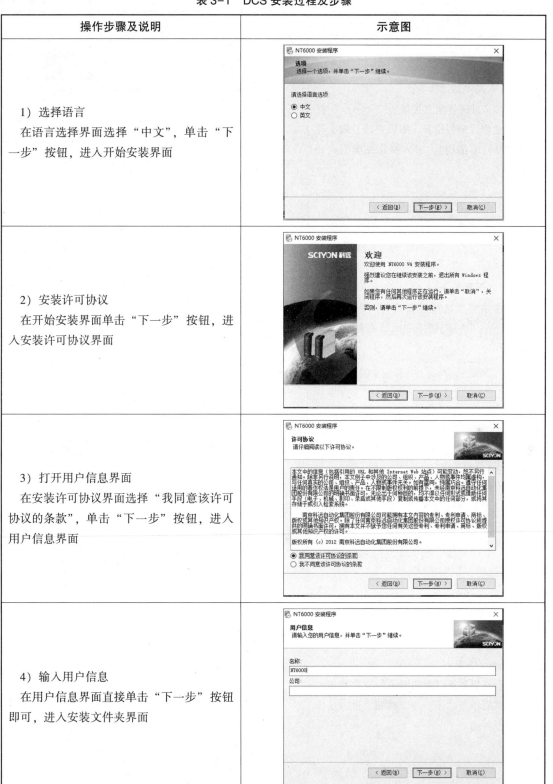
2）安装许可协议 在开始安装界面单击"下一步"按钮，进入安装许可协议界面	
3）打开用户信息界面 在安装许可协议界面选择"我同意该许可协议的条款"，单击"下一步"按钮，进入用户信息界面	
4）输入用户信息 在用户信息界面直接单击"下一步"按钮即可，进入安装文件夹界面	

操作步骤及说明	示意图
5）进入操作站选择界面 在安装文件夹界面直接单击"下一步"按钮（切勿修改安装位置，如果更改，则会导致安装软件不能用），进入操作站类型选择界面	
6）进入配置站 在操作站类型选择界面选择"配置站"，单击"下一步"按钮，进入节点信息配置界面	
7）配置节点名称 在节点信息配置界面直接单击"下一步"按钮，进入安装选项界面。在"节点名称"中输入服务节点的名称，在"网络节点"中输入服务节点所在网络的名称	
8）添加附加组件 在安装选型界面将需要安装的附件和组件全选，然后单击"下一步"按钮，进入快捷方式选择界面	

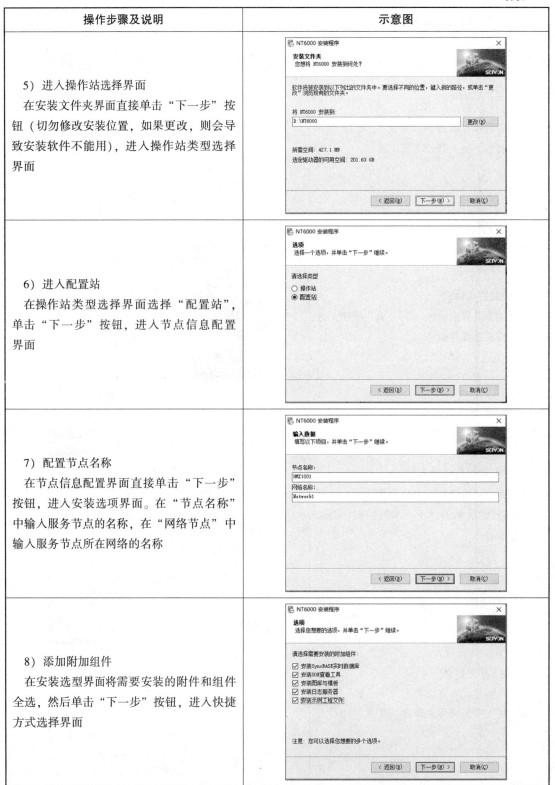

续表

操作步骤及说明	示意图
9）选择快捷方式 在快捷方式界面中选择"只对当前用户安装快捷方式"，单击"下一步"按钮，进入安装确认界面	
10）进行安装 在安装确认界面单击"下一步"按钮，进行软件安装	
11）完成软件安装 在软件安装完成界面单击"完成"按钮，完成软件安装	
12）生成快捷方式 软件安装成功之后，桌面会出现两个快捷方式	
13）将仿真软件放到目录 NT6000 软件安装完成后，将仿真软件 NT-VDPU 文件放到安装目录的 bin 文件下	

2）卸载

DCS 卸载过程和操作步骤及说明，见表 3-2。

表 3-2　DCS 卸载过程

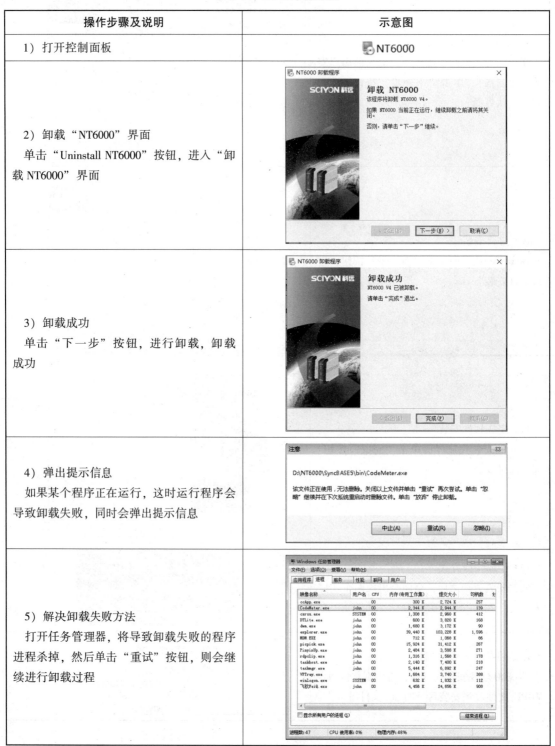

操作步骤及说明	示意图
1）打开控制面板	NT6000
2）卸载"NT6000"界面 单击"Uninstall NT6000"按钮，进入"卸载 NT6000"界面	
3）卸载成功 单击"下一步"按钮，进行卸载，卸载成功	
4）弹出提示信息 如果某个程序正在运行，这时运行程序会导致卸载失败，同时会弹出提示信息	
5）解决卸载失败方法 打开任务管理器，将导致卸载失败的程序进程杀掉，然后单击"重试"按钮，则会继续进行卸载过程	

2. 任务实施

（1）DCS 编程软件基本操作过程

DCS 编程软件主要采用 NT6000，eNetMain 为 NT6000 系统软件的统一管理平台，负责管理节点所有应用程序的启动、重启、停止操作，还要负责各个节点之间的通信和文件传输。

1）启动 eNetMain 程序

在桌面上单击"NT6000 eNetMain"快捷方式图标，弹出 NT6000 eNetMain 运行界面，此时会自动连接服务端的 NT6000 eNetServer 程序，如果连接成功，则会在 NT6000 eNetMain 右下角显示"已连接"字样，如图 3-1 所示。

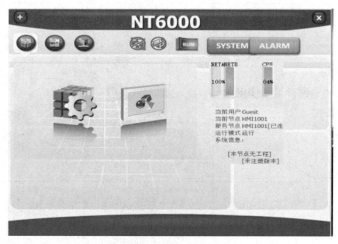

图 3-1　用户登录界面

如果服务节点名称配置不正确，或服务端 eNetServer 未启动，或与服务端网络不通，则会显示"未连接"标示。

2）界面介绍

NT6000 eNetMain 主界面，见表 3-3。

表 3-3　eNetMain 主界面介绍

操作步骤及说明	示意图
①打开 NT6000 eNetMain 主界面	

操作步骤及说明	示意图
②单击主菜单。 单击主菜单，弹出下拉框，下拉框中含多个子菜单项	
③启动快捷启动按钮。 单击该按钮，在显示窗口显示 IDE 和 GraphView 快捷启动按钮	
④显示进程管理界面。 单击该按钮，在显示窗口显示进程管理界面	
⑤在线节点。 单击该按钮，在显示窗口显示当前网络所有在线的节点	

续表

操作步骤及说明	示意图
⑥声音报警开关	
⑦运行模式、组态模式	 

3）用户登录

在 NT6000 eNetMain 页面进行用户登录，输入密码进行登录，见表3-4。

表3-4　用户登录步骤

操作步骤及说明	示意图
1）登录当前用户账号 单击 NT6000 eNetMain 右下角的"当前用户"，弹出用户登录对话框	
2）选择当前使用用户 选择用户为 Admin，Admin 用户密码为"12345678"，Admin 用户拥有本系统的所有权限。如果当前用户不具备某些特定功能的执行权限，将弹出如图所示提示的信息	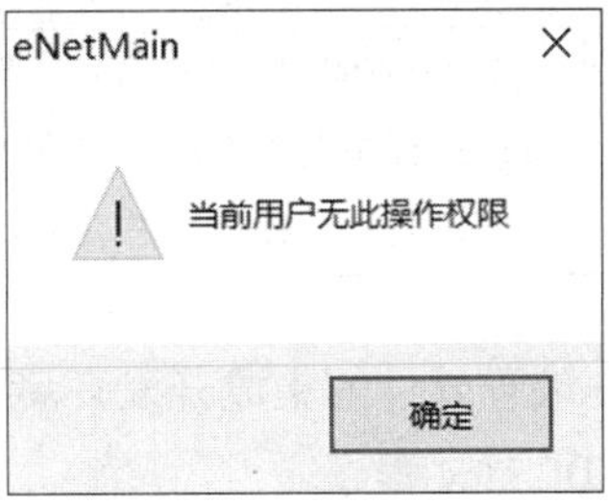

4）模式转换

组态模式和运行模式是 NT6000 eNetMain 的两种基本工作模式，见表3-5。

表3-5　组态模式和运行模式

模式	说明
组态模式	NT6000 eNetMain 将实时同步服务器上的工程文件。因此，必须在已连接到服务器的状态下才可正常工作。在组态模式下，可以启用集成开发环境，对工程文件进行组态编辑
运行模式	NT6000 eNetMain 将从本地缓存读取工程文件。因此，运行模式下的节点不依赖于服务器的连接状态。在本节点无工程或者提示工程版本不是最新的情况下，NT6000 eNetMain 无法正常执行最新修改的工程文件，通过下装并重载可以解决这一问题

5）集成开发环境

①集成开发环境，提供统一的配置管理平台，用户可以通过本平台对系统进行配置编辑。

②将 NT6000 eNetMain 状态切换到组态模式，单击 NT6000 eNetMain 界面的"集成开发环境"按钮，或单击进程管理界面的 IDE 启动按钮，进入集成开发环境（集成开发环境必须在组态模式、服务已连接的情况下运行，否则会提示"无法启动"，或者"连接已经失效"）。集成开发环境具体的流程以及步骤，见表 3-6。

表 3-6　集成开发环境平台

设置	说明
运行系统	单击位于 NT6000 eNetMain 页面中间位置的"进入运行系统"按钮，直接启动 GraphView 程序，启动时会加载默认的画面文件，如果未配置默认画面文件，则不能加载任何画面文件而直接启动 GraphView 程序
启动项设置	单击 NT6000 eNetMain 左上角的"+"按钮，弹出菜单下拉框，单击"设置启动项"按钮，弹出设置启动项页面。用户可以根据自己的要求，进行启动设置，每次启动 NT6000 eNetMain 的时候，可以自动启动相关应用程序
下装	单击 NT6000 eNetMain 左上角的"+"→"操作"→"下装"按钮，执行下装操作，并在 eNetMain 页面正下方显示下装进度。下装过程将服务端工程文件下装到客户端，保证客户端工程文件与服务端工程文件一致。下装操作需要一定的权限，当进行下装操作时，如果当前进行操作的用户密码被修改，则当前用户会自动变为 Guest，而 Guest 用户没有进行下装操作的权限
重载	单击 NT6000 eNetMain 左上角的"+"→"操作"→"重载"按钮，执行重载操作，重载过程中会对 IDE、NT6000、API、DataSrv、LogAgent、LogServer、SyncBaseSrv 等应用程序进行重载操作，并在 eNetMain 正下方显示重载进度

（2）DCS 编程软件的集成开发环境

1）启动 DCSdev 程序

DCSdev 为用户提供统一的集成开发环境，通过集成开发环境可以对安全区、报警区、E 志、画面、配方、数据库、软件权限、网络等进行配置。启动 DCSdev 有两种方法，见表 3-7。

表 3-7　启动 DCSdev 两种方法

方法	说明
方法一	左键单击 NT6000 eNetMain 界面的"集成开发环境"按钮
方法二	左键单击 NT6000 eNetMain 进程管理中 IDE 对应的启动按钮

2）界面介绍

集成开发环境的主界面如图 3-2 所示，集成开发环境主界面主要功能栏介绍见表 3-8。

图 3-2 集成开发环境的主界面

表 3-8 功能栏

栏目	说明
标题栏	集成开发环境
菜单栏	包括文件、编辑、视图、帮助四个菜单，各栏菜单又包括若干个子菜单项
工具栏	将主菜单中一些常用菜单项以图标的形式排列，便于用户操作
工程面板	显示当前工程文件中的目录信息
标签	显示所有被打开页面的页标签
文档区	双击工程目录中某个目录节点，在文档区显示其详细的信息
状态栏	显示当前的界面状态

文件（V）：按 Alt+F 组合键，弹出"文件"菜单下拉框，"文件"菜单包括工程备份、工程还原、刷新工程、保存全部、退出五个子菜单项。"文件"菜单见表 3-9。

表 3-9 "文件"菜单

菜单项	说明
工程备份	对当前工程进行备份
工程还原	对当前工程进行还原操作
刷新工程	对当前工程进行刷新
保存全部	对所有修改过的工程进行保存
退出	退出当前编辑窗口

3）画面配置

①全局画面配置。

双击工程目录中画面配置图标，打开画面配置管理界面，本处的画面配置属于全局配置,默认情况影响本工程的所有节点,如图3-3所示。

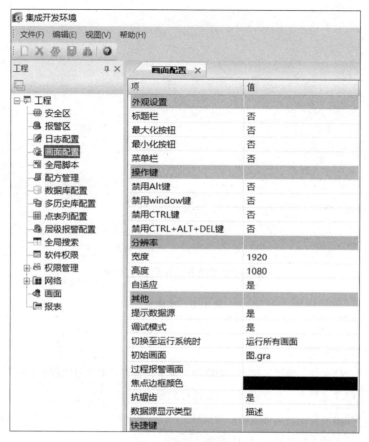

图3-3 画面配置

②节点画面配置。

集成开发环境中,画面配置具体操作步骤见表3-10。

表3-10 画面配置

操作步骤及说明	示意图
1)画面配置 双击某个节点下面的画面配置图标,弹出画面配置对话框,则可对该节点的 GraphView 进行个性化配置,默认情况下,节点个性化画面配置对应的值为否,表示从全局画面配置获取配置信息	

续表

操作步骤及说明	示意图
2）控制节点 单击"锁定"按钮，使得画面配置界面处于编辑状态，将画面配置的值由"否"更改为"是"，则出现如图所示的界面，此时以个性化画面配置来控制节点 HMI1001 GraphView 运行效果	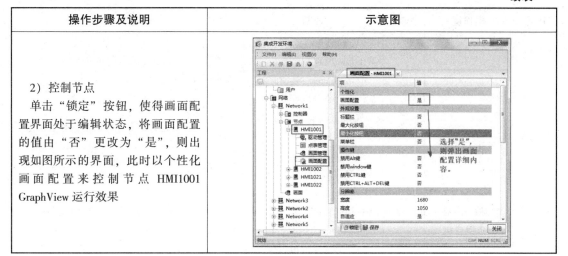

③操作键设置。

操作键配置项，如图 3-4 所示，用于控制当 GraphView 运行时是否禁用特定的按键。

图 3-4　GraphView 操作键设置

各操作键配置功能，见表 3-11。

表 3-11　操作键功能表

序号	操作键	值	说明	意义
1	禁用 Alt	是	GraphView 运行时，Alt 键禁用	选择 GraphView 运行时，是否可以使用 Alt 键，如果禁用，Alt＋Esc、Alt＋F4 等包含 Alt 键的系统组合键将失效
		否	GraphView 运行时，Alt 键可以使用	

序号	操作键	值	说明	意义
2	禁用 Window 键	是	GraphView 运行时，Window 键禁用	控制当 GraphView 运行的时候，是否可以使用 Window 键
		否	GraphView 运行时，Window 键可以使用	
3	禁用 Ctrl 键	是	GraphView 运行时，Ctrl 键禁用	GraphView 运行时是否可以使用 Ctrl 键，如果禁用，除 Ctrl+L、Ctrl+M、Ctrl+P 组合键外的所有包含 Ctrl 的组合键将失效
		否	GraphView 运行时，Ctrl 键可以使用	
4	禁用 Ctrl+Alt+Del 组合键	是	GraphView 运行时，Ctrl+Alt+Del 组合键禁用	是否在 GraphView 运行时禁用 Ctrl+Alt+Del 组合键
		否	GraphView 运行时，Ctrl+Alt+Del 组合键可以使用	

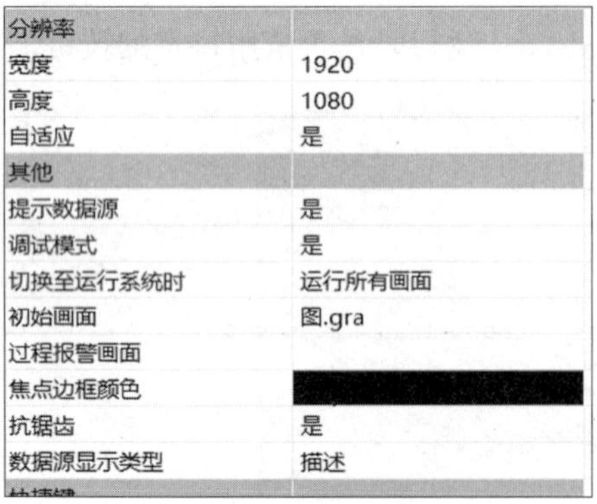

④分辨率设置。

分辨率配置，如图 3-5 所示，此处设置的分辨率为组态画面运行时所需的分辨率，正常情况下，与目标机器操作系统所设置的分辨率一致即可，运行时，组态画面可以恰好铺满整个屏幕（目标机器的分辨率查看方法：右击目标机器的桌面，选择桌面分辨率，宽度为 1 920，高度为 1 080）。

如果将自适应选项选择为"否"，此时画面不可见区域将出现滚动条，用户通过拖动滚动条来显示不可见区域。系统的分辨率以及自适应效果仅仅决定了画面显示的大小以及是否有滚动条，而画面本身的大小则仅与画面自身的分辨率有关。分辨率各项配置使用说明，见表 3-12。

图 3-5 分辨率配置

表 3-12 分辨率配置说明

配置项	说明
宽度	组态画面运行时所需分辨率的宽度，建议与目标机器所配置分辨率的宽度一致
高度	组态画面运行时所需分辨率的高度，建议与目标机器所配置分辨率的高度一致
自适应	该功能主要用于当组态画面的分辨率与目标机器的分辨率不一致时，当组态画面配置的分辨率大于目标机器的分辨率，自适应选择"是"时，运行 GraphView 后，组态画面会根据目标机分辨率进行调整，最终在屏幕上显示所有组态画面内容；当组态画面配置的分辨率大于目标机器的分辨率，自适应选择"否"时，运行 GraphView 后，组态画面不会根据目标机器的分辨率进行调整，而是按照自己的分辨率进行显示，由于目标机器的分辨率小，因此，目标机器的屏幕无法一次性显示组态画面所有内容，需要通过拖动水平或垂直滚动条来查看隐藏区域，如果目标机器的分辨率大于组态画面所需的分辨率，则会在目标机器的屏幕上显示组态画面的全部内容

⑤其他设置。

其他配置如图 3-6 所示。

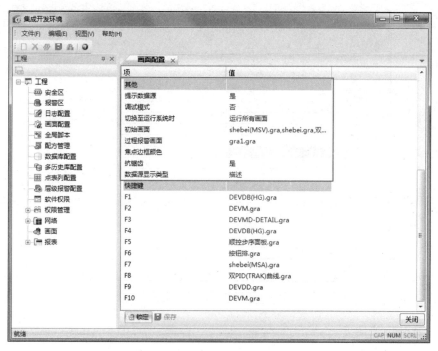

图 3-6 其他设置

其他配置项介绍，见表 3-13。

表 3-13 其他配置项

配置项	说明
提示数据源	需要和数据源显示类型一并使用，提示数据源选择"是"，GraphView 运行时，鼠标移至含有数据源的图元上停顿 1~2 s，则会弹出一个 TIPS 对话框，动态显示数据源一些信息，鼠标移走后，TIPS 对话框会自动消失
数据源显示类型	用于设置 TIPS 对话框应该显示数据源的哪些信息，分别可以设置显示数据源的名称、描述或设计编号
调试模式	如果选择"是"，GraphView 运行时权限系统将不生效，即任何用户包括 Guest 用户都可切换至组态环境，退出 GraphView 运行系统等操作；选择"否"，权限系统将生效，切换至组态环境等操作需要有相应的操作权限才可
初始画面	选中一个或多个画面文件作为 GraphView 运行加载的初始画面，当用户单击"进入运行系统"，启动 GraphView 时，会自动加载本处配置的所有初始画面文件
过程报警画面	配置一个含有报警图元的画面文件，当用户单击画面按钮时，启动 GraphView 的同时加载本处配置所指定的画面文件

4）权限管理

双击工程目录中权限管理图标，打开"权限管理"界面，如图 3-7 所示。

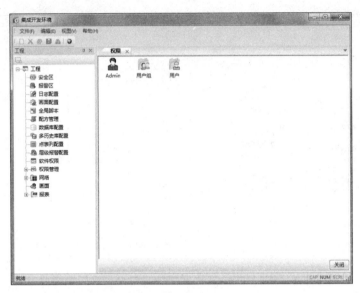

图 3-7　"权限管理"界面

①修改 Admin 密码。

修改密码过程见表 3-14。

表 3-14　修改密码

操作步骤及说明	示意图
1）进入 Admin 用户 双击 Admin 图标，弹出 Admin 用户属性对话框	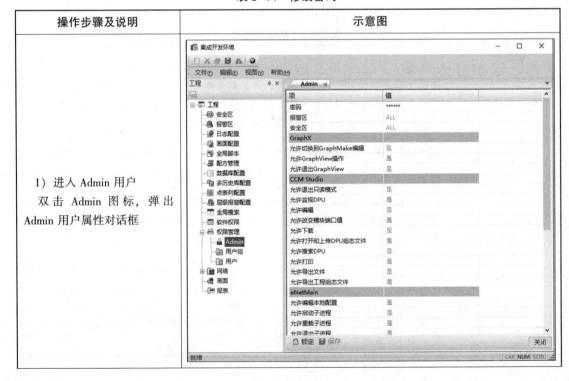

操作步骤及说明	示意图
2）解锁工具条 单击下方工具条中的解锁按钮，即可申请获得编辑权限。如果获得权限成功，则密码的值对应的文本框将变为蓝色字体，解锁按钮变为锁定状态，同时激活下方Admin密码修改工具条	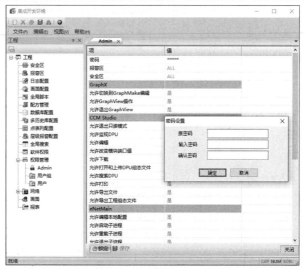
3）修改密码文本框 单击双击密码文本框，弹出密码修改对话框，如图所示，输入旧密码、新密码，单击"确定"按钮修改密码成功。一般情况下，系统有两个用户，为Admin和Guest，Guest用户密码为空，Admin用户密码为"12345678"，Admin用户拥有操作本系统的所有权限	

②用户组管理。

单击用户组图标,弹出用户组管理,见表 3-15。

表 3-15 用户组管理

操作步骤及说明	示意图
1)管理用户组 双击用户组图标,弹出用户组管理对话框	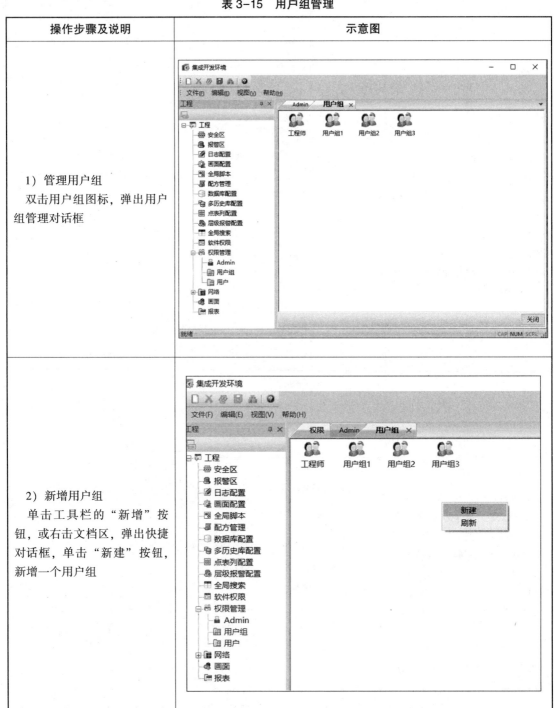
2)新增用户组 单击工具栏的"新增"按钮,或右击文档区,弹出快捷对话框,单击"新建"按钮,新增一个用户组	

操作步骤及说明	示意图
3）查看用户组属性 双击用户组图标，弹出用户组属性对话框	**属性** 项　　值 安全区 报警区 **GraphX** 允许切换到GraphMake编辑　否 允许GraphView操作　否 允许退出GraphView　否 **CCM Studio** 允许退出只读模式　否 允许监视DPU　否 允许编辑　否 允许改变模块端口值　否 允许下载　否 允许打开和上传DPU组态…　否 允许搜索DPU　否 允许打印　否 允许导出文件　否 允许导出工程组态文件　否 **eNetMain** 允许编辑本地配置　否 允许启动子进程　否 允许重载子进程　否 允许退出子进程　否 允许切换组态\运行模式　否 允许退出etMain　否 锁定　保存
4）激活删除配置 单击下方工具条中的解锁按钮，即可申请获得编辑权限。如果获得权限成功，则用户组配置列表中"值"一列将变为蓝色字体，同时激活下方用户组配置工具条，双击用户组文本框，激活用户组配置按钮。单击"用户组配置"按钮，弹出用户组配置对话框。删除用户，选中一个或者多个用户，单击工具栏上的"删除"按钮，或右击，选择"删除"，单击"确定"按钮，删除成功	**属性** 项　　值 安全区 报警区 **GraphX** 允许切换到GraphMake编辑　否 允许GraphView操作　否 允许退出GraphView　否 **CCM Studio** 允许退出只读模式　否 允许监视DPU　否 允许编辑　否 允许改变模块端口值　否 允许下载　否 允许打开和上传DPU组态…　否 允许搜索DPU　否 允许打印　否 允许导出文件　否 允许导出工程组态文件　否 **eNetMain** 允许编辑本地配置　否 允许启动子进程　否 允许重载子进程　否 允许退出子进程　否 允许切换组态\运行模式　否 允许退出etMain　否 锁定　保存

5）网络管理

对网络管理进行删减，见表 3-16。

表 3-16　网络管理

操作步骤及说明	示意图
1）选择网络管理 双击工程管理目录中的"网络"图标，弹出网络管理页面	
2）新增网络图标 单击左上角的"新增"按钮，新增网络一个网络，默认名称为"Network2"，如图所示	

操作步骤及说明	示意图
3）删除网络图标 选中一个网络图标，单击左上角的"删除"按钮，删除网络图标操作成功	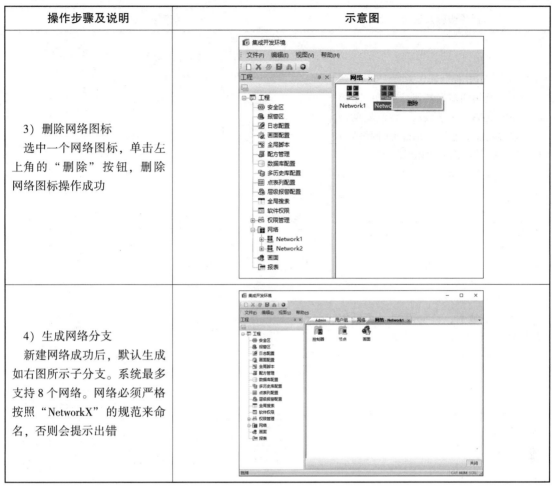
4）生成网络分支 新建网络成功后，默认生成如右图所示子分支。系统最多支持 8 个网络。网络必须严格按照"NetworkX"的规范来命名，否则会提示出错	

6）控制器管理

控制器管理过程，见表 3-17。

表 3-17 控制器管理

操作步骤及说明	示意图
1）进行控制器管理 双击工程管理目录中的"控制器"管理图标，弹出控制器管理页面	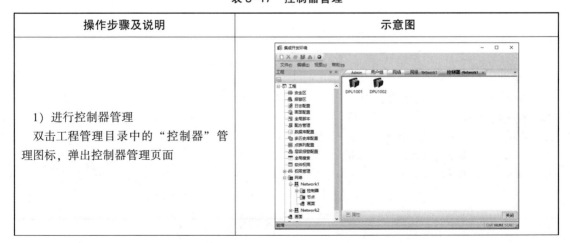

操作步骤及说明	示意图
2）新增 DPU 控制器 单击左上角的新增按钮，新增一个控制器 DPU1003，新增成功。控制器的命名必须遵循以下规范：Network1 网络的 1 号控制器，其名称为"DPU1001"。一个网络最多能添加 64 个控制器	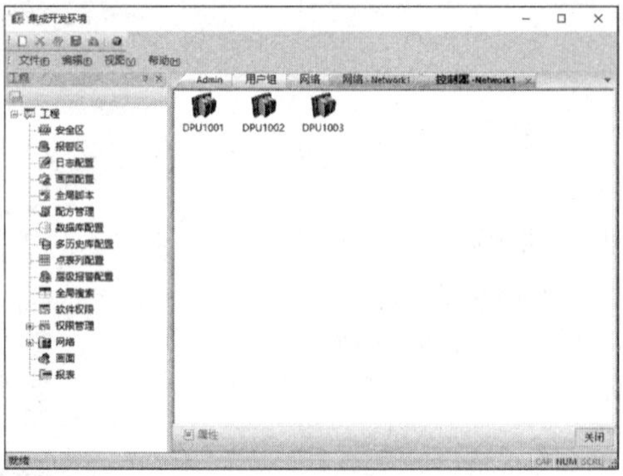
3）添加控制器分支 控制器建成后，自动添加"逻辑组态"和"点表管理"两个分支	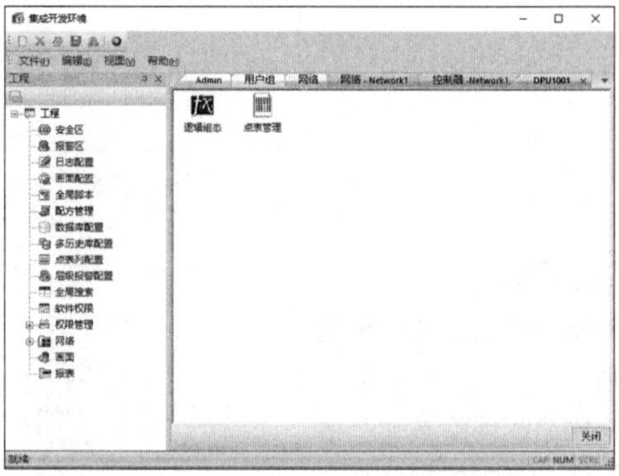
4）查看属性菜单 右键单击"控制器"，单击"属性"菜单，弹出如图所示窗口	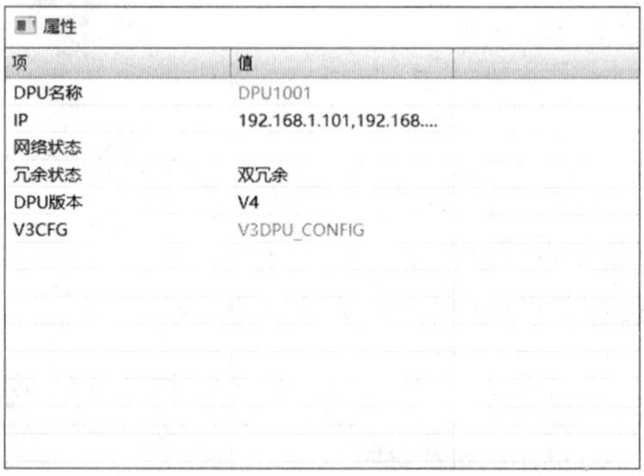
5）编辑 IP 配置对话框 单击位于属性对话框下方的锁定按钮，使得属性对话框进入编辑状态，用户可根据实际情况，对 IP、网络状态、冗余状态、DPU 版本等信息进行配置，双击 IP 文本框，弹出 IP 配置对话框	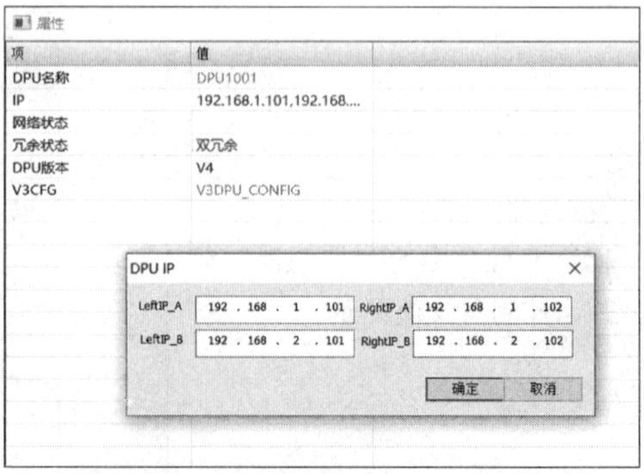

7）逻辑组态

控制器的基本类型分为 V3 和 V4 控制器两种，分别使用 CCM Studio（V3）和 CCM Studio（V4）程序进行逻辑组态的编辑，见表 3-18。

表 3-18 逻辑组态页面

操作步骤及说明	示意图
1）启动逻辑组态软件 单击进程管理逻辑组态启动按钮，即可启动逻辑组态软件	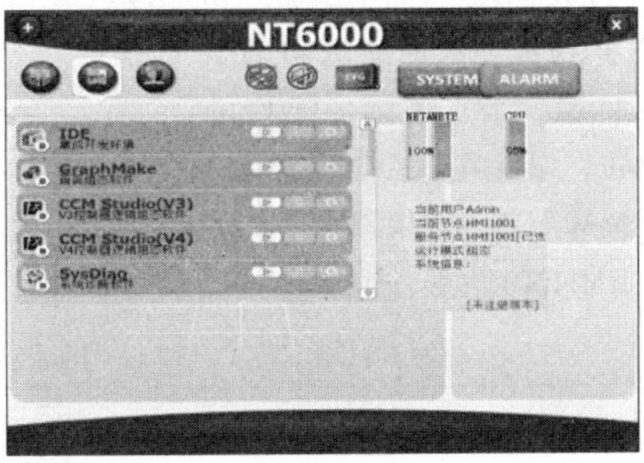
2）启动逻辑组态管理界面 单击"启动"按钮，弹出如图所示的逻辑组态管理界面	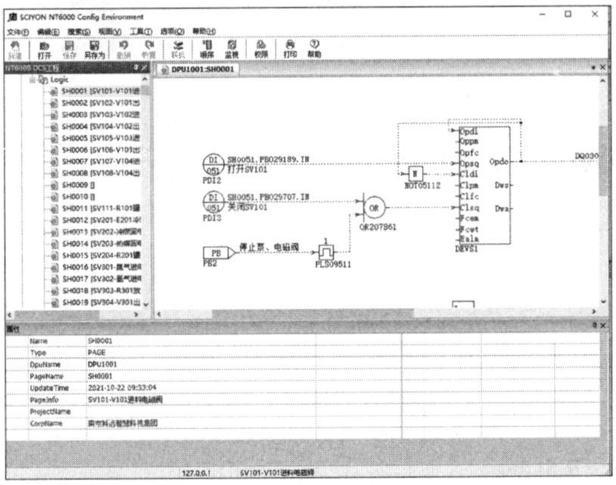

8）节点管理

①新增节点。

节点管理与添加分支，见表 3-19。

表 3-19 新增节点

操作步骤及说明	示意图
1）启动节点管理页面 双击工程管理目录中节点管理图标，弹出节点管理页面	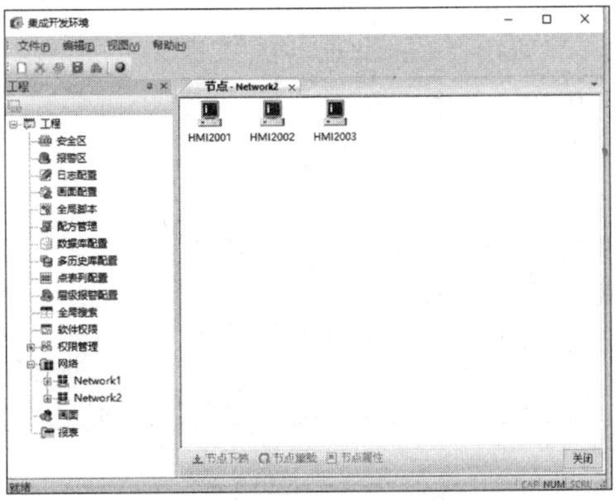

操作步骤及说明	示意图
2）新增节点 单击左上角的按钮，或右键节点管理页面，单击下拉框中的新增按钮。单击节点新增按钮后，会在节点管理页面生成新的节点，用户也可以自定义节点名称，按 Enter 键，新增节点成功。编辑节点名称需遵循一定的规则，如无特殊需要，建议参考默认名称的格式，如"HMI1001"等	
3）添加节点分支 节点新建成功后，将自动添加如图所示分支	

②下装与重载。

对程序进行下装和节点重载，见表3-20。

表3-20　下装与重载

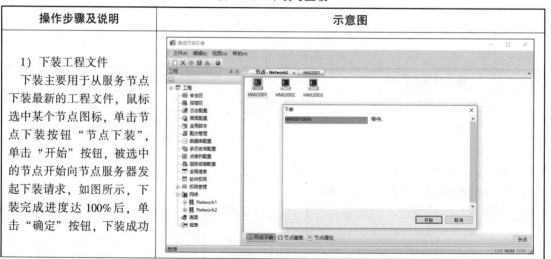

操作步骤及说明	示意图
1）下装工程文件 下装主要用于从服务节点下装最新的工程文件，鼠标选中某个节点图标，单击节点下装按钮"节点下装"，单击"开始"按钮，被选中的节点开始向节点服务器发起下装请求，如图所示，下装完成进度达100%后，单击"确定"按钮，下装成功	

续表

操作步骤及说明	示意图
2）软件节点重载 　鼠标选中某个节点图标，单击"节点重载"按钮，单击"开始"按钮，开始对被选中节点下的 NT6000 API、DataSrv、LogAgent、LogServer、SyncBase 等应用程序进行重启操作，待所有的应用进程重启完毕，进度条完成100%，单击"完成"按钮，重载完毕	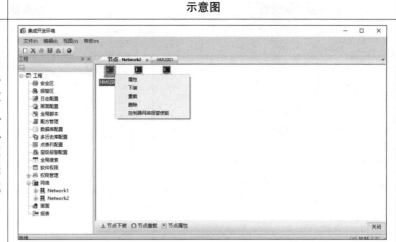

9）驱动管理

驱动管理的设置与管理，见表 3-21。

表 3-21　驱动管理的设置与管理

操作步骤及说明	示意图
1）启动驱动管理 　双击工程目录中的驱动管理图标，打开驱动管理页面	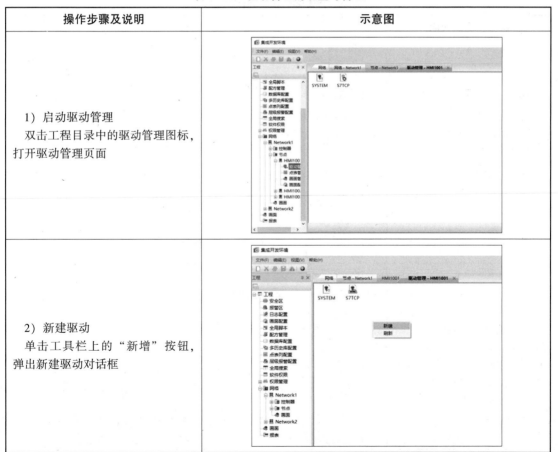
2）新建驱动 　单击工具栏上的"新增"按钮，弹出新建驱动对话框	

操作步骤及说明	示意图
3）删除驱动 鼠标选中驱动图标，单击右上角的"删除"按钮，删除驱动成功。系统所有的驱动文件都放置在 X:\AT6000\binDrv 目录下，SYSTEM 驱动为系统默认的驱动，不能删除	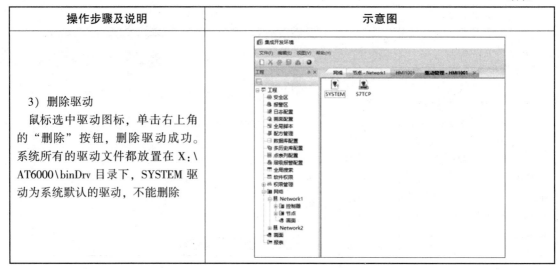

10）画面管理

画面管理文件，对文件进行导入/导出，见表 3-22。

表 3-22　画面管理

操作步骤及说明	示意图
1）查看画面管理 画面管理分为三个层次：系统层、网络层和节点层	
2）新增画面文件 单击左上角的新增按钮，默认画面文件名称为 Gra1，用户也可以根据自己实际需要修改画面文件名称，按 Enter 键，新增画面文件成功	

续表

操作步骤及说明	示意图
3）单击画面文件 双击画面文件，调用Graph-Make打开画面文件，画面文件打开成功	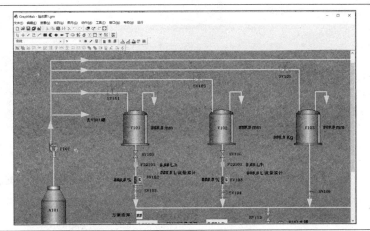
4）导入画面文件 单击导入画面文件按钮"导入"，选中保存本地的画面文件，单击"确定"按钮，导入成功。导入的画面文件与系统中的画面文件名称相同，会覆盖系统中的画面文件	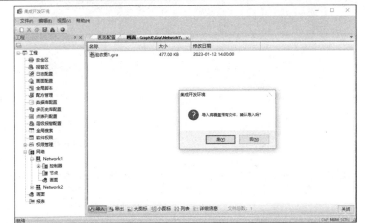
5）导出画面文件 选中画面文件，单击导出画面文件按钮"导出"，选择本地存放路径，单击"确定"按钮，导出成功，将选中的画面文件导出到本地。导出的画面文件与本地画面文件名称相同，会覆盖本地画面文件	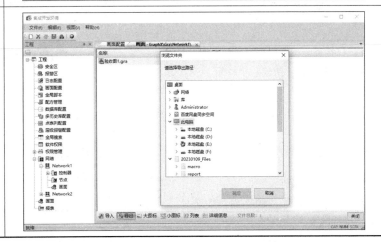

（3）Graph 使用

Graph 用于 NT6000 系统 DCS 流程界面的组态、监测，包括 GraphMake 组态系统、GraphView 运行系统两个模块。

1) 文件菜单

单击 NT6000 eNetMain 进程管理窗口中 GraphMake 对应的启动按钮，启动 GraphMake 程序，如图 3-8 所示。

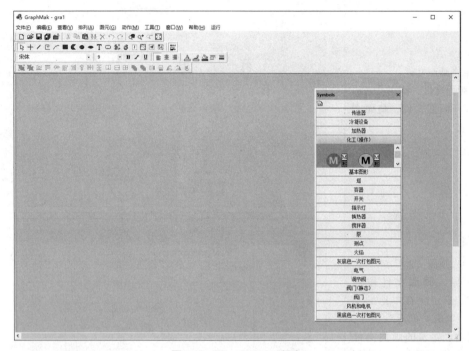

图 3-8　GraphMake 程序

在画面组态中，画出所需的画面，具体操作步骤见表 3-23。

表 3-23　画面组态

操作步骤及说明	示意图
1）打开画面组态 打开画面组态，新建一个画面	 文件(F)　查看(V)　工具(T)　帮助(H) 　新建(N)　　Ctrl+N 　打开(O)...　Ctrl+O 　退出(X)
2）修改画面属性 双击页面，打开"画面属性"界面，进行设置	画面属性 画面位置：　左：0　显示宽度：1536　上：0　显示高度：864　画面宽度：1536　画面高度：864　□显示.画面宽度相等 外观：□标题栏　☑可变大小　☑初始时最大化　□关闭按钮　□主画面 其它：刷新速率：500 ms　背景颜色：　脚本... 确认　取消

操作步骤及说明	示意图
3）调用图库符号 选择"查看"→"图库"，调出所需的各种符号	
4）调用符号框 从符号框中拖动选中的符号（或在查看菜单栏中，手动画出所需模型），放到画面中（或制作模型库，更加方便、简捷）	
5）画出所需程序 根据工艺流程图，画出所需的程序	

GraphMake 各个菜单功能，见表 3-24。

表 3-24　GraphMake 菜单功能

菜单	说明
菜单栏	列出了各下拉菜单的名称。菜单打开后，用户可选择其中的各项命令，如果某项命令后附有快捷键注释，则可以不必进入下拉菜单而直接按快捷键来执行操作。当菜单名称变为暗时，说明菜单命令无效
主工具栏	列出了一些与菜单命令相对应的图标和各种编辑图形的工具。鼠标停留在图标上时，各图标的含义可在鼠标下方和状态栏中显示，并可由鼠标拖动到屏幕任意位置
图元绘制工具栏	提供各种绘图用的基本图形，并可由鼠标拖动到屏幕任意位置
动作链接工具栏	提供编辑图形文件的各种操作方式，包括缩放、移动、旋转、隐藏、变色、闪烁灯，并可由鼠标拖动到屏幕任意位置
格式工具栏	提供字体、字号、文字格式、文字颜色、对齐方式以及绘制图形边框所用的各种线型和填充图形的各种模式，并可由鼠标拖动到屏幕任意位置

2）功能说明

功能说明，见表 3-25。

表 3-25　功能说明

功能	功能说明
新建	利用此命令可创建一个新的图形文件。单击此命令，或使用快捷键 Ctrl+N，出现空白窗口供用户编辑新的图形文件
打开	单击此命令，使用快捷键，弹出对话框，选中需打开文件的路径和名称，单击"打开"命令或双击文件名即可打开选择的文件
关闭	利用此命令可关闭当前打开着的文件，在关闭之前，系统会提示用户"是否保存对＊＊.gra 的更改"，如果需要保存，则单击"是"按钮；否则，单击"否"按钮；取消此次操作，单击"取消"按钮
保存、保存全部、另存为	利用此命令可保存图形文件。保存新建文件时，单击"保存"或"另存为"均可弹出保存文件窗口，在"文件名"中输入保存或另存的文件名，单击"保存"即可；"保存全部"仅针对画面发生改变时，对新建文件无效
退出	当所有工作完成时，可执行该命令，退出图形组态工具

①编辑菜单。

编辑菜单见表 3-26。

表 3-26　编辑菜单

编辑	说明
撤销	当用户对当前操作不满意时，可单击此命令或在主工具栏中取消它。也可撤销前几次或某次的操作。当存盘以后，撤销操作便不起作用

编辑	说明
剪切	选中欲剪切的对象，单击此命令，或使用快捷键 Ctrl+X，或系统工具中的图标，对象被存入剪切板，原选定对象消失，此区域用背景色填充。用右键也可执行此命令
复制	选中欲复制的对象，单击此命令，或使用快捷键 Ctrl+C，或系统工具中的图标，对象被复制到剪切板，原选定对象仍然存在。用右键也可执行此命令
复制	选中欲复制的对象，单击此命令，或使用快捷键 Ctrl+D，或系统工具中的图标，对象被直接复制至画面，原选定对象仍然存在。用右键也可执行此命令
删除	选中欲删除的对象，单击此命令，或使用快捷键 Del，或系统工具中的图标，选中对象消失，此区域用背景色填充。用右键也可执行此命令
粘贴	只有在完成"剪切"或"复制"操作后此命令才有效，单击此命令，或系统工具中的图标，选择后可将剪切板中的内容粘贴到当前画面中。用右键也可执行此命令
全选	单击"编辑"菜单中的"全选"，可将当前画面中的所有对象全部选中
画面属性	利用此命令可设置画面的起始位置、画面宽度、画面高度、刷新速率、背景色、外观以及脚本等

②排列菜单。

排列菜单见表3-27。

表3-27　排列菜单

排列	说明
成组	利用此命令可将几个单独的图形对象组合成一个图形对象。选择欲组合的多个对象，单击此命令，或单击图元排列工具栏的图标，或在右键菜单中选择"成组"，即可完成此功能
解组	利用此命令可将一个组合对象分解成单独的图形对象。选择欲分解的对象，单击此命令，或在右键菜单中选择"解组"，即可完成此功能
图元前置	当两个或多个图形对象相互重叠时，利用此命令可以改变图形的前后次序。选择需要前置的图形对象，单击此命令，或图元排列工具栏的图标，即可完成此功能
图元后置	当两个或多个图形对象相互重叠时，利用此命令可以改变图形的前后次序。选择需要后置的图形对象，单击此命令，或图元排列工具栏的图标，即可完成此功能

③图元菜单。

图元菜单见表3-28。

表3-28　图元菜单

图元	说明
直线	单击"直线"命令，光标呈"+"状，单击鼠标左键确定起始位置，按住鼠标左键并拖动到目标位置后释放即可
折线	单击"折线"命令，光标呈"+"状，单击鼠标左键确定起始位置，释放鼠标左键并拖动到第一条线段的目标位置后单击，之后释放鼠标左键拖到第二条线段的目标位置后单击，重复以上操作，直到最后一条边，双击鼠标左键即可

图元	说明
矩形	单击"矩形"命令，光标呈"+"状，单击鼠标确定起始位置，按住鼠标左键并拖动到目标位置后释放即可
文本	单击"文本"命令，光标呈"+"状，键入文字即可，在文本中键入"测试"
按钮	单击"按钮"命令，光标呈"+"状，单击鼠标左键确定起始位置，按住鼠标左键并拖动，直到形成满意的按钮大小后，释放左键即可
曲线	用于在画面上绘制出一个曲线图元，单击"曲线"命令，因将鼠标移至工作区中，光标呈"+"状，单击鼠标左键确定起始位置，按住鼠标左键并拖动，直到形成满意的按钮大小后，释放左键即可

④动作菜单。

动作菜单见表3-29。

表3-29　动作菜单

动作	说明
缩放	对象被定义为缩放特性后，该对象所对应的实时数据点的实时值满足显示下限和显示上限之间的值时，按所设置的条件进行放大或缩小
移动	对象添加动态移动特性后，该对象所对应的实时数据点的实时值满足显示下限和显示上限之间的值时，位置会按所设置的条件进行移动
颜色变化	对象被定义颜色特性后，该对象所用的实时数据点值满足条件，则显示指定的颜色，否则不显示指定的颜色
闪烁	对象被定义闪烁特性后，该对象所对应的实时数据点的值满足闪烁条件时，图形进行闪烁
单击事件	对象被定义单击事件属性后，当鼠标以指定方式单击该对象时，指定特定的动作
数值变化	数值变化特性用于显示实时数据点的实时值，也可用于中间变量点的赋值

⑤图元快捷操作菜单。

图元快捷操作菜单提供对图元的最常用操作，用户在图元上右击鼠标，即可弹出其对应的快捷操作菜单，见表3-30。

表3-30　图元快捷操作菜单

图元快捷操作	说明
添加单击事件	功能同动作菜单中的"单击事件"
添加变色事件	功能同动作菜单中的"颜色变化"，添加闪烁事件：功能同动作菜单中的"闪烁"
成组	功能同排列菜单中的"成组"
图元属性	功能同双击该图元，会弹出选中图元的"属性"对话框

图元快捷操作	说明
进入组内部	对组内部的某一子图元进行编辑操作
数据源显示替换	对画面上的一个或多个图元进行数据源的批量显示替换操作
别名显示替换	对画面上的一个或多个图元进行别名的批量显示替换操作

3）显示画面

显示画面用于将流程图的底图更换，如图 3-9 所示；浏览画面，如图 3-10 所示。

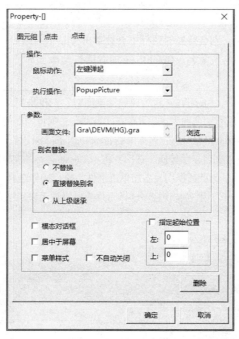

图 3-9　显示画面

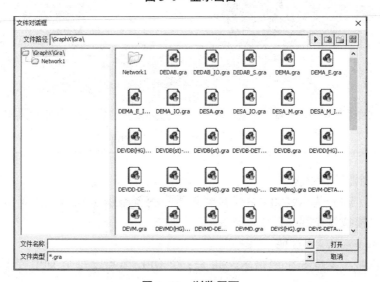

图 3-10　浏览画面

显示画面介绍，见表 3-31。

表 3-31　画面介绍

画面	说明
鼠标动作	分为左键弹起、左键按下、右键弹起、右键按下和双击时执行该特性
画面文件	表示执行该特性时显示的画面，单击"浏览"按钮可以弹出画面枚举对话框，通过该对话框选择要打开的画面文件
别名替换	该功能使得具有代表性质的图元（图库）能够应用不同的数据环境，而无须解组或重新编辑等方式，使得图库中的图元能够快速运用
不替换	打开指定画面时，不使用别名替换功能
直接替换别名	单击此选项，别名替换对话框中会枚举出要显示的画面中所有的别名，用户可以将别名替换为想要的实际名。GraphView 加载运行此画面时，会将画面上的所有别名自动替换成实际名
从上级继承	选中此选项后，GraphView 运行加载此画面时，先枚举出其包含的别名列表，再在打开其的画面上枚举所有别名列表，如果存在同名别名，则将画面的别名实际名替换成其同名的别名实际名。画面上组态一点，名称由别名<<TagName>>代替，右击此数据图元，在弹出的快捷菜单中选择"别名显示替换"选项，将<<TagName>>的实际名改为 V4::DPU1001.SH0026。如图 3-11 所示，为此数据图元添加单击事件，执行操作选择"ShowPicture"，画面文件选择"Gra\DEVSB.gra"，别名替换选项选择为"从上级继无识别结果" 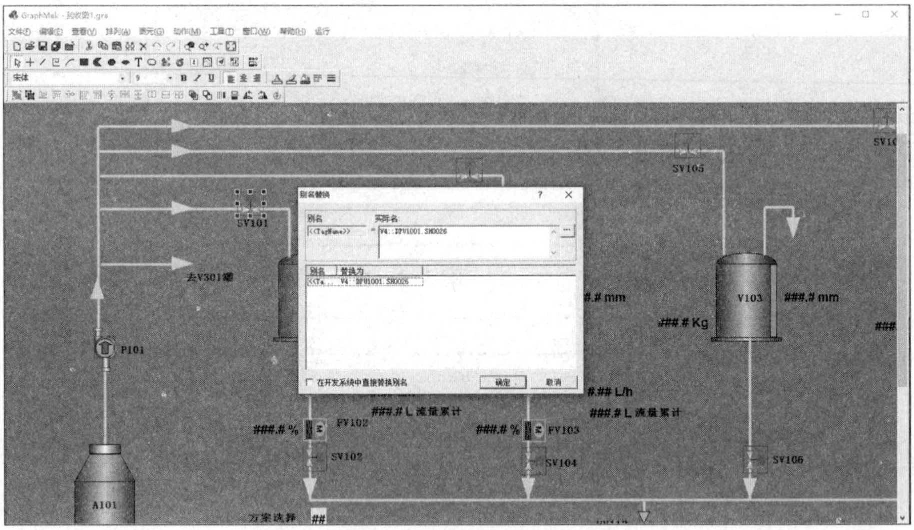 图 3-11　从上级继承

（4）V4 控制器逻辑组态

CCM Studio（V4）为 NT6000 系统的控制器控制策略组态软件，主要功能包括硬件配置、顺序控制、模拟量控制、系统诊断等组态与监控。

1）CCM Studio（V4）性能

CCM Studio 最多支持 8 个网络域，共 512 个 DPU 节点，每个 DPU 节点下支持 100~

2 000 页组态（具体组态页数与 DPU 型号相关）。

硬件组态页支持 24 个分支、192 个 I/O 模块，2 048 个布尔型全局变量、1 024 个实型全局变量、256 个整型全局变量。控制算法组态页单页最大模块数目为 128、最大连线数目为 256。运行时，典型内存占用 20 MB，CPU 占用率不超过 2%。

2）主界面介绍

①主界面基本布局介绍。

运行 CCM 程序，会进入操作模式选择界面，如图 3-12 所示。两种选择模式见表 3-32。

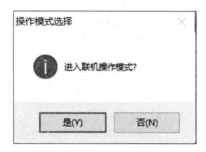

图 3-12　操作模式选择界面

表 3-32　离线模式和联机模式

操作步骤及说明	示意图
1）选择离线模式否（N） 进入离线操作模式，界面左侧工程视图栏显示 8 个 DPU（DPU1001~DPU1008），工程师可以打开组态页面，进行逻辑组态，并将组态信息按页进行保存。保存的组态信息可以在联机操作模式下由组态软件打开，并下装至 DPU 中	
2）选择离线模式是（Y） 进入联机操作模式 NT6000 的网络 eNetA 和 eNetB 之间网段相互独立。工程师站、操作员站、接口站和 DPU 分别有两个网口各自连接在 eNetA 和 eNetB 网络上。界面左侧工程视图栏显示新建的 DPU1001	

双击左侧树形界面的 DPU 标识或者单击工程树下的 DPU 标识前的"扩展"按钮，可以进入 DPU 组态内容列表界面，如图 3-13 所示。

HW 为硬件组态页面，包含所有 I/O 组态、全局变量组态和诊断信息。Logic 为控制算法组态页面。在每页控制算法组态页面后会有一行字符串用于描述该组态的信息，此信息可以包含中文、英文和特殊符号供描述使用，最多不能超过 32 个字。

单击 HW 选项，程序会自动获取 DPU 内的 HW 组态页面，获取完成后，会打开 HW 页主界面，默认所有 I/O 配置为空，如图 3-14 所示。

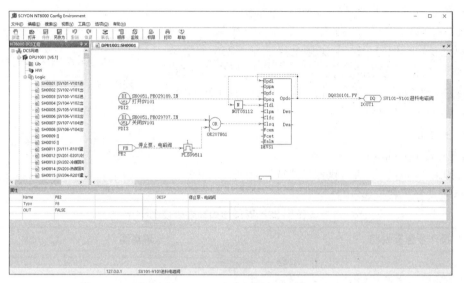

图 3-13　DPU 组态内容列表

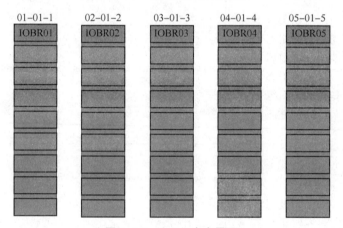

图 3-14　HW 组态主界面

添加 I/O 配置模件，见表 3-33。

表 3-33　模件配置

操作步骤及说明	示意图
1）打开组态页面 打开 HW 组态页面，默认所有配置为 0	01-01-1　IOBR01　　02-01-2　IOBR02　　03-01-3　IOBR03　　04-01-4　IOBR04

操作步骤及说明	示意图
2）修改属性对话框 　单击 IOBR01，在"属性"对话框中，选择"BRCH_En"，将"FALSE"改为"TRUE"	
3）选择所需模件 　然后选择右侧的"IOM1~8"，选中所需的模件	
4）修改各个模件 　添加完之后，在"属性"对话框中可以对模件属性进行更改	

②界面所有颜色说明。

界面颜色说明，见表 3-34。

表 3-34　界面颜色说明一览表

颜色位置	颜色	示例	含义
网络结构视图 DPU 节点底色	白色	DPU8001［V5.1］	该 DPU 节点正常
	青绿色	DPU8001［V5.1］	该 DPU 节点离线
	蓝色	DPU8001［V5.1］	该 DPU 节点未被选中
模块	黑色	AI020201.PV　〈AI〉 AIN020201	模块未被选中
	蓝色	AI020201.PV　〈AI〉 AIN020201	模块被选中

颜色位置	颜色	示例	含义
模块属性	黑色字	$\overline{\text{FALSE}}$	可改变参数设置或者数值
	蓝色字	|OUT	不可改变参数设置或者数值
	粉红色单元格底色	>617.5	数据状态为硬件故障（HW ERROR）
	青绿色单元格底色	>-2.5	数据状态为通信故障或未连接（DISCONNECT）
	棕黄色单元格底色	>3.330000	端口切自动
	白色单元格底色	>35.334942	数据状态为正常 GOOD
模块间连接线	红色	AI010101. PV ⟨ AI ⟩✕ AIN32638	端口切手动
	红色	KM231B ✕	I/O 模件通道切手动
	红色	PB ▷┈┈┈ PB15357	值为 TRUE 的连接
	粉红色	AI140202. PV ⟨ AI ⟩ 842.523 AIN29268	数据状态为硬件故障的连接线
	青绿色	DI030311. PV ⟨ DI ⟩ DIN030311	数据状态为通信故障或未连接的连接线
	黑色	PA ▷ ⟶ ⬡RO/PG PA17266　12　PRO23415	无故障模拟量连接
	黑色	PB ▷┈┈⟶ ⬡RO/PG PB25285　PRO11099	无故障开关量连接

3）命令菜单及工具栏图标说明

①文件。

单击 CCM 主界面的菜单栏中的"文件"选项，弹出"文件"选项的所有子选择项，如图 3-15 所示，文件选项说明见表 3-35。

表 3-35　"文件"选项说明

文件选项	说明
打开	可以打开本地任意路径下的任意一页组态页，如在 HW 页选择打开，则可选择的文件为 .hwf 的 HW 页组态文件；如在逻辑组态页选择打开，则可选择的文件为 .ccf 的逻辑组态页组态文件

文件选项	说明
保存	编辑完成一页组态后，单击"保存"按钮，即可将该页组态页自动保存并且提示进行下载，同时可以通过工具栏中的"保存"实现
另存为	在 DPU 工程树中选中任意一页组态，再选择"另存为"，即可将该组态页保存到本地指定的路径下，HW 页组态和逻辑组态页均可使用"另存为"功能，同时，可以通过工具栏中的"另存为"实现
导出	将组态页导出 PDF、SVG、PNG、Xls 四种类型的文件
导入	将 Xls 格式的 I/O 文件导入
页面设置	设置打印纸张类型，需要连接打印机
打印预览	将当前打开的所有页面进行打印预览
打印	打印所有打开的组态页，需要连接打印机，同时，可以通过工具栏中的打印按钮实现
打印控制器目录页	选中 DPU 节点后，可以将控制器的目录页打印，需要连接打印机
上传控制器组态文件	CCM 同时提供 DPU 组态整体上传功能，在树形图中选择需要上传的 DPU，在菜单栏中选择上传控制器组态文件，并上传到自定义的路径下即可
下装控制器组态文件	CCM 提供了多页组态批量下载功能，在树形图中选择需要下载的 DPU，在菜单栏中选择下装控制器组态文件，在指定的目录中选择需要下载的组态文件即可
退出	退出 CCM 程序，当前如果某页组态页已修改未保存，将提示用户保存

②视图。

单击 CCM 主界面的菜单栏中的"视图"选项，弹出如图 3-16 所示菜单，搜索菜单栏说明见表 3-36。

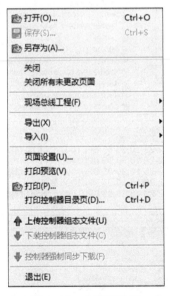

图 3-15 文件菜单图

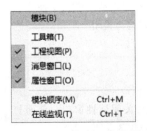

图 3-16 "搜索"菜单图

表 3-36 菜单栏说明

操作步骤及说明	示意图
1）查看列举模块 可以将当前页的所有模块列举出来，在 CCM 右侧的模块浏览列表中列出	
2）使用工具箱 可以弹出 CCM 中的模块工具箱，所有的控制器算法功能块均在此工具箱中。工具箱中分为 I/O 模块、逻辑时序模块、数学运算模块、控制算法模块、特殊功能模块、绘图工具等六类工具框，具体各模块的定义见控制器算法功能块产品手册	
3）控制工程视图 可以打开或者关闭工程树窗口，前面打钩为打开，未打钩为关闭	
4）控制消息窗口 可以打开或者关闭消息窗口，前面打钩为打开，未打钩为关闭	
5）查看属性窗口 可以打开或者关闭属性窗口，前面打钩为打开，未打钩为关闭	

4）组态文件导入导出

根据测点清单完成 DCS 控制站信息设置，包括位号、量程、上下限。CLM 支持 Xls 文件的导入功能，具体方法为右键单击 HW 的空白位置，在右键菜单中选择"导入 Xls 文件"，如图 3-17 所示。

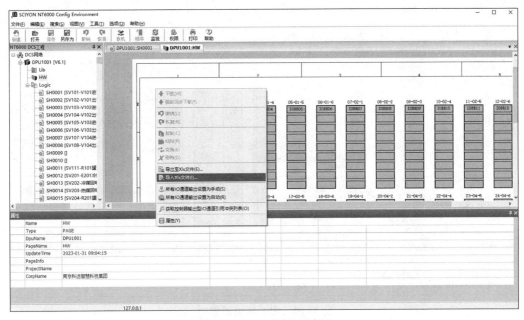

图 3-17　HW 导入示意图

将编辑好的 Xls 文件（图 3-18）导入 HW 空白位置。

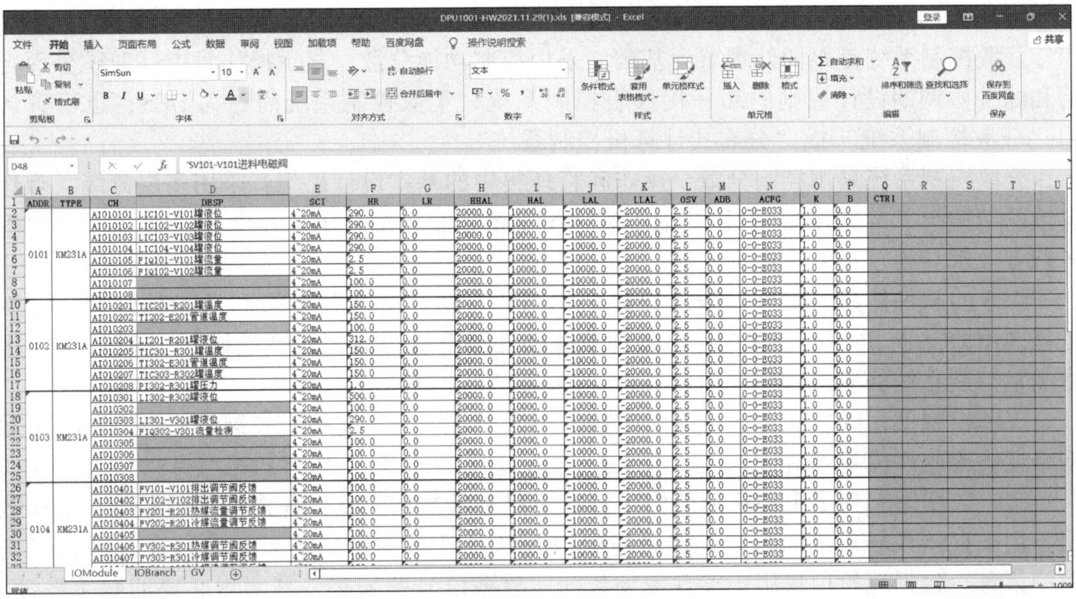

图 3-18　Xls 文件

CCM 同时增加 HW 组态的导出功能，I/O 组态导出的 Xls 文件，可以直接作为 I/O 分配表使用，不需要维护另外的 I/O 分配表；Xls 文件支持模板文件，用户可根据规则自行调整 Xls 模板格式，具体方法为右键单击 HW 的空白位置，在右键菜单中选择"导出至 Xls 文件"，如图 3-19 所示。

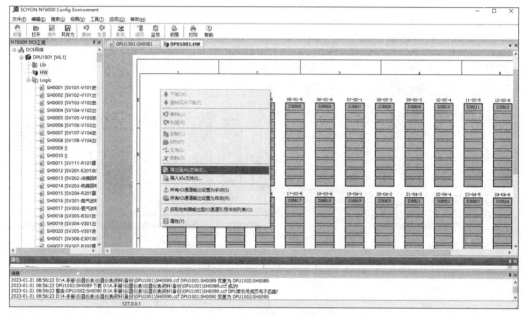

图 3-19　HW 导出示意图

四、知识拓展

1. 分散控制系统的介绍

分散控制系统是以微处理器为基础，采用控制功能分散、显示操作集中、兼顾分而自治和综合协调的设计原则的新一代仪表控制系统。集散控制系统简称为 DCS，也可直译为"分散控制系统"或"分布式计算机控制系统"。

分散控制系统采用控制分散、操作和管理集中的基本设计思想，采用多层分级、合作自治的结构形式。其主要特征是它的集中管理和分散控制。DCS 在电力、冶金、石化等各行各业都获得了极其广泛的应用。

DCS 的软件体系通常可以为用户提供相当丰富的功能软件模块和功能软件包，控制工程两用 DCS 提供的组态软件，将各种功能软件进行适当的"组装连接"（即组态），生成满足控制系统的要求各种应用软件。

现场控制单元的软件主要由以实时数据库为中心的数据巡检、控制算法、控制输出和网络通信等软件模块组成。

实时数据库起到了中心环节的作用，在这里进行数据共享，各执行代码都与它交换数据，用来存储现场采集的数据、控制输出以及某些计算的中间结果和控制算法结构等方面的信息。数据巡检模块用于实现现场数据、故障信号的采集，并实现必要的数字滤波、单位变换、补偿运算等辅助功能。DCS 的控制功能通过组态生成，不同的系统需要的控制算法模块各不相同，通常会涉及以下一些模块：算术运算模块、逻辑运算模块、PID 控制模块、变型 PID 模块、手自动切换模块、非线性处理模块、执行器控制模块等。控制输出模块主要实现控制信号以故障处理的输出。

DCS 中的操作站用于完成系统的开发、生成、测试和运行等任务，这就需要相应的系统软件支持，这些软件包括操作系统、编程语言及各种工具软件等。一套完善的 DCS，在操作站上运行的应用软件应能实现如下功能：实时数据库、网络管理、历史数据库管理、图形管理、历史数据趋势管理、数据库详细显示与修改、记录报表生成与打印、人机接口控制、控制回路调节、参数列表、串行通信和各种组态等。

2. 组态介绍

DCS 的开发过程主要是采用系统组态软件依据控制系统的实际需要生成各类应用软件的过程。组态软件功能包括基本配置组态和应用软件组态。基本配置组态是给系统一个配置信息，如系统的各种站的个数、它们的索引标志、每个控制站的最大点数、最短执行周期和内存容量等。应用软件的组态则包括比较丰富的内容，主要包括以下几个方面。

（1）控制回路的组态

控制回路的组态在本质上就是利用系统提供的各种基本的功能模块，来构成各种各样的实际控制系统。目前各种不同的 DCS 提供的组态方法各不相同，归纳起来有指定运算模块连接方式、判定表方式、步骤记录方式等。

指定运算模块连接方式是通过调用各种独立的标准运算模块，用线条连接成多种多样的控制回路，最终自动生成控制软件，这是一种信息流和控制功能都很直观的组态方法。判定表方式是一种纯粹的填表形式，只要按照组态表格的要求，逐项填入内容或回答问题即可，这种方式很利于用户的组态操作。步骤记录方式是一种基于语言指令的编写方式，编程自由度大，各种复杂功能都可通过一些技巧实现，但组态效率较低。另外，由于这种组态方法不够直观，往往对组态工程师在技术水平和组态经验有较高的要求。

（2）实时数据库生成

实时数据库是 DCS 最基本的信息资源，这些实时数据由实时数据库存储和管理。在DCS 中，建立和修改实时数据库记录的方法有多种，常用的方法是用通用数据库工具软件生成数据库文件，系统直接利用这种数据格式进行管理或采用某种方法将生成的数据文件转换为 DCS 所要求的格式。

（3）工业流程画面的生成

DCS 是一种综合控制系统，它必须具有丰富的控制系统和检测系统画面显示功能。显然，不同的控制系统，需要显示的画面是不一样的。总的来说，结合总貌、分组、控制回路、流程图、报警等画面，以字符、棒图、曲线等适当的形式表示出各种测控参数、系统状态，是 DCS 组态的一项基本要求。此外，根据需要还可显示各类变量目录画面、操作指导画面、故障诊断画面、工程师维护画面和系统组态画面。

（4）历史数据库的生成

所有 DCS 都支持历史数据存储和趋势显示功能，历史数据库通常在不需要编程的条件下，通过屏幕编辑编译技术生成一个数据文件，该文件定义了各历史数据记录的结构和范围。历史数据库中的数据一般按组划分，每组内数据类型、采样时间一样。在生成时，对各数据点的有关信息进行定义。

（5）报表生成

DCS 的操作员站的报表打印功能也是通过组态软件中的报表生成部分进行组态，不同的 DCS 在报表打印功能方面存在较大的差异。一般来说，DCS 支持如下两类报表打印功能：一是周期性报表打印，二是触发性报表打印。用户可根据需要和喜好生成不同的报表形式。

五、练习题

1. 简述画面组态软件的使用方法。
2. 简述 V4 控制器逻辑组态软件中的模件配置方法。

任务二　常用算法功能模块与基础逻辑算法

一、学习目标

1. 了解各种算法模块的功能及使用方法；
2. 熟练掌握基础逻辑控制的算法编写。

二、任务描述

1. 根据平台工作流程，认识不同算法模块的功能与使用方法；
2. 根据平台工作流程，完成水泵、电磁阀、调节阀、电动机、称重传感器等的逻辑控制程序；
3. 根据平台工作流程，学习顺序控制的编程方法。

三、实践操作

1. 知识储备

算法可以理解为由基本运算及规定的运算顺序所构成的完整的解题步骤，或者看成按照要求设计好的有限的确切的计算序列，并且这样的步骤和序列可以解决一类问题。一般算法有顺序结构、选择结构、循环结构三种基本逻辑结构。

控制算法功能模块主要包括 HW 页面模块、I/O 模块、逻辑时序模块、数字运算模块、控制算法模块、顺序控制模块、特殊功能模块、设备驱动模块。打开组态软件的"视图"工具箱，即可看到所有的算法功能模块。工具箱以分栏列表的形式给出，方便组态时查找和拖放。功能块按功能分为表 3-37 所列的几组。

表 3-37　功能块列表

模块种类	模块名	图形说明	模块描述
HW 页面模块	KM231A	KM231A	I/O 模件 KM231A 模块
	KM235B	KM235B	I/O 模件 KM235B 模块
	KM236A	KM236A	I/O 模件 KM236A 模块
	KM631A	KM631A	I/O 模件 KM631A 模块

续表

模块种类	模块名	图形说明	模块描述
I/O 模块	PAI	AI 000 SH0000. TEST. OUT PAI08622	页间模拟量引用模块
	PDI	DI 000 SH0000. TEST. OUT PDI08395	页间开关量引用模块
	PA	PA PA25075	模拟量输出模块
	PB	PB PB17976	开关量输出模块
	PBO	BO PG PBO25223	开关量输入模块（页内显示）
	PRO	RO PG PRO06940	模拟量输入模块（页内显示）
	DIN	DI010101.PV DI DIN26645	开关量输入模块（来自 I/O）
	DOUT	DQ010101.PV DQ DOUT31528	开关量输出模块（输出到 I/O）
	AIN	AI010101.PV AI AIN04324	模拟量输入模块（来自 I/O）
	AOUT	AQ010101.PV AQ AOUT23496	模拟量输入模块（输出到 I/O）
	PBS	PBS26027	单周期脉冲模块
	FMAI	Out1 Out2 Out2 Out4 Out5 Out6 Out7 Out8 FMAI27436	现场总线通用模拟量输入模块
	FMBI	Out1 Out2 Out2 Out4 Out5 Out6 Out7 Out8 FMBI02992	现场总线通用开关量输入模块
	FMBO	In1 In2 In3 In4 In5 In6 In7 In8 FMBO01463	现场总线通用开关量输出模块

续表

模块种类	模块名	图形说明	模块描述
逻辑时序模块	OR2	OR230998	两输入开关量或模块
	AND4	AND405449	四输入开关量与模块
	XOR	XOR00799	两输入开关量异或模块
	NOT	NOT18052	开关量取反模块
	PLS	PLS21251	多功能脉冲发生模块
	TON	TON02831	延时开模块
	CMP	CMP23791	比较模块
	CMPA	CMPA08953	功能比较模块
数字运算模块	ADD	ADD21671	加法模块
	SUB	SUB25248	减法模块
	MUL	MUL20764	乘法模块
	DIV	DIV26781	除法模块
	MIN	MIN31848	小值模块
	MAX	MAX30249	大值模块
	AVG	AVG09143	求平均值模块
	IDIV	IDIV04840	整除运算模块

续表

模块种类	模块名	图形说明	模块描述
控制算法模块	PID	PID10437	PID 运算模块
	FILT	FILT24725	一阶滤波模块
	ACCE	ACCE00828	增强型流量累积模块
	TRAK	TRAK24432	智能跟踪模块
	SFCM	SFCM00518	顺控步序总控模块
	STEP	STEP15923	单步序控制模块
	JOIN	JOIN03531	连接模块
特殊功能模块	AALM	AALM25043	模拟量报警模块
	BALM	BALM02042	开关量报警模块
设备驱动模块	DEVS	DEVS19887	单输出电磁阀驱动模块
	MSA	MSA11438	增强型手操模块

2. 任务实施

前面描述了各个模块的原理以及参数属性，接下来根据具体程序，详细介绍各个模块的使用方法。

（1）水泵控制程序

首先以编写手动控制水泵程序为例，电磁阀与水泵控制程序与水泵控制程序类似，见表 3-38。

表 3-38　水泵

操作步骤及说明	示意图
1）打开 Logic 页面 打开 Logic 页面，在"Logic"分支下任意选择一页，打开逻辑页	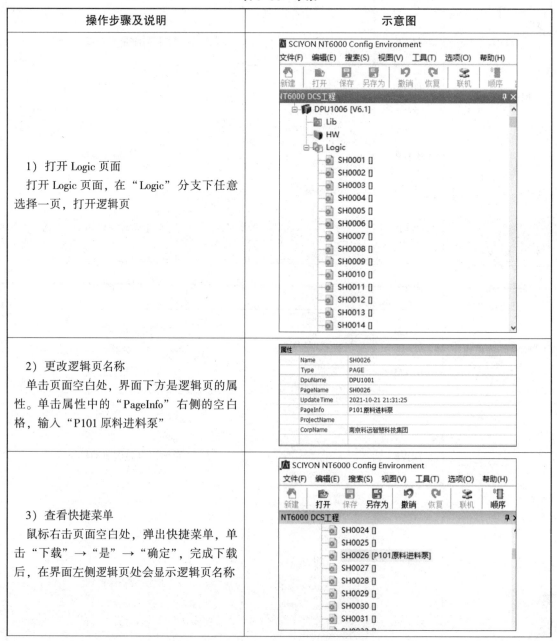
2）更改逻辑页名称 单击页面空白处，界面下方是逻辑页的属性。单击属性中的"PageInfo"右侧的空白格，输入"P101 原料进料泵"	
3）查看快捷菜单 鼠标右击页面空白处，弹出快捷菜单，单击"下载"→"是"→"确定"，完成下载后，在界面左侧逻辑页处会显示逻辑页名称	

操作步骤及说明	示意图
4）驱动电磁阀设备 打开"DEVS"模块，它的主要功能是驱动电磁阀设备进行开启和关闭。它的输出开关指令由一个输出来完成，即输出 Opdo，输出为 TRUE，则为开指令，FALSE 为关指令	 DEVS08809
5）更改模块名称 在"属性"对话框中，选中 Name，将"DEVS08809"改为"DEVS1"，方便与画面组态中的符号连接	 DEVS1
6）打开输出模块 打开"DOUT"输出模块，该模块用于输出数字量值到指定的 I/O 通道，将"DEVS1"的 Opdo 端口与 DOUT 模块连接	 DQ010101.PV DQ DOUT06817 DEVS1
7）操作 HW 页面 打开 HW 页面，找到原料进料泵，复制名称 DQ030310，粘贴到"DOUT"模块 ChName（输出模块源通道号），在页面空白处单击右键，选择"下载"	 DQ030210.PV DQ P101-原料进料泵 DOUT06817 DEVS1
8）处理反馈信号 对原料进料泵进行开和关的控制，将"DEVS1"上 Opdi（已开信号输入）和端口 Opdo 连接，将 Opdo 输出开信号反馈给 Opdi，将"DEVS1"上的 Opdo 信号取反，使用 NOT（该模块的主要功能是对输入开关量进行取反运算，并输出运算结果）获得关反馈信号，将 Opdo 输出关信号反馈给 Cldi	 DQ030210.PV DQ P101-原料进料泵 NOT02303 DOUT06817 DEVS1

操作步骤及说明	示意图
9）画面绑定元器件 在画面组态中，将画面绑定水泵，选中水泵，右击，选择"别名显示替换"，进行寻址	
10）寻找控制器地址过程 寻址过程，"V4："代表 V4 控制器逻辑组态软件，DPU1001 代表 DPU 控制器，SH0105 代表逻辑页	
11）运行相应程序 单击"运行"按钮，手动控制水泵（电磁阀与水泵同理）	

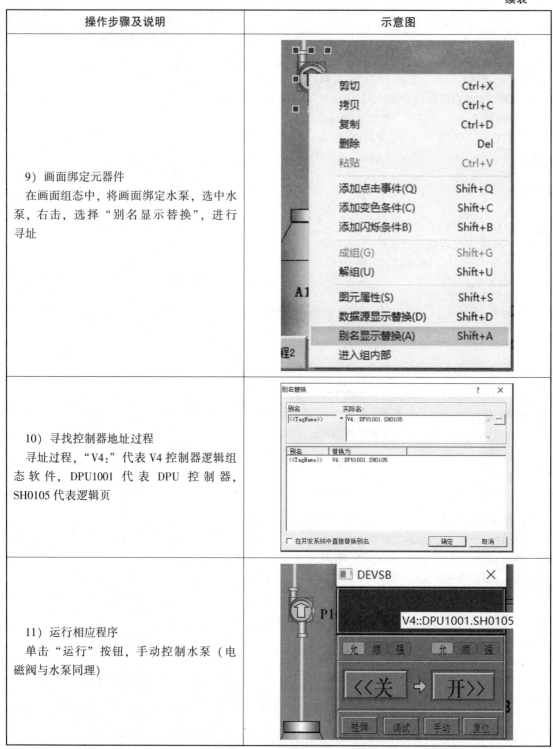

（2）电磁阀控制程序

电磁阀控制程序见表 3-39。

表 3-39 电磁阀

操作步骤及说明	示意图

1）打开 Logic 逻辑页
 	
打开 Logic 页面，在"Logic"分支下任意选择一页，打开逻辑页
	
	SCIYON NT6000 Config Environment
	文件(F) 编辑(E) 搜索(S) 视图(V) 工具(T) 选项(O) 帮助(H)
	新建 打开 保存 另存为 撤销 恢复 联机 顺序
	NT6000 DCS工程
	DPU1006 [V6.1]
	  Lib
	  HW
	  Logic
	    SH0001 []
	    SH0002 []
	    SH0003 []
	    SH0004 []
	    SH0005 []
	    SH0006 []
	    SH0007 []
	    SH0008 []
	    SH0009 []
	    SH0010 []
	    SH0011 []
	    SH0012 []
	    SH0013 []
	    SH0014 []

2）输入仪器名称 单击页面空白处，界面下方是逻辑页的属性。单击属性中的"PageInfo"右侧的空白格，输入"SV101"	属性 Name SH0027 Type PAGE DpuName DPU1006 PageName SH0027 UpdateTime 1970-01-01 08:00:00 PageInfo SV101 ProjectName CorpName 南京科远智慧科技集团
3）更改逻辑页名称 鼠标右击页面空白处，弹出快捷菜单，单击"下载"→"是"→"确定"，完成下载后，在界面左侧逻辑页处会显示逻辑页名称	SH0025 [] SH0026 [P101原料进料泵] SH0027 [SV101] SH0028 []
4）打开 DEVS 模块 打开"DEVS"模块，它的主要功能是驱动电磁阀设备的进行开启和关闭。它的输出开关指令由一个输出来完成，即输出 Opdo，输出为 TRUE，则为开指令，FALSE 为关指令。更改模块名称	Opdi Oppm Opfc Opsq Opdo Cldi Clpm Dws Clfc Clsq Dwa Fcem Fcet Eslm DEVS1
5）连接 DOUT 模块 打开"DOUT"输出模块，该模块用于输出数字量值到指定的 I/O 通道，将"DEVS1"的 Opdo 端口与 DOUT 模块连接	Opdi Oppm Opfc Opsq Opdo DQ010101.PV DQ Cldi DOUT06817 Clpm Dws Clfc Clsq Dwa Fcem Fcet Eslm DEVS1

操作步骤及说明	示意图
6）获得反馈信号 对 SV101 进行开和关的控制，将"DEVS1"上的 Opdi（已开信号输入）和端口 Opdo 连接，将 Opdo 输出开信号反馈给 Opdi，将"DEVS1"上的 Opdo 信号取反，使用 NOT（该模块的主要功能是对输入开关量进行取反运算，并输出运算结果）获得关反馈信号，将 Opdo 输出关信号反馈给 Cldi	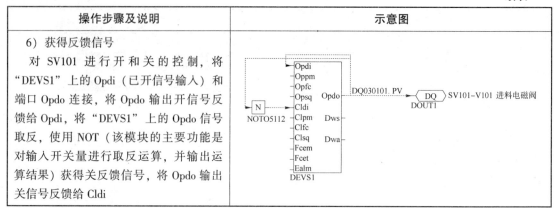

（3）调节阀控制程序

以编写手动控制调节阀程序为例，见表 3-40。

表 3-40　调节阀

操作步骤及说明	示意图
1）打开 MSA 模块 打开"MSA"模块（该模块是增强型手操模块）	
2）首先更改模块名称 在属性对话框中，选中 Name，将"MSA11190"改为"MSA1"，方便与画面组态中符号连接	
3）打开输出模块 AOUT 打开"AOUT"输出模块，该模块用于输出模拟量值到指定的 0 通道，将"MSA1"的 Op 端口与"AOUT"模块连接，打开 HW 页面，找到调节阀反馈，复制名称 AQ020302，粘贴到"AOUT"模块 ChName（输出模块源通道号），在页面空白处单击右键，选择"下载"	

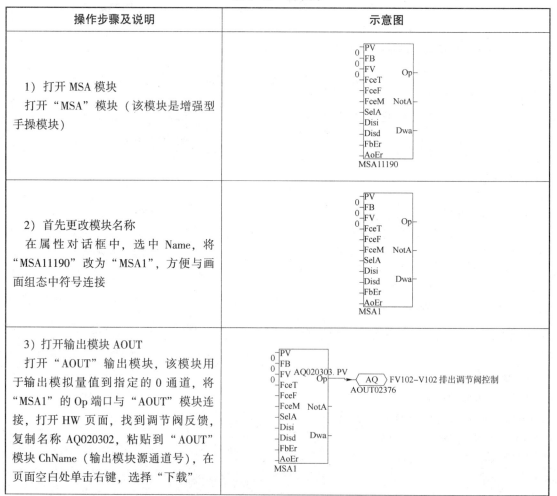

续表

操作步骤及说明	示意图
4）控制调节阀开关 对调节阀进行开和关控制，将"MSA1"上的 FB（输出反馈值）和模块"AIN"（引用指定 I/O 通道的模拟量值）相连，打开 HW 页面，找到调节阀反馈，复制名称 AI010402，粘贴到"AIN"模块 ChName（输出模块通道号），在页面空白处，单击右键，选择"下载"	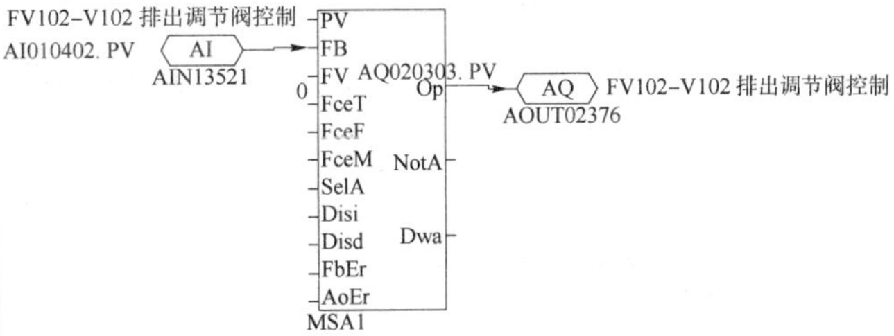 FV102-V102 排出调节阀控制 AI010402.PV ─→ AI AIN13521 0 ─ MSA1 的 PV/FB/FV/FceT/FceF/FceM/SelA/Disi/Disd/FbEr/AoEr，Op/NotA/Dwa AQ020303.PV ─→ AQ AOUT02376 FV102-V102 排出调节阀控制
5）进行别名显示替换 在画面组态中，将画面绑定调节阀，选中调节阀，右击，选择"别名显示替换"，进行寻址	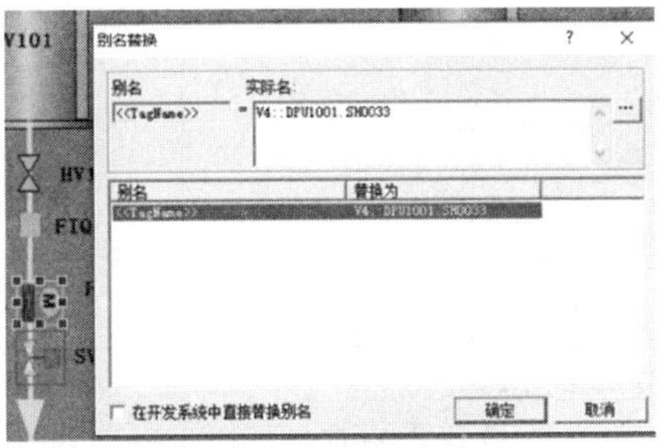
6）单击"运行"按钮，进行手动控制调节阀	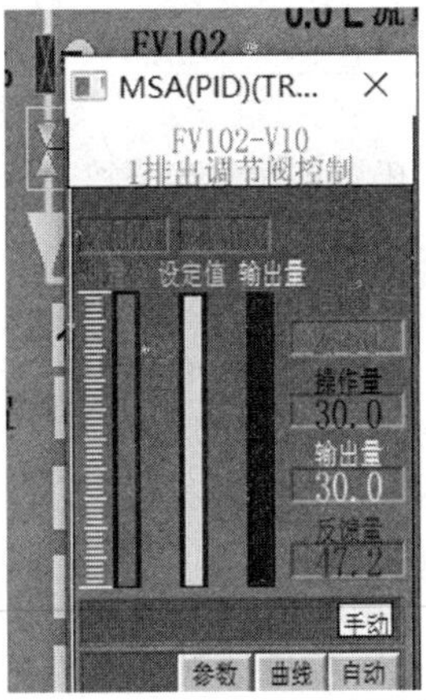

（4）电动机控制程序

编写电动机控制程序，见表 3-41。

表 3-41 电动机控制程序

操作步骤及说明	示意图
1）打开 FMAI 模块 打开"FMAI"模块（现场总线通用模拟量输入模块）和"FMAO"模块（现场总线通用模拟量输出模块）	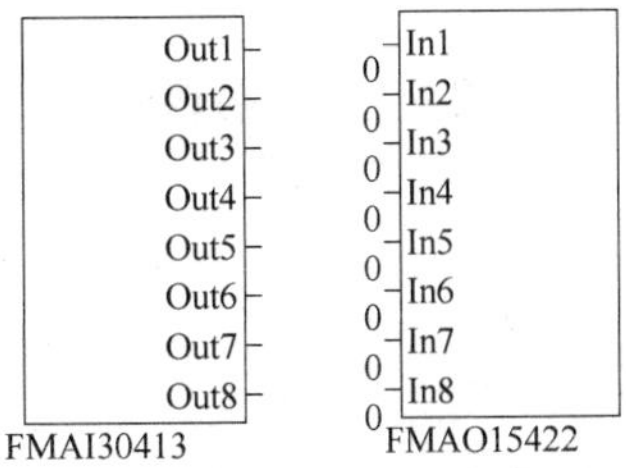 Out1~Out8 FMAI30413 In1~In8 FMAO15422

操作步骤及说明	示意图
2）更改 FMAI 模块名称 分别更改"FMAI"模块和"FMAO"模块的属性，详细看项目四	 属性 Name FMAI1 Type FMAI ChName MB020201 SlaveID 1 Offset 0 Number 2 0~8 DataType Int16 DP 0 SlaveCRC 0 ComType CYCLE 属性 Name FMAO1 DESP Type FMAO SlaveID 1 ChName MB020201 Offset 0 IN1 0.000000 Number 1 0~8 IN2 0.000000 DataType Int16 IN3 0.000000 DP 0 IN4 0.000000 SlaveCRC 0 IN5 0.000000 ComType CYCLE IN6 0.000000 IN7 0.000000 IN8 0.000000
3）控制电动机正转 在工具箱的 I/O 模块中拖拽"PB"开关量寄存模块至页面中	PB 正转 PB1
4）更改 PB 名称 选中 PB 模块，在属性窗口中更改"Name"为"PB1"，"DESP"为"正转"	属性 Name PB1 DESP 正转 Type PB OUT FALSE
5）连接 PB1 和 PLS 模块 在工具箱的逻辑时序模块中拖拽"PLS"多功能脉冲发生模块至页面中，在 I/O 模块中拖拽"PRO"模拟量数据寄存模块至页面中。连接"PB1"和"PLS"，在属性窗口中更改属性	RO/PG 控制字 PRO1 PB 正转 1 PB1 PLS15432
6）更改模块属性 在特殊功能模块中拖拽"MASA"页内模拟量置值模块至页面中，连接"PLS"和"MASA"，选中"MASA"模块，在属性窗口中更改属性	RO/PG 控制字 PRO1 PB 正转 1 In PRO1.IN PB1 PLS15432 En MASA1
7）引用模块信息 在 I/O 模块中拖拽"PAI"页间模拟量引用模块至页面中，连接"PAI"和"FMAO1"的 In1。选中"PAI"模块，更改属性	RO/PG 控制字 PRO1 PB 正转 1 In PRO1.IN AI/040 SH0040.PRO1.IN In1 PB1 PLS15432 En PAI1 0 In2 MASA1 0 In3 0 In4 0 In5 0 In6 0 In7 0 In8 FMAO1

操作步骤及说明	示意图
8）反转、停止、复位与正转方法相同	
9）进行电动机转速设定 在工具箱的 I/O 模块中拖拽 3 个"PA"模拟量寄存模块、在特殊功能块中拖拽 2 个"MASA"模块至页面中，分别修改属性	
10）实现转速反馈 在工具箱的 I/O 模块拖拽"PRO"模块至页面中，连接 PRO 至 FMAI 的 Out1 端口	

（5）称重控制程序

称重控制程序，见表 3-42。

表 3-42　称重

操作步骤及说明	示意图
1）编写称重传感器逻辑页 在 Logic 下，选择一页编写逻辑，单击空白页面，在下方属性窗口的 PageInfo 中更改页面名称为"称重传感器"	属性 Name　SH0045 Type　PAGE DpuName　DPU1001 PageName　SH0045 UpdateTime　1970-01-01 08:00:00 PageInfo　称重传感器 ProjectName
2）修改称重传感器属性 选择 FMAI 模块至页面中，更改模块属性	Out1 Out2 Out3 Out4 Out5 Out6 Out7 Out8 FMAI1
3）更改 PRO 模块属性 在 I/O 模块中拖拽 PRO 模块至页面中，更改 PRO 模块属性	RO/PG 称重1 PRO1
4）更改参数 在数学运算模块中拖拽 DIV 除法模块，在属性窗口中将 DIV 的 In2 的参数改为 100	0 DIV 100 DIV19595
5）连接模块 将 FMAI 模块的 Out1 和 DIV 模块的 In1 连接，将 DIV 模块的 OUT 和 PRO1 连接	Out1 Out2 Out3 Out4 Out5 Out6 Out7 Out8　DIV　RO/PG 称重1 100 DIV19595　PRO1 FMAI1
6）右击页面空白处，完成下载程序	下载　× ? 要下载 DPU1001:SH0045 组态文件？ 是(Y)　否(N)

（6）顺序控制程序

以编写部分顺序控制程序为例，见表 3-43。

表 3-43　部分顺序控制

操作步骤及说明	示意图
1）更改属性页面 　在 Logic 下，选择一页编写逻辑，单击空白页面，在下方"属性"窗口中的 PageInfo 更改页面名称为"顺控"	属性 Name　　　SH0002 Type　　　PAGE DpuName　DPU1006 PageName　SH0002 UpdateTime　1970-01-01 08:00:00 PageInfo　顺控 ProjectName CorpName　南京科远智慧科技集团
2）打开 SCFM 模块 　打开 SCFM（用于统领和控制其后的各种顺控逻辑组态）	（图：SFCM16103 模块，引脚 In、Stup、Paus、Redo、Skip、Rset、Fb、Run、Fail、Rso、Next）
3）选中 PB 模块 　选中 PB 模块，在属性窗口中更改"Name"为"PB1"，"DESP"为"启动"，停止与复位同理	（图：PB1 启动、PB2 停止、PB3 复位）
4）更改 PLS 属性 　选中 PLS 多功能脉冲发生模块，在属性中，在 Sence 中选择"EDGE"（边缘触发），连接 PB1 和 PLS，然后与 SFCM 的"Stup""Paus""Rest"相连，在属性窗口中，更改属性。	（图：PB1 启动→PLS05485、PB2 停止→PLS20575、PB3 复位→PLS09392，连接至 SFCM16103）
5）连接模块引脚 　选择 PRO（模拟量数据寄存模块），与 SFCM 模块的 Next 连接，更改属性名称	（图：PB1 启动→PLS05485、PB2 停止→PLS20575、PB3 复位→PLS09392，SFCM16103 的 Next→PRO18265 顺控开始）
6）编写上水程序 　编写上水程序，首先选中 STEP 模块（顺控步序单步的基本功能），在属性中，将时间改为 600	（图：STEP01216 模块，600，引脚 In、Tim、Err、Done、Fail、Out、Rtim、Next）
7）连接 PAI 和 STEP 数据 　连接 PAI 模块（引用本 DPU 的其他页面的模拟量数据及其状态）与 STEP 模块的输入 In	（图：PAI30513 AI 000 SH0000.TEST OUT→STEP01216，600，引脚 In、Tim、Err、Done、Fail、Out、Rtim、Next）

操作步骤及说明	示意图
8）顺控开始 将顺控开始，复制"顺控开始"PRO 属性中的 IN，复制点名，粘贴到 PAI 属性中的 TagName	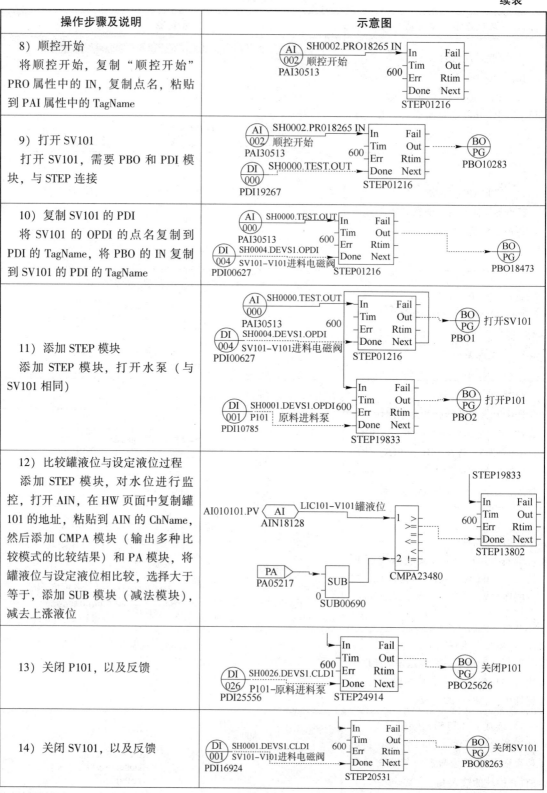
9）打开 SV101 打开 SV101，需要 PBO 和 PDI 模块，与 STEP 连接	
10）复制 SV101 的 PDI 将 SV101 的 OPDI 的点名复制到 PDI 的 TagName，将 PBO 的 IN 复制到 SV101 的 PDI 的 TagName	
11）添加 STEP 模块 添加 STEP 模块，打开水泵（与 SV101 相同）	
12）比较罐液位与设定液位过程 添加 STEP 模块，对水位进行监控，打开 AIN，在 HW 页面中复制罐101 的地址，粘贴到 AIN 的 ChName，然后添加 CMPA 模块（输出多种比较模式的比较结果）和 PA 模块，将罐液位与设定液位相比较，选择大于等于，添加 SUB 模块（减法模块），减去上涨液位	
13）关闭 P101，以及反馈	
14）关闭 SV101，以及反馈	

续表

操作步骤及说明	示意图
15）结束顺控，添加 PRO 模块，寄存信息	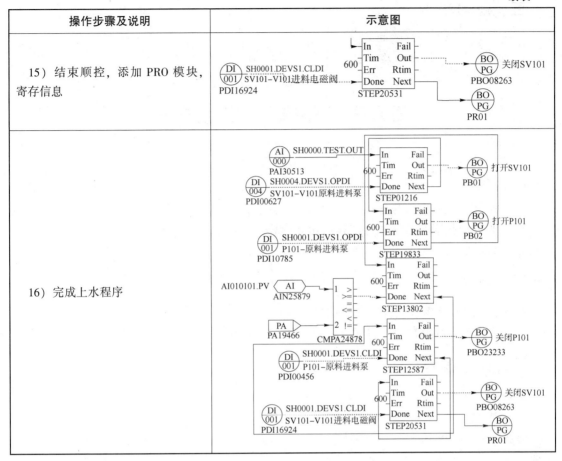
16）完成上水程序	

四、知识拓展

模块是构成系统、实现系统功能的基本单位，可以理解为一般意义上的子程序。算法模块是指将不同的算法设计成不同的软件模块。算法模块可以被不同应用程序调用，来解决不同的问题。算法模块极大地改善了算法的应用领域。在系统分析中经常使用的一个概念，即系统中具有相对独立性的、完成某一功能的一个部分。

模块具有以下属性：

①凝聚性。凝聚性与本身的功能或内容具有一定的内在逻辑联系。

②独立性。独立性与系统其他部分的联系（调用关系和参数调用关系）有明确的规定，并且限制在一定限度之内，此外，内部处理与其他部分不发生相互影响。

③联系的明确性。在系统中的地位与作用有明确的、严格的规定。

划分成模块的系统（称为模块化结构系统）具有易分工开发、易管理、易理解、易修改的特点，因此，被认为是结构良好的系统，成为系统分析与设计中所期望的目标。相应地，合理地划分模块也就成了认识、分析、设计复杂系统中的一项重要的、关键性的任务。

五、练习题

1. 控制算法模块包括哪些？
2. 利用 NT6000 软件完成水泵、调节阀、流量阀程序的编写。

任务三　滤波降噪与流量累积

一、学习目标

1. 了解滤波抗噪与流量累计的实现原理及方法；
2. 认识滤波抗噪与流量累计的算法功能模块及其作用；
3. 掌握滤波抗噪与流量累计的控制程序编写方法。

二、任务描述

1. 利用 NT6000 编程软件完成小信号切除程序的编写；
2. 利用 NT6000 编程软件完成流量累计的程序编写。

三、实践操作

1. 知识储备

（1）滤波

滤波（Wave filtering）是将信号中特定波段频率滤除的操作，是抑制和防止干扰的一项重要措施，滤波分为经典滤波和现代滤波。滤波是期望去掉噪声信号，降噪是降低噪声信号，两者大多数情况都是去掉信号的高频部分，滤波的作用是给不同的信号分量不同的权重。最简单的 loss pass filter，就是直接把低频的信号给 0 权重，而给高频部分 1 权重。对于更复杂的滤波，比如维纳滤波，则要根据信号的统计知识来设计权重。

（2）降噪

从统计信号处理的角度，降噪可以看成滤波的一种。降噪的目的在于突出信号本身而抑制噪声影响。从这个角度，降噪就是给信号一个高的权重而给噪声一个低的权重。

（3）小信号切除

小信号切除的百分量值范围为 0~25.5%。用孔板测量流量时，需要对差压信号开方处理。当开方后的流量值大于 10% 时，开方误差不大于 0.5%；在流量值较小的时候，系统的测量误差较大，特别是 10% 以下的小流量信号，开方输出精度将大大降低，工程上一般做归零处理，因此建议切除点定为 10%（对应输入信号为 1%）。

流量仪表中的小信号切除，是流量仪表中的特殊需要，这是为了克服各种原因引起的小信号而导致的不良后果，不同原理的流量计产生小信号现象的机理也不同。同一种原理的流量计，由于其精度、仪表品质、被测介质、现场环境及安装情况的差异，零点的不确定性也有很大的差异，调试人员应根据具体要求和具体条件合理设定切除点。一般原则是在达到目的的前提下，尽量选取小一些的切除值。

（4）流量累积

流量累积又称"流量积算"，指现场液体、气体等通过某一管道的瞬时流量在一定时间内的累积值。流量指单位时间内流经管道某截面的流体的数量，也就是瞬时流量，测量流量的方法有很多，有节流式、速度式、脉冲频率式、容积式、质量式等。流量累积体现的是一定时间内的流量总和。一般的现场仪器只是记录下瞬时的流量，而算法可以积算 1 小时、1 天、1 星期内甚至更长时间内的所有流量和，从而达到控制每段时间流量多少调节的目的。

2. 任务实施

（1）常用算法模块

控制器逻辑组态软件中实现滤波降噪和流量累计常用工具箱算法模块功能说明，见表 3-44。

表 3-44　逻辑组态常用模块

模块位置	模块名称	图形表示	模块功能
I/O 模块	I/O 通道模拟量端口值引用模块	AIO10101.PV $\langle$ AI $\rangle$ AIN11765	该模块用于引用指定 I/O 通道的模拟量值
	PRO 模拟量输入模块	RO RG PRO16672	该模块用于输出显示一个模拟量，可通过 TAG 名方式引用该模拟量
	PBS 开关量单周期脉冲触发输出模块	PBS06243	该模块的主要功能是用于触发单周期脉冲信号。当在线给该模块的输入端 IN 置 TRUE 时，模块会输出一个运算周期的脉冲信号。模块输入 IN 带自复位功能
逻辑时序模块	CMP 比较模块	1 Q 2 CMP28100	这是一个功能简单的比较模块，根据比较模式 MODE 的选择，比较 Pv1 和 Pv2，并输出比较结果
控制算法模块	SWCH 模拟量二选一模块	Pv1 Pv2 S SWCH10552	单刀双掷开关模块（SWCH 模块），其实现的基本逻辑是：若 SL=1，则模块输出 = Pv1；否则模块输出 = Pv2。模块的 Pv1、Pv2 以及输出 OP 均为实数。SL 是开关量
	FILT 一阶滤波模块	Pv Op In FILT26560	一阶滤波模块：实现一阶滤波器运算功能
	ACCE 增强型流量累积模块	Pv Op R Of E ACCE06571	增强型流量累积模块：实现对模拟量输入的累积功能。精度比 ACC 模块高

（2）逻辑算法

在 DCS 软件逻辑算法中，编写小信号切除和流量累计程序，具体操作步骤见表 3-45。

表 3-45　小信号切除和流量累计程序

操作步骤及说明	示意图
1）打开逻辑控制组态页面 在"选项"中，选中"允许更改模块名""工具箱排序"，将"只读模式"取消	选项(O)　帮助(H) ✓ 允许窗口浮动(F) 禁止活动窗口(D) ✓ 允许更改模块名(E) ✓ 工具箱排序(S) 允许不同类型端口连线(L) 选择语言(G)... 只读模式(O) 当前权限(P)... 清空日志(C)
2）打开逻辑页 首先把 HW 组态页面打开，然后打开 Logic 页面，打开逻辑页。在工具箱中，找到 AI 模块（I/O 通道模拟量端口值引用模块）	AI010101.PV ⟨ AI ⟩ AIN05777
3）选中小信号切除的对象 在 HW 页面中，找到需要小信号切除的对象（V101 罐），复制	属性 CH　DESP AI010101 LIC101-V101罐液位 AI010102 LIC102-V102罐液位 AI010103 LIC103-V103罐液位 AI010104 LIC104-V104罐液位 AI010105 FIQ101-V101罐流量 AI010　复制(C) AI010　获取控制器IO通道引用列表(I) AI010108
4）粘贴输出对象 然后粘贴到逻辑页内 ChName 中，在 AI 模块输出处会显示所引用的对象	AI010105.PV ⟨ AI ⟩ FIQ101-V101罐流量 AIN15715
5）修改比较模块设置 在逻辑时序模块中，选择 CMP 比较模块，查看液位的量程（0~2.5），然后将 2.5×5%=0.125 输入 Pv2 内，把比较模块的比较模式选为"<"	AI010105.PV ⟨ AI ⟩ FIQ101-V101罐流量 AIN15715 1 Q 2 0.125 CMP10837
6）连接各个模块 找到 SWCH 模块（模拟量二选一模块），然后将 AI 模块和 CMP 模块与 SWCH 相连接	AI010105.PV ⟨ AI ⟩ FIQ101-V101罐流量 0 Pv1 AIN15715　Pv2 1 Q　　S 2　SWCH21924 0.125 CMP10837
7）打开 FILT 模块 打开 FILT 模块（一阶滤波模块），将 SWCH 模块与之相连	AI010105.PV ⟨ AI ⟩ FIQ101-V101罐流量 0 Pv1 Pv Q AIN15715　Pv2 Op 1 Q　S In 2　SWCH21924 FILT31099 0.125 CMP10837
8）选择模块 在 FILT 模块属性页面中，选择 FILT，更改所需时间	DESP OP　>0.000000 FILT　5

续表

操作步骤及说明	示意图
9）寄存信息 打开 PRO 模块（模拟量输入模块）寄存	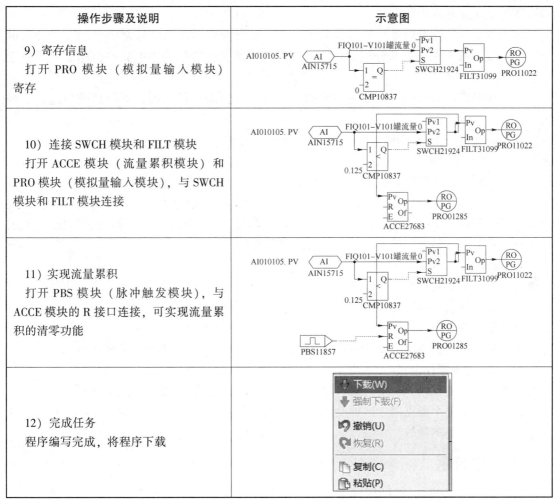
10）连接 SWCH 模块和 FILT 模块 打开 ACCE 模块（流量累积模块）和 PRO 模块（模拟量输入模块），与 SWCH 模块和 FILT 模块连接	
11）实现流量累积 打开 PBS 模块（脉冲触发模块），与 ACCE 模块的 R 接口连接，可实现流量累积的清零功能	
12）完成任务 程序编写完成，将程序下载	

四、知识拓展

降噪耳机的应用

现在城市里充斥着各种各样的环境噪声，为了解决噪声问题，克服噪声的降噪耳机在市面上问世了。普通的降噪耳机一般是物理降噪，通过使用比较好的耳塞和耳垫，达到一定的抗噪功能。它的原理是尽量阻止周围环境音直接进入耳朵，也就是利用特定材质将外界噪声隔绝，这些都属于被动式降噪。被动式降噪耳机在理想情况下能够降低 15~25 dB，不过却无法阻挡低频噪声溜进耳朵里，无法满足对声音较敏感或怕吵的人。

因此，为了克服被动降噪耳机的缺点，主动降噪耳机也应运而生。而这种耳机的设计复杂得多，需要在耳机音源线外配备一条接收噪声的麦克风，收到噪声后，抗噪程序会依据噪声的声波发出相反音信抵消之。主动降噪耳机能够对付绝大部分频段的噪声。主动降噪耳机的组成为拾音器（捕捉环境噪声）、处理芯片（分析噪声）、扬声器（产生反响声波）。某些主动降噪耳机还配备一个按钮，用户如果想接收外界声音，只要单击按钮，就可以关掉抗噪程序，无须拿掉整副耳机。

主动降噪工作模式：

①麦克风采集噪声信号。

②内置芯片算法对信号进行运算处理，并将信号并行到音乐信号之中（需要设计人员对可能出现的噪声进行声学分析，根据可能传播到耳朵当中的噪声的频率、相位及振幅变化，建立同样算法）。

③由喇叭发出带有噪声的反向声波的音乐（在播放音乐的同时，对外部噪声进行中和处理）。

主动降噪的分类及原理：

1）前馈式主动降噪

简单来说，就是将麦克风暴露在噪声中，并且与喇叭隔离。前馈式设计是将麦克风与耳机喇叭单元隔离开来（将麦克风的声音采集点设计在耳机腔体表面），确保喇叭产生的声波对麦克风的影响最小。这种设计为最直接的噪声采集方式，麦克风采集噪声信号之后，通过传递至芯片处理，通过喇叭发出反向声波，中和噪声。

2）反馈式主动降噪

将麦克风放置在尽可能接近喇叭的地方。反馈式主动降噪将噪声采集麦克风设计在了喇叭附近，相对于前馈式，反馈式所采集到的噪声更接近于人耳所能听到的噪声，但是这种设计的一大缺点就是麦克风无法很好地分辨喇叭发出的声音及噪声的区别，如果音乐当中出现与噪声类似的声音，也会被识别为噪声，被进行处理，这在一定程度上造成了音乐的失真。

3）前馈与反馈结合式

同时有两个麦克风，一个与喇叭隔离，另一个与喇叭接近。这种方式就是集合以上两种降噪设计，拥有两个麦克风。这种设计除了会增加物料成本以外，对于内置降噪芯片算法的建立也是一个不小的挑战。

五、练习题

1. 阐述滤波降噪和流量累积的概念。

2. 请通过 NT6000 软件完成小信号切除和流量累积的程序编写。

项目四

工业信息网络搭建与调试

NT6000 分散控制系统的主要组成部分有系统软件、eNet 网络、分散处理单元 DPU、eBus 网络、本地及远程 I/O 等，拓扑图如图 4-1 所示。

图 4-1　数字化网络化智能测控系统

系统软件用于对整个 NT6000 系统进行管理和控制。

eNet 网络协议是基于标准以太网的专有协议，eNet 网络通过交换机实现控制器与操作站之间的网络通信。

eBus 网络用于实现 NT6000 系统的控制器与 I/O 模件之间的通信。

eNet 网络由冗余的 A 网和 B 网构成，如图 4-2 所示，A 网和 B 网的交换

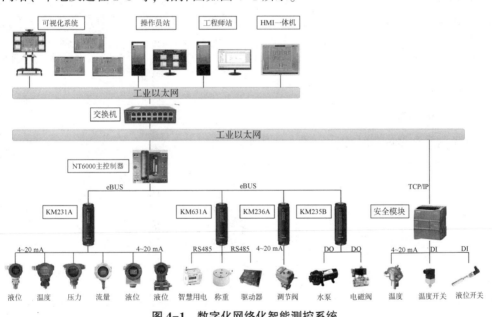

图 4-2　eNet 网络连接图

机设备物理上相互隔离；将网络中的配置站、操作站的 A 网接口通过网线接到 A 网络交换机上、B 网接口通过网线接到 B 网络交换机上。

任务一　电动机的网络配置与编程

一、学习目标

1. 了解无刷驱动器的端子控制与键盘控制方法；
2. 熟悉无刷驱动器的通信方式；
3. 通过 DCS 控制系统，完成电动机的参数配置；
4. 掌握电动机相关数据写入、读取的编程方法。

二、任务描述

在项目三中，认识了 NT6000 软件的基本功能与简单操作方法，完成了对 V4 控制器逻辑组态软件中的 HW 页面的硬件组态，本任务设置无刷驱动器的通信参数，了解无刷驱动器的通信方式，完成控制器逻辑组态 HW 页面电动机参数配置、Logic 页中逻辑算法和画面组态实现电动机控制操作。主要是通过 V4 控制器逻辑组态软件实现对设备中的 4 个搅拌电动机的控制。

三、实践操作

1. 知识储备

（1）无刷驱动器的通信参数设置

C20 无刷驱动器端口结构，如图 4-3 所示。

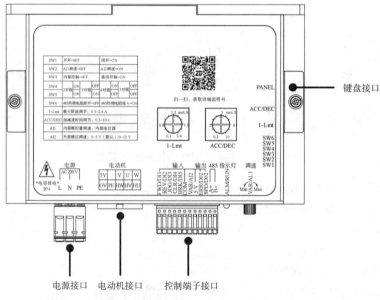

图 4-3　C20 无刷驱动器端口

（2）无刷驱动器的通信方式

无刷驱动器支持 RS485 通信控制，采用 MODBUS（RTU）协议。通信网络接线示意图如图 4-4 所示。

RS485 通信网络的连接方式为总线连接方式，各个 RS485 收发设备挂接在总线上。

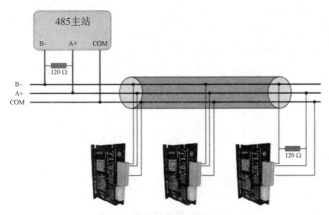

图 4-4　通信网络接线示意图

（3）通信相关参数的设置

外引键盘可用于设置驱动器的参数、读取驱动器参数，电动机的网络配置参数包括从站号、波特率和校验类型。设备搅拌电动机对应设置参数，见表 4-1，通信参数地址见表 4-2，外引键盘如图 4-5 所示。

表 4-1　设备搅拌电动机对应设置参数

电动机	从站号	波特率/$(b \cdot s^{-1})$	校验类型
R101 罐搅拌电动机	1	19 200	NOPARITY
R201 罐搅拌电动机	2	19 200	NOPARITY
R301 罐搅拌电动机	3	19 200	NOPARITY
R302 罐搅拌电动机	4	19 200	NOPARITY

表 4-2　通信参数地址

参数	名称	设定范围	默认值	属性
F08.00	485 从机地址	1~247，0 为广播地址	1	R/W *
F08.01	RS485 通信波特率设置	0：1 200 b/s 1：2 400 b/s 2：4 800 b/s 3：9 600 b/s 4：19 200 b/s（默认值） 5：38 400 b/s 6：57 600 b/s 注：部分驱动器不支持修改波特率	4	R/W *

续表

参数	名称	设定范围	默认值	属性
F08.02	RS485 数据位校验设置	0：无校验（N，8，1）for RTU 1：偶校验（E，8，1）for RTU 2：奇校验（O，8，1）for RTU 3：无校验（N，8，2）for RTU	0	R/W *

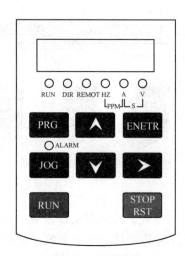

图 4-5　外引键盘

外引键盘相关操作说明，见表 4-3。

表 4-3　外引键盘相关操作说明

序号	名称	说明	
1	数码显示区	5 位数码管，显示功能码、运行参数以及故障报警等	
2	状态指示灯	RUN	灭：停机状态；闪：参数辨识；亮：运行状态
		DIR	灭：正转；亮：反转
		REMOT	灭：键盘控制；闪：端子控制；亮：通信控制
		ALARM	灭：无故障；闪：预报警状态；亮：故障状态
3	单位指示灯	Hz	频率单位
		A	电流单位
		V	电压单位
		RPM	转速单位
		%	百分比

续表

序号	名称	说明		
4	按钮区	PRG	编程键	一级菜单进入或退出
		ENTER	确定键	逐级进入菜单画面、设定参数确认
		∧	递增键	数据或功能码的递增
		∨	递减键	数据或功能码的递减
		>	右移位键	在停机和运行显示界面下，可右移循环选择显示参数；在修改参数时，可以选择参数的修改位
		JOG	点动键	启动点动运行操作（外置键盘才有 JOG 键）
		RUN	运行键	启动运行操作
		STOP/RST	停止/复位键	运行状态时，用于停机操作 故障状态时，用于复位操作

利用驱动器键盘设置电动机的通信参数方法，见表 4-4。

表 4-4　电动机通信参数设置

操作步骤及说明	示意图
1）准备工作 设备上电，并将电动机驱动器配置的驱动器键盘和键盘连接线准备好	
2）连接键盘与驱动器 将键盘连接线一端插入键盘后端的接口，另一端插入驱动器侧面的键盘接口处	 

操作步骤及说明	示意图
3）接通键盘 连接线完成后，键盘电源接通，数码显示区呈现"0"闪烁，按下"PRG"编程键，显示区变为"　　F00"；末位呈闪烁状态，表示当前可以更改的位置	
4）C20 驱动器的通信组参数地址为 F08（表 4-2） 通过按下"∧"递增键、"∧"递减键和">"右移键，将显示区参数"F00"的末位"0"改为"8"，最终呈现为"F08"	
5）按下"ENTER"键，显示区参数变为"F08.00"，末位呈闪烁状态	
6）设置 485 从站号 从站号参数地址为"F08.00"，显示区当前显示为"F08.00"，再次按下"ENTER"键，显示区显示为 001~247 之间的一个数值，表示驱动器的从站号，通过按下"∧""∨"">"键，将从站号改为"003"（4 个电动机的从站号见表 4-1）	

续表

操作步骤及说明	示意图
7) 从站号设置完成 　按下"ENTER"键,从站号设置完成,显示区变为"F08.01",末位数值闪烁	
8) 设置 485 波特率 　F08.01 是波特率设置的地址,按下"ENTER"键,显示区变为 0~6 之间的一个数值,表示当前的波特率对应的编号(默认为 4,波特率19 200 b/s)。通过按下"∧""∨"键,将波特率改为"4"(4个电动机的波特率均设置为 19 200 b/s)	
9) 波特率设置完成 　按下 Enter 键,波特率设置完成,显示区变为"F08.02",末位数值闪烁	
10) 设置 485 数据位校验 　F08.02 是数据位校验地址,按下"ENTER"键,显示区变为 0~3 之间的一个数值,表示当前的数据位校验方式对应的编号(默认为 0,无校验)。通过按下"∧""∨",将校验方式改为"0"(无校验)(4个电动机的校验方式均设置为无校验)	

续表

操作步骤及说明	示意图
11）完成通信参数设置 按下"ENTER"键，完成数据位校验。按下"PRG"编程键，回到"F08"，再次按下"PRG"编程键，回到初始显示区，完成通信参数设置	

（4）电动机通信地址

利用 DCS 控制系统控制电动机的正转、反转、停止，转速的写入和读取等操作，是通过 NT6000 软件中的画面组态和控制器逻辑组态功能来实现的。DSC-RS485 电动机通信地址见表 4-5。

表 4-5　电动机通信地址

电动机	模拟地址	速度地址	速度反馈
R101 搅拌电动机	408193	408194	412295
R201 搅拌电动机	408193	408194	412295
R301 搅拌电动机	408193	408194	412295
R302 搅拌电动机	408193	408194	412295
注：1. 模拟地址：正转-1；反转-2；停止-5；故障复位-7。 　　2. 电动机速度范围：0~3 000 r/min。			

（5）常用算法模块

控制器逻辑组态软件中实现电动机搅拌常用工具箱算法模块功能说明见表 4-6。

表 4-6　算法模块说明

模块位置	模块名称	图形表示	模块功能
I/O 模块	PA 模拟量输出模块	PA PA26581	该模块输出一个模拟量，参与其他模块的运算
	PB 开关量输出模块	PB PB10144	该模块输出一个开关量，参与其他模块的运算
	PRO 模拟量输入模块	RO 0 PG PRO16672	该模块用于输出显示一个模拟量，可通过 TAG 名方式引用该模拟量
	PAI 页间模拟量引用模块	AI SH0000.TEST.OUT 000 RAI06674	该模块是引用本 DPU 的其他页面的模拟量数据及其状态

模块位置	模块名称	图形表示	模块功能
I/O 模块	FMAI 现场总线通用模拟量输入模块	Out1 Out2 Out3 Out4 Out5 Out6 Out7 Out8 FMAI04317	该模块是现场总线子系统模拟量输入信号转换的通用模块，其功能是对来自现场总线从站设备的模拟量信号进行转换，以满足控制策略运算和工业生产过程的要求
	FMAO 现场总线通用模拟量输出模块	0 In1 0 In2 0 In3 0 In4 0 In5 0 In6 0 In7 0 In8 FMAO24493	该模块是现场总线子系统模拟量输出信号转换的通用模块，其功能是对来自组态策略中的开关量信号进行转换，并输出到指定的现场总线从站设备，以满足控制策略运算和工业生产过程的要求
特殊功能模块	MASA 增强型页内模拟量置值模块	0 In En TEST.PORT MASA30065	该模块的主要功能是向同一 DPU 中、同一组态页内其他模块的模拟量置值。所置的值来自该模块的 IN 端口
逻辑时序模块	多功能脉冲发生模块	1 PLS08612	这是一个功能相对丰富的脉冲触发器模块。它提供了上升沿触发、下降沿触发、边缘触发三种脉冲触发方式

2. 任务实施

(1) 电动机参数配置

控制器逻辑组态 HW 页面电动机参数配置步骤见表 4-7。

表 4-7　控制器逻辑组态步骤说明

操作方法及说明	示意图
1) 打开配置通道 在 V4 控制器逻辑组态软件中打开 HW 页面，单击 KM631A 通信模块，在界面底部有关于 KM631A 模件的属性，单击 ">IOM_Cfg"	

操作方法及说明	示意图
2）参数配置界面 弹出"双通道 Modbus-RTU 通信模件配置"窗口，双击界面左侧的"KM631A"，有通道 1 和通道 2 两个通道，在本次通信配置中，通道 1 用于电动机通信配置，通道 2 用于智能电力装置和称重传感器的通信配置	
3）设置参数 选择通道 1，窗口下方是通道 1 的属性特征，更改波特率为"19 200"，校验位为"NOPARITY"，其他参数不做更改	
4）R101 搅拌电动机从站建立 鼠标右击"通道 1"，单击"增加从站"，弹出"增加从站"对话框，这里从站地址设置为"1"，单击"确定"按钮	
5）从站 1 新增"写入"数据块 右击从站 1，选择"增加数据块"，弹出"增加数据块"快捷窗口。 ◆ 数据块名称：写入数据； ◆ 功能码：（16）写多寄存器； ◆ 起始地址：408193； ◆ 数据长度：2； ◆ 刷新级别：15。 最后单击"确定"按钮	

续表

操作方法及说明	示意图
6）从站 1 新增"读取"数据块 右击从站 1，选择"增加数据块"，弹出"增加数据块"快捷窗口。 ◆ 数据块名称：读取数据； ◆ 功能码：（03）读保持寄存器； ◆ 起始地址：412295； ◆ 数据长度：1； ◆ 刷新级别：15。 最后单击"确定"按钮	
7）R201 搅拌电动机建立从站 鼠标右击"通道 1"，单击"增加从站"，弹出"增加从站"对话框，这里从站地址设置为"2"，单击"确定"按钮	
8）从站 2 新增"写入"数据块 右击从站 2，选择"增加数据块"，弹出"增加数据块"快捷窗口。 ◆ 数据块名称：写入数据； ◆ 功能码：（16）写多寄存器； ◆ 起始地址：408193； ◆ 数据长度：2； ◆ 刷新级别：15。 最后单击"确定"按钮	
9）从站 2 新增"读取"数据块 右击从站 2，选择"增加数据块"，弹出"增加数据块"快捷窗口	

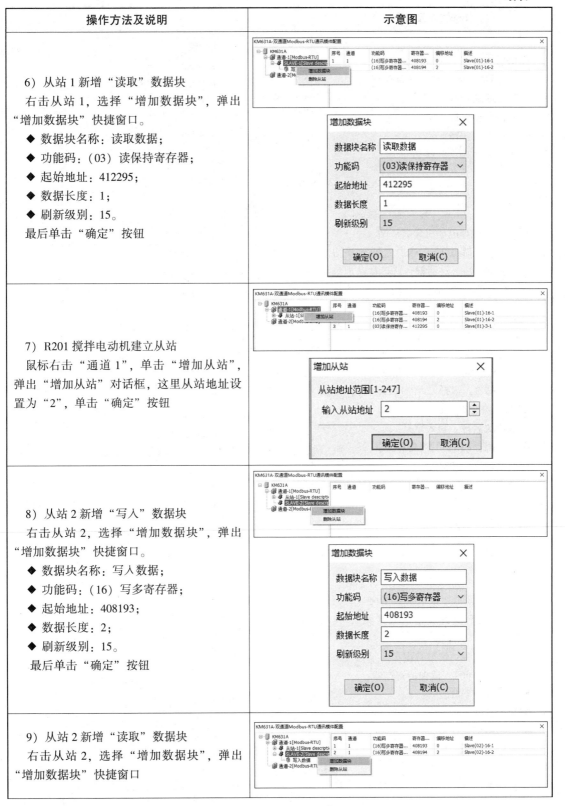

操作方法及说明	示意图
◆ 数据块名称：读取数据； ◆ 功能码：（03）读保持寄存器； ◆ 起始地址：412295； ◆ 数据长度：1； ◆ 刷新级别：15。 最后单击"确定"按钮	
10）R301 搅拌电动机建立从站 鼠标右击"通道 1"，单击"增加从站"，弹出"增加从站"对话框，这里从站地址设置为"3"，单击"确定"按钮	
11）从站 3 新增"写入"数据块 右击从站 3，选择"增加数据块"，弹出"增加数据块"快捷窗口。 ◆ 数据块名称：写入数据； ◆ 功能码：（16）写多寄存器； ◆ 起始地址：408193； ◆ 数据长度：2； ◆ 刷新级别：15。 最后单击"确定"按钮	
12）从站 3 新增"读取"数据块 右击从站 3，选择"增加数据块"，弹出"增加数据块"快捷窗口。 ◆ 数据块名称：读取数据； ◆ 功能码：（03）读保持寄存器； ◆ 起始地址：412295； ◆ 数据长度：1； ◆ 刷新级别：15。 最后单击"确定"按钮	

操作方法及说明	示意图
13）R302 搅拌电动机建立从站 鼠标右击"通道 1"，单击"增加从站"，弹出"增加从站"对话框，这里从站地址设置为"4"，单击"确定"按钮	
14）从站 4 新增"写入"数据块 右击从站 4，选择"增加数据块"，弹出"增加数据块"快捷窗口。 ◆ 数据块名称：写入数据； ◆ 功能码：（16）写多寄存器； ◆ 起始地址：408193； ◆ 数据长度：2； ◆ 刷新级别：15。 最后单击"确定"按钮	
15）从站 4 新增"读取"数据块 右击从站 4，选择"增加数据块"，弹出"增加数据块"快捷窗口。 ◆ 数据块名称：读取数据； ◆ 功能码：（03）读保持寄存器； ◆ 起始地址：412295； ◆ 数据长度：1； ◆ 刷新级别：15。 最后单击"确定"按钮	

操作方法及说明	示意图
16）配置完成 4 个搅拌电动机的参数配置完成，单击"确定"按钮，返回 HW 页面	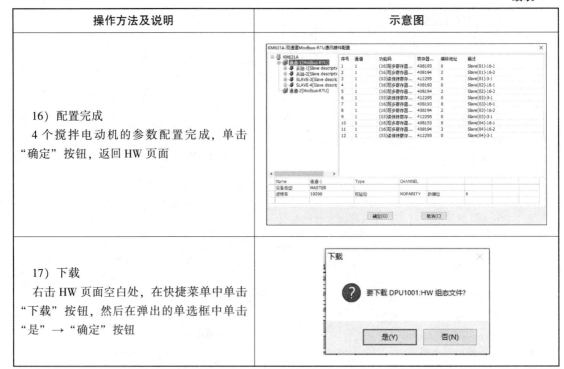
17）下载 右击 HW 页面空白处，在快捷菜单中单击"下载"按钮，然后在弹出的单选框中单击"是"→"确定"按钮	

（2）电动机逻辑算法

在 HW 页面中，电动机的参数配置完成后，还需要在 Logic 页中完成逻辑算法，具体算法编写步骤见表 4-8。

表 4-8　电动机算法编写步骤

操作步骤及说明	示意图
1）打开逻辑页 打开 Logic 页面，在"Logic"分支下单击 SH0040（可以任意选择一页），打开逻辑页	
2）更改逻辑页名称 单击页面空白处，界面下方是逻辑页的属性。单击属性中"PageInfo"右侧的空白格，输入"R101 电机搅拌"	

续表

操作步骤及说明	示意图
3）逻辑页下载 　鼠标右击页面空白处，弹出快捷菜单，单击"下载"→"是"→"确定"，完成下载后，在界面左侧逻辑页 SH0040 处会显示逻辑页名称	
4）打开工具箱 　单击菜单栏的"视图"，在快捷菜单中选择"工具箱"，打开工具箱	
5）添加通信模块 　拖拽工具箱的 I/O 模块中的"FMAI"模块和"FMAO"模块至页面中合适的位置。 　"FMAI"：现场总线通用模拟量输入模块。 　"FMAO"：现场总线通用模拟量输出模块	

操作步骤及说明	示意图
6）更改"FMAI"模块属性 选中"FMAI"模块，下方显示模块的属性： ◆ Name 模块名称：双击改为 1； ◆ ChName 模块通道号：MB020201； ◆ SlaveID 从站地址：1； ◆ Offset 相对起始地址：0； ◆ Number 模拟量个数：2； ◆ DateType 数据类型：Int16； ◆ DP 小数点位数：0； ◆ SlaveCRC 从站校验码：0； ◆ ComType 通信类型：CYCLE	属性 Name FMAI1 Type FMAI ChName MB020201 SlaveID 1 Offset 0 Number 2　0~8 DataType Int16 DP 0 SlaveCRC 0 ComType CYCLE Out1 Out2 Out3 Out4 Out5 Out6 Out7 Out8 FMAI1
7）更改"FMAO"模块属性 选中"FMAO"模块，下方显示模块的属性： ◆ Name 模块名称：双击改为 1； ◆ ChName 模块通道号：MB020201； ◆ SlaveID 从站地址：1； ◆ Offset 相对起始地址：0； ◆ Number 模拟量个数：1； ◆ DateType 数据类型：Int16； ◆ DP 小数点位数：0； ◆ SlaveCRC 从站校验码：0； ◆ ComType 通信类型：CYCLE	属性 Name FMAO1 ｜ DESP Type FMAO ChName MB020201 ｜ SlaveID 1 IN1 0.000000 ｜ Offset 0 IN2 0.000000 ｜ Number 1　0~8 IN3 0.000000 ｜ DataType Int16 IN4 0.000000 ｜ DP 0 IN5 0.000000 ｜ SlaveCRC 0 IN6 0.000000 ｜ ComType CYCLE IN7 0.000000 IN8 0.000000
8）正转 在工具箱的 I/O 模块中拖拽"PB"开关量寄存模块至页面中，选中 PB 模块，在属性窗口中更改"Name"为"PB1"，"DESP"为"正转"	属性 Name PB1 ｜ DESP 正转 Type PB OUT FALSE 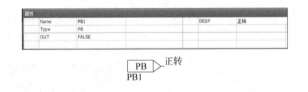
9）正转 在工具箱的逻辑时序模块中拖拽"PLS"多功能脉冲发生模块至页面中，在 I/O 模块中拖拽"PRO"模拟量数据寄存模块至页面中。连接"PB1"和"PLS"。 选中"PRO"模块，更改属性： ◆ Name：PRO1； ◆ DESP：控制字	属性 Name PRO1 ｜ DESP 控制字 Type PRO IN 0.000000 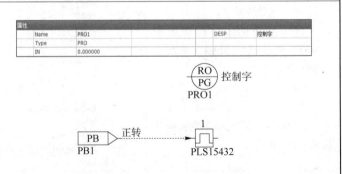

操作步骤及说明	示意图
10）正转 在特殊功能模块中拖拽"MASA"页内模拟量置值模块至页面中，连接"PLS"和"MASA"，选中"MASA"模块，在"属性"窗口中，更改属性： ◆ Name：MASA； ◆ IN 输入端口：1； ◆ ModuleName 目标模块名：PRO1； ◆ ParaName 目标模块参数端口名：IN	
11）正转 在 I/O 模块中拖拽"PAI"页间模拟量引用模块至页面中，连接"PAI"和"FMAO1"的 In1。 选中"PAI"模块，更改属性： ◆ Name：PAI； ◆ PageName 变量页号：SH0040； ◆ ModuleName 目标模块名：PRO1； ◆ ParaName 目标模块参数端口名：IN	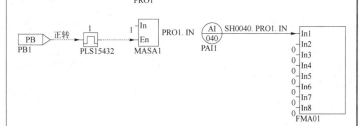
12）反转 反转与正转的实现方法相似。将正转的程序框选后复制，再粘贴至页面中。 修改： ◆ 将 PB1 修改为 PB2，DESP 改为"反转"； ◆ 将"MASA"模块属性中的 Name 修改为 MASA2，IN 修改为 2	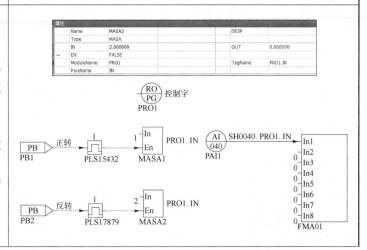

操作步骤及说明	示意图
13）停止 将正转程序框选后复制粘贴至页面中，修改参数： ◆ 将 PB1 改为 PB3，DESP 改为"停止"； ◆ 将"MASA"模块属性中的 Name 修改为 MASA3，IN 修改为 5	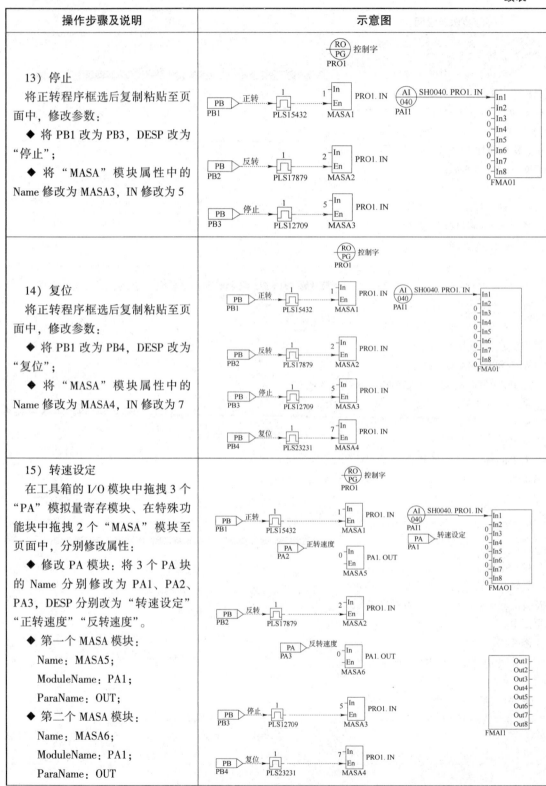
14）复位 将正转程序框选后复制粘贴至页面中，修改参数： ◆ 将 PB1 改为 PB4，DESP 改为"复位"； ◆ 将"MASA"模块属性中的 Name 修改为 MASA4，IN 修改为 7	
15）转速设定 在工具箱的 I/O 模块中拖拽 3 个"PA"模拟量寄存模块、在特殊功能块中拖拽 2 个"MASA"模块至页面中，分别修改属性： ◆ 修改 PA 模块：将 3 个 PA 块的 Name 分别修改为 PA1、PA2、PA3，DESP 分别改为"转速设定""正转速度""反转速度"。 ◆ 第一个 MASA 模块： Name：MASA5； ModuleName：PA1； ParaName：OUT； ◆ 第二个 MASA 模块： Name：MASA6； ModuleName：PA1； ParaName：OUT	

续表

操作步骤及说明	示意图
16）转速设定 连接 PA1—FMAO1 的 IN2； 连接 PA2—MASA5 的 IN； 连接 PB1—MASA5 的 EN； 连接 PA3—MASA6 的 IN； 连接 PB2—MASA6 的 EN	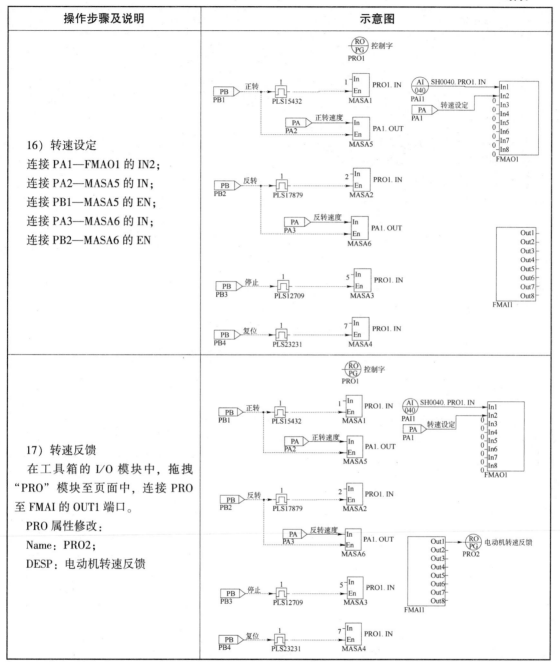
17）转速反馈 在工具箱的 I/O 模块中，拖拽"PRO"模块至页面中，连接 PRO 至 FMAI 的 OUT1 端口。 PRO 属性修改： Name：PRO2； DESP：电动机转速反馈	

以上是实现 R101 电动机正转、反转、停止、复位、转速设定和反馈的算法编写过程，R201、R301 和 R302 电动机搅拌的算法均与 R101 的相同，这里不再作出具体实现步骤说明。

（3）电动机画面组态

在画面组态软件中，通过画面组态实现电动机控制操作步骤，见表 4-9（以 R101 电动机为例）：

表 4-9　画面控制电动机步骤说明

操作步骤及说明	示意图
1）绘制按钮 　选中工具栏中的绘制按钮"▭"功能，在画面中绘制出 4 个适当大小的按钮（分别用作电动机的正转、反转、停止、复位控制）	
2）按钮名称 　分别双击 4 个按钮，弹出属性窗口，在输入框中分别输入"正转""反转""停止""复位"。可通过格式工具栏中的字体大小调节文字大小	
3）添加单击事件 　右击按钮，在快捷菜单中单击"添加点击事件（Q）"，弹出快捷窗口；在"操作"下的"执行操作"中选择"Toggle Value"（4 个按钮操作相同）	

续表

操作步骤及说明	示意图
4）参数绑定 单击"点名"右侧的"点"，弹出对话框，单击"V4"→"DPU1001"→"SH0040"→"PB1"，双击对话框右侧的"OUT"，单击"确定"按钮。 ◆"值1"输入"1"，"值2"输入"0"； ◆ 将"写确定"取消。 注：其他3个按钮的数据绑定方法同步骤3）和步骤4）。"反转"按钮点名绑定PB2，"停止"按钮点名绑定PB3，"复位"按钮点名绑定PB4	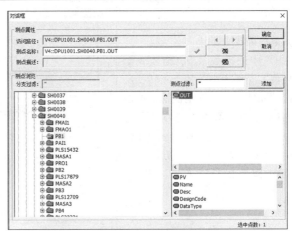 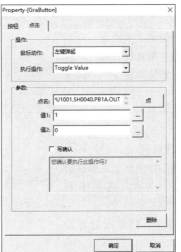
5）添加变色条件 右击"正转"按钮，选择"添加变色条件"，弹出颜色属性窗口。 ◆ 单击"新增"→"点"，点绑定的参数为V4::DPU1001.SH0040.PB1.OUT。 ◆"颜色"选择填充色，单击颜色条，选择一种颜色即可。 注：其他3个按钮的变色条件设置方法相同。"反转"按钮点名绑定PB2，"停止"按钮点名绑定PB3，"复位"按钮点名绑定PB4	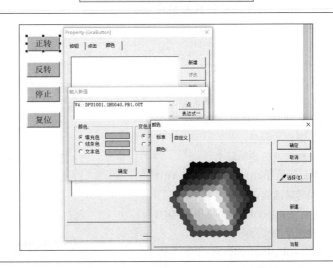

操作步骤及说明	示意图
6）电动机转速设定 在图库中的模型库中，拖拽 3 个"设定值"至画面中（用于正转、反转转速设定），双击设定值框，单击属性窗口上方"数据"选项卡，将"数据显示类型"中的"显示单位"右侧更改单位为"rpm"；更改上下限中的上限为 2 500，单击"确定"按钮	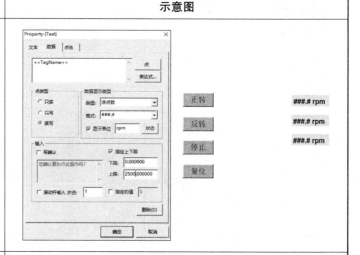
7）电动机转速设定 单击工具栏的绘制文本功能，分别在 3 个设定值框左侧添加文本"正转转速设定""反转转速设定""转速反馈"并调整字体大小	
8）电动机转速设定 双击转速反馈的数值框，在属性窗口下分别选择"文本"选项卡和"数据"选项卡。 "文本"选项卡：将显示的背景框取消。 "数据"选项卡：将点类型设置为只读	
9）参数绑定 右击 3 个转速的数值框，单击"别名显示替换"，弹出"别名替换"窗口。更改实际名： 正转转速设定实际名： V4：：DPU1001.SH0040.PA2.OUT 反转转速设定实际名： V4：：DPU1001.SH0040.PA3.OUT 转速反馈实际名： V4：：DPU1001.SH0040.PRO2.IN	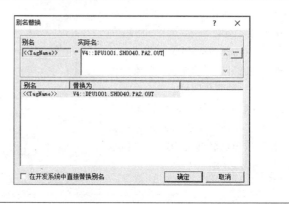

续表

操作步骤及说明	示意图
10）运行 单击菜单栏的"运行"按钮，画面呈运行状态	

四、知识拓展

交换机的介绍

交换机（图4-6）是进行数据交换的机器，任何数据的相互转发都可以称为数据交换，网络数据经过交换可以达到指定的端口。交换机是一种基于 MAC 地址识别，能完成封装转发数据包功能的网络设备。以太网交换机可以"学习" MAC 地址，并把其存放在内部地址表中，通过在数据帧的始发者和目标接收者之间建立临时的交换路径，使数据帧直接由源地址到达目的地址。

图4-6 交换机

交换机拥有一条很高带宽的背板总线和内部交换矩阵，所有的端口都挂接在这条背板总线上，控制电路收到数据包以后，处理端口会查找内存中的地址对照表，以确定目的 MAC 地址的网卡（NIC）挂接在哪个端口上，通过内部交换矩阵迅速将数据包传送到目的端口，只有目的 MAC 若不存在时，才广播到所有的端口。接收端口回应后，交换机会"学习"新的地址，并把它加入内部 MAC 地址表中。

与网桥和集线器相比，交换机从下面几方面改进了性能：

①通过支持并行通信，提高了交换机的信息吞吐量。

②将传统的一个大局域网上的用户分成若干工作组，每个端口连接一台设备或连接一个工作组，有效地解决拥挤现象。

③虚拟网（Virtual LAN）技术的出现，给交换机的使用和管理带来了更大的灵活性。

④端口密度可以与集线器相媲美，一般的网络系统都有一个或几个服务器，而绝大部分都是普通的客户机。客户机都需要访问服务器，这样就导致服务器的通信和事务处理能力成为整个网络性能好坏的关键。

交换机网络拓扑图如图4-7所示。

从广义上来看，网络交换机分为两种：广域网交换机和局域网交换机。广域网交换机主要应用于电信领域，提供通信用的基础平台。局域网交换机则应用于局域网络，用于连接终端设备，如 PC 机及网络打印机等。

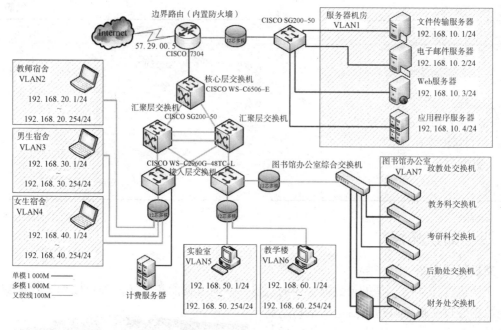

图 4-7 交换机网络拓扑图

从规模应用上又可分为企业级交换机、部门级交换机和工作组交换机等。各厂商划分的尺度并不是完全一致的，一般来讲，企业级交换机都是机架式，部门级交换机可以是机架式（插槽数较少），也可以是固定配置式，而工作组级交换机为固定配置式（功能较为简单）。另外，从应用的规模来看，作为骨干交换机时，支持 500 个信息点以上大型企业应用的交换机为企业级交换机，支持 300 个信息点以下中型企业的交换机为部门级交换机，而支持 100 个信息点以内的交换机为工作组级交换机。

五、练习题

1. 简述电动机通信参数设置方法。
2. 完成驱动器键盘设置电动机的通信参数。
3. 完成控制器逻辑组态 HW 页面电动机参数配置步骤。

任务二　智能电力装置的网络配置与编程

一、学习目标

1. 掌握智能电力装置的按键操作方法；
2. 掌握智能电力装置的通信参数设置方法；
3. 了解智能电力装置的通信方式及电能和电力相关参数地址表；
4. 掌握 DCS 系统与智能电力装置的通信参数配置方法，实现电力能源系统的可视化。

二、任务描述

任务一介绍了电动机的通信控制，本任务介绍智能电力装置的基本操作、智能电力装置的通信、电力装置配置和画面组态设置，将智能电力装置监测到的电压、电流、频率及电能传输到 DCS 系统，DCS 系统再将数据提供给用户，让用户更直观、更方便地查看。数据可视化动态监测如图 4-8 所示。

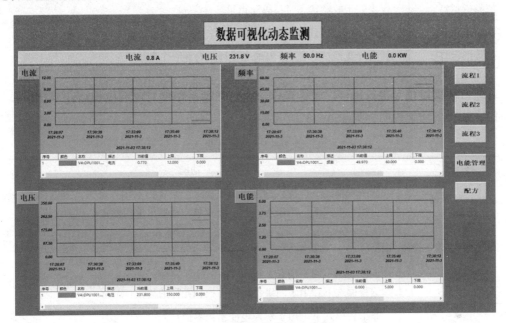

图 4-8　数据可视化动态监测

三、实践操作

1. 知识储备

（1）智能电力装置的基本操作

智能电力装置，如图 4-9 所示。

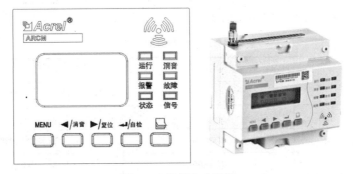

图 4-9　智能电力装置

电力装置指示灯的状态说明，见表 4-10。

表 4-10　指示灯说明

指示灯	状态
运行指示灯	仪表处于正常运行状态时，指示灯闪烁
消音指示灯	仪表处于消音状态时，指示灯亮
报警指示灯	仪表处于报警状态时，指示灯亮
故障指示灯	仪表处于故障状态时，故障指示灯常亮
状态指示灯	长亮（已连接到服务器），闪烁（未连接服务器）
信号指示灯	长亮（无线信号强），闪烁（无线信号弱）

可通过按键对仪表进行地址、参数设定，也可以通过按键对仪表执行消音、自检和复位等操作，按键的功能说明，见表 4-11。

表 4-11　按键说明

按键	功能
MENU 菜单键	非编程模式下，按该键进入编程模式，装置提示输入密码，或返回上一级菜单；编程模式下，用于返回上一级菜单，或退出编程模式
◀消音/ ▶复位	非编程模式下："◀"用于切换通道显示界面，"▶"用于切换电力参数界面； 长按"◀"用于消音，长按"▶"用于复位； 编程模式下：用于同级菜单的切换和光标的移位
◀┛回车键	非编程模式下：用于切换电能参数界面； 用于菜单项目的选择确认，及进入下一级菜单； 或者用于报警状态下的解除报警
翻页键	非编程模式下：用于切换信息显示界面，或输入密码时，用于数值的累加； 编程模式下：用于当前设置内容的更改或数值的累加

（2）通信参数的设置

该电力装置使用 Modbus-RTU 通信协议，装置默认通信设置值：地址为 0001，波特率为 9 600。DCS-RS485 通信参数和通信地址，见表 4-12。

表 4-12　通信参数和通信地址

站号	1	
波特率	9 600	
校验	NOPARITY	
读取（62）	404609	基本电量相关参数
读取（62）	404865	电能参数

电力装置通信参数设置步骤，见表 4-13。

表 4-13　通信参数设置操作步骤

操作步骤及说明	示意图
1) 设备自检 设备上电，电力装置所有指示灯同时亮，装置进入自检状态，待自检完毕后，进入信息显示界面	
2) 编程设置 按 "MENU" 键，进入编程密码界面 "PASS"；按下回车键，界面呈 "0000" 闪烁，通过按 "翻页" 键，输入用户密码（默认密码：0001，万能密码：0008），输好密码按 Enter 键进入（若此时不想进入编程设置，再按 MEUN 键便可退出）	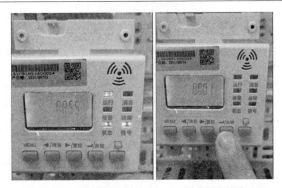
3) "bUS" 总线设置 进入 "Con" 通信设置界面，按 Enter 键进入 "bUS" 总线设置	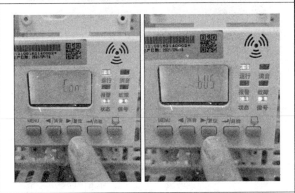
4) bUS 界面下可以对地址和波特率进行设置。 设置从站地址：按 Enter 键，进入 "Addr" 地址设置；再按 Enter 键显示当前电力装置站号，通过按 "翻页" 键，设置站号为 "001"；按 Enter 键，返回 "Addr" 界面	

操作步骤及说明	示意图
5）波特率设置 按"▶"右移键，切换至"bRUd"波特率设置界面；按 Enter 键显示当前的波特率，通过按"◀""▶"键，设置波特率为"9 600"；按 Enter 键，返回"bRUd"界面	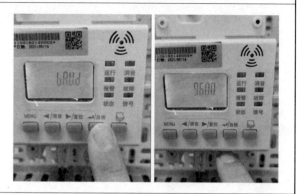
6）保存参数 按 MEUN 键，回到 bUS 界面；再按 MEUN 键，回到"Con"界面；再按"MEUN"键，显示"SAVE"；按 Enter 键，显示"no"，通过按"◀"键切换至"YES"，按 Enter 键，完成设置	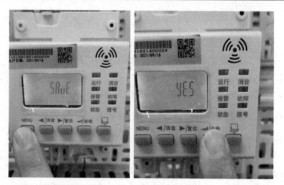

（3）电力电能相关参数地址

根据读取的相关数据，查阅智能电力装置说明书，得到相关的电力电能参数地址表，见表4-14。

表4-14　电力电能参数地址表

序号	地址	参数	数值范围
1	4613	电压频率	0~99.99，小数点为2位，单位 Hz
2	4614	单相电压	0~999.9，小数点为1位，单位 V
3	4629	单相电流	0~99.99，小数点为2位，单位 A
4	4654	总有功功率	0~9.999，小数点为3位，单位 kW
5	4873	总有功电能	小数点为3位，单位 kWh

2. 任务实施

（1）电力装置参数配置

电力装置在DCS系统中的参数配置，见表4-15。

表 4-15　参数配置

操作步骤及说明	示意图
1）更改波特率和校验位 打开 HW 页面的 KM631A 模件的通信配置窗口，电力装置的通信配置是在通道 2 下进行的。更改通道 2 的波特率为 9 600，校验位为 NOPARITY	
2）增加从站 右击通道 2，增加从站，输入从站地址为 1	
3）增加数据块 1 右击从站 1，增加数据块，更改数据块参数： ◆ 数据块名称：读取 1； ◆ 功能码：（03）读保持寄存器； ◆ 起始地址：404609； ◆ 数据长度：62； ◆ 刷新级别：15； 单击"确定"按钮	
4）增加数据块 2 右击从站 1，增加数据块，更改数据块参数： ◆ 数据块名称：读取 2； ◆ 功能码：（03）读保持寄存器； ◆ 起始地址：404865； ◆ 数据长度：62； ◆ 刷新级别：15； 单击"确定"→"确定"，完成通信配置	
5）下载 右击 HW 页面空白处，单击"下载"→"是"→"确定"	

（2）电力装置逻辑算法

在 HW 页面中完成电力装置的参数配置后，需要在 Logic 页中完成逻辑算法，具体算法编写步骤，见表 4-16。

表 4-16　逻辑算法

操作步骤及说明	示意图
1）更改逻辑页名称 在 Logic 下，选择一页编写逻辑（这里选择 SH0044），单击空白页面，在下方属性窗口的 PageInfo 中更改页面名称为"电能表"	属性 Name SH0044 Type PAGE DpuName DPU1001 PageName SH0044 UpdateTime 1970-01-01 08:00:00 PageInfo 电能表 ProjectName
2）添加 FMAI 模块 打开工具箱，选择 I/O 模块中的 FMAI 模块，拖拽 FMAI 模块至页面中（用于读取频率、电压）。更改模块属性： ◆ Name：FMAI1； ◆ ChName：MB020202； ◆ SlaveID：1； ◆ Offset：0； ◆ Number：8； ◆ DataType：Int16	FMAI09931 模块 (Out1~Out8) 属性 Name FMAI1 Type FMAI ChName MB020202 SlaveID 1 Offset 0 Number 8　0~8 DataType Int16 DP 0 SlaveCRC 0 ComType CYCLE
3）再添加 3 个 FMAI1 模块 依次复制 3 个步骤 2 中的 FMAI1 模块，用于读取电压、电流、总有功功率。分别更改 FMAI 模块的 Name 名称和 Offset 相对起始地址： ◆ 读取电流的 Name：FMAI2，Offset：40； ◆ 读取有功功率的 Name：FMAI3，Offset：60； ◆ 读取总有功电能的 Name：FMAI4，Offset：132	属性 Name FMAI2 Type FMAI ChName MB020202 SlaveID 1 Offset 40 Number 8　0~8 DataType Int16 DP 0 SlaveCRC 0 ComType CYCLE FMAI1 (Out1~Out8)　FMAI2 (Out1~Out8) FMAI3 (Out1~Out8)　FMAI4 (Out1~Out8)

续表

操作步骤及说明	示意图
4）读取频率 在 I/O 模块中拖拽 PRO 模块至页面中，更改 PRO 的 Name 为 1，DESP 为频率；在数学运算模块中拖拽 DIV 模块至页面中，更改 DIV 的 IN2 为 100；连接 FMAI1 的 OUT4 至 DIV 的 IN1，连接 DIV 的 OUT 至 PRO1 的 IN	
5）读取电压 用鼠标框选 DIV 模块和 PRO1 模块，复制粘贴至页面中，更改 DIV 的 IN2 为 10；更改 PRO 模块的 Name 为 PRO2，DESP 为电压；连接 FMAI1 的 OUT5 至 DIV 的 IN1	
6）读取电流 用鼠标框选其中两个相连的 DIV 模块和 PRO 模块，复制粘贴至 FMAI2 右侧，更改 DIV 模块的 IN2 为 100；更改 PRO 模块的 Name 为 PRO3，DESP 为电流；连接 FMAI2 的 IN1 至 DIV 的 IN1	
7）读取功率 用鼠标框选其中两个相连的 DIV 模块和 PRO 模块，复制粘贴至 FMAI3 右侧，更改 DIV 模块的 IN2 为 1 000；更改 PRO 模块的 Name 为 PRO4，DESP 为总有功功率；连接 FMAI3 的 IN1 至 DIV 的 IN1	
8）读取电能 用鼠标框选其中两个相连的 DIV 模块和 PRO 模块，复制粘贴至 FMAI4 右侧，更改 DIV 模块的 IN2 为 1 000；更改 PRO 模块的 Name 为 PRO5，DESP 为总有功电能；连接 FMAI4 的 IN1 至 DIV 的 IN1	

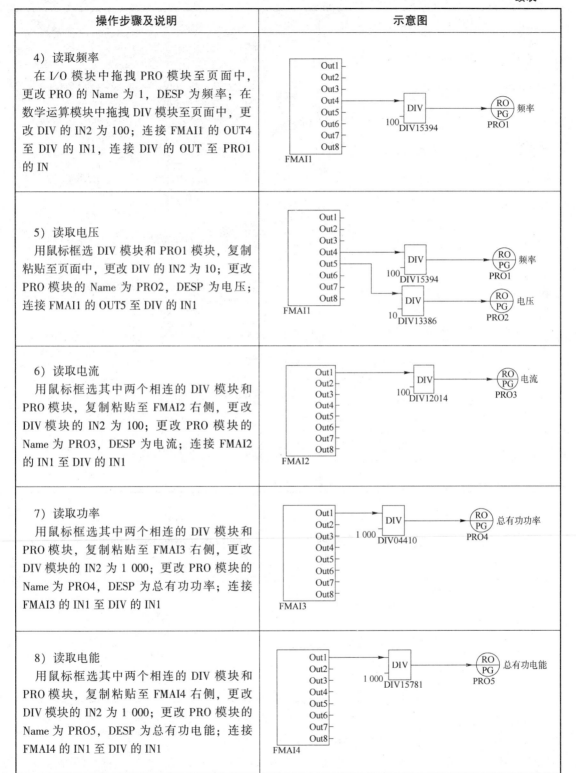

续表

操作步骤及说明	示意图
9）下载 右击页面空白处，单击"下载"。电力装置的逻辑算法完成	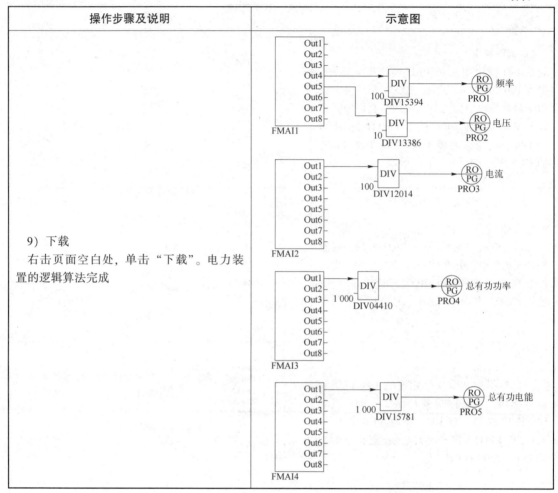

（3）电力装置画面组态

在画面组态软件中，通过画面组态实现电力装置数据的读取显示控制操作的步骤见表4-17。

表4-17　画面组态

操作步骤及说明	示意图
1）添加测点 打开图库中的模型库，拖拽5次"液位"测点至画面中（可任意拖动一种测点），分别用于显示频率、电压、电流、功率、电能	###.# mm ###.# mm ###.# mm ###.# mm ###.# mm
2）绘制文本 单击工具栏的绘制文本 **T**，在测点左侧输入对应的名称，从上至下依次为频率、电压、电流、功率、电能	频率　###.# mm 电压　###.# mm 电流　###.# mm 功率　###.# mm 电能　###.# mm

操作步骤及说明	示意图
3）更改测点属性 双击测点，在属性框中选择"数据"属性，将5个测点的"<<TagName>>.PV"改为"<<TagName>>"；在数据显示类型下更改格式和显示单位： 名称 / 格式 / 单位表： 频率 / ##.## / Hz 电压 / ###.# / V 电流 / ##.## / A 功率 / #.### / kW 电能 / #.### / kWh	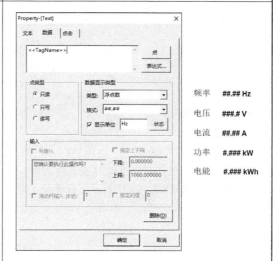 频率　##.## Hz 电压　###.# V 电流　##.## A 功率　#.### kW 电能　#.### kWh
4）数据绑定 右击测点，选择"别名显示替换"，更改测点的实际名为： 名称 / 别名替换–实际名： 频率 / V4::DPU1001.SH0044.PRO1.IN 电压 / V4::DPU1001.SH0044.PRO2.IN 电流 / V4::DPU1001.SH0044.PR03.IN 功率 / V4::DPU1001.SH0044.PRO4.IN 电能 / V4::DPU1001.SH0044.PRO5.IN	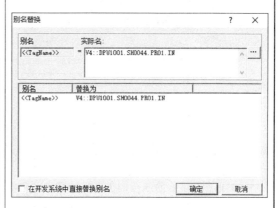
5）添加曲线 单击菜单栏的"曲线功能"按钮 ，在画面中画出曲线	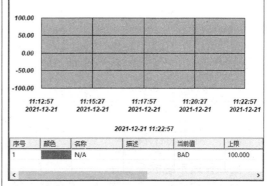

名称	格式	单位
频率	##.##	Hz
电压	###.#	V
电流	##.##	A
功率	#.###	kW
电能	#.###	kWh

名称	别名替换–实际名
频率	V4::DPU1001.SH0044.PRO1.IN
电压	V4::DPU1001.SH0044.PRO2.IN
电流	V4::DPU1001.SH0044.PR03.IN
功率	V4::DPU1001.SH0044.PRO4.IN
电能	V4::DPU1001.SH0044.PRO5.IN

操作步骤及说明	示意图
6）更改曲线属性 双击曲线图，打开曲线属性，选择"Y轴配置"→"修改"，在修改测点窗口更改测点名称为"V4::DPU1001.SH0044.PRO1.IN"。更改工程量的上限为60，下限为0，单击"确定"按钮	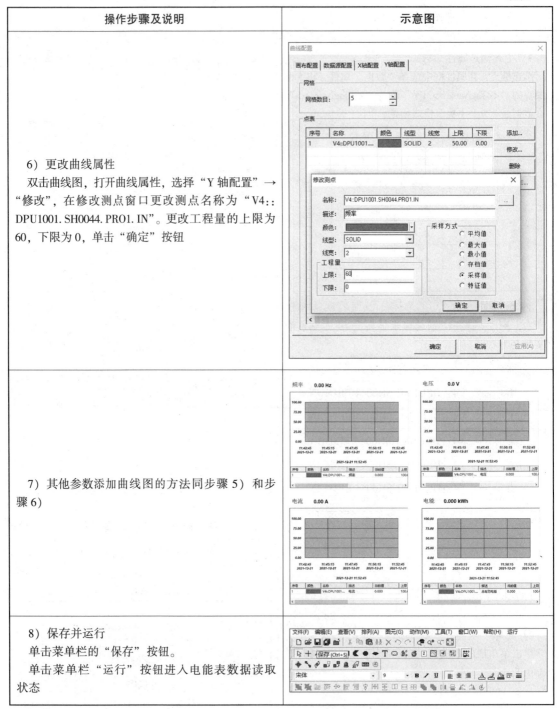
7）其他参数添加曲线图的方法同步骤 5）和步骤 6）	
8）保存并运行 单击菜单栏的"保存"按钮。 单击菜单栏"运行"按钮进入电能表数据读取状态	

四、知识拓展

能源管理系统的重要性

能源管理系统可以实现对能耗数据采集：对水、电、燃气、冷/热源、租户预付费系统和设备的电能消耗进行采集计量、保存和归类，代替繁重的人工记录。对其他系统具有开放性，纳入其他系统的能耗数据。经过分析计算能耗数据，可以各种形式（表格、坐标曲线饼图、柱状图等）加以直观地展示。

常用的能源管理系统具有以下一些功能模块：

①电能管理：对高低压配电室的配电回路进行电能质量监测及电力测量，对二、三级回路进行电力测量，建设监测网络。对用电量进行统计对比，实时监控配电系统。进行模拟电费的计算，优化设备的运行方式，降低维护成本，减少电能消耗成本，提高电气系统运行管理效率。对配电系统运行进行全过程和全方位管理。

②水能管理：对市政供给的生活冷水系统、中水系统、热水系统进行系统计量分析，按规范要求对各系统机房用水、设备补水及其他需要计量的用水点等也应设置表单独计量；对排水系统、消防系统不进行计量分析。

③空调分析：对入户冷热源，温度、流量进行监测，结合环境温度综合分析，直观展示环境温度曲线、体现空调系统效率，帮助加强空调系统的运行管理，出具节能诊断，改善并促进空调系统优化运行。

④重点设备监测：对它们进行重点能耗监测，依据实际运行参数和耗电系数、单位面积电负荷等计算出单位时间的用电负荷，得到设备的负荷变化特征，作为设备诊断和运行效率分析的依据，发现节能空间从管理方式上实现节能的可能性。

⑤能耗综合查询：对能耗进行统计和分析。按时、日、月、年不同时段，或不同区域，或不同的能源类别，或不同类型的耗能设备对能耗数据进行统计。分析能耗总量、单位面积能耗量及人均耗能量，标准煤转换，以及历史趋势，同期对比能源数据等之后，自动生成实时曲线、历史曲线、预测曲线、实时报表、历史报表、日/月报表等资料，为节能管理提供依据，为技术节能提供数据分析，并预测能耗趋势。

⑥决策支持：能提供故障查询、专家节能诊断和节能方案。

五、练习题

1. 简述电能表的通信参数设置方法。
2. 完成电能表的 Logic 页中逻辑算法。
3. 完成画面组态实现电力装置数据的读取显示控制操作。

任务三　称重传感器的网络配置与编程

一、学习目标

1. 掌握称重控制仪的按键操作方法；
2. 掌握称重传感器的通信参数设置方法；
3. 掌握 DCS 系统与称重传感器的通信参数配置方法，实现物料重量的可视化。

二、任务描述

称重传感器如图 4-10 所示。

本任务介绍称重传感器的通信参数设定与网络配置，称重传感器由称重模块和称重控制仪构成，称重模块将检测到的信息给到控制仪，称重控制仪再将信息进行处理，通过与 DCS 系统通信，最终将罐体中物料的重量实时数据传输到 DCS 系统中，再通过 DCS 系统软件将数据以一种可视化的方式提供给用户，让用户更直观、更方便地实时检测。

图 4-10　称重传感器

三、实践操作

1. 知识储备

（1）称重控制仪面板及按键说明

称重控制仪面板，如图 4-11 所示。

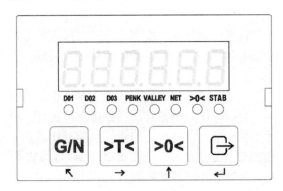

图 4-11　称重控制仪面板

称重控制仪的面板由显示窗、8 个比较输出及状态指示灯和 4 个按键组成。指示灯和按键说明见表 4-18。

表 4-18　指示灯及按键说明

序号	名称	说明
1	DO1	比较输出点的状态指示
	DO2	
	DO3	
2	STAB	亮时表示力值稳定
3	>0<	亮时表示总值为零
4	NET	当前显示值状态指示灯，在测量状态下，长按移动键进入显示切换： 显示总值：NET 灯灭
	PEAK	显示净值：NET 灯亮 显示峰值：PEAK 灯亮
	VALLEY	显示谷值：VALLEY 灯亮

续表

序号	名称	说明
5	确认键	在测量状态下，按住 2 s 以上不松开进入设置状态； 在设置状态下，存入修改好的参数值，切换到下一个参数
6	>0< 置零键	在测量状态下，清零，清峰谷值； 在设置状态下，显示参数序号时：切换到上一个参数； 修改参数值时，增加参数的数值
7	>T< 移动键	在设置状态下，显示参数符号时：切换到下一个参数； 修改参数值时：激活光标，最左边数字闪烁，允许修改激活以后，短按移动数字光标； 在测量状态下，长按进入切换显示净重、峰值、谷值
8	G/N 退出键	在测量状态下，长按 2 s，进入砝码标定； 在设置状态下，退出菜单

（2）称重传感器常用参数地址

对于称重传感器，常用的参数有称重参数和通信设置，称重参数中包括量程和小数点的设置，通信设置中包括波特率和地址。参数地址与目标设置值见表 4-19。

表 4-19　参数地址与目标设置值

序号	参数地址	参数符号	参数名称	目标设置值	
1	F1-CAP	P0.00	小数点	保留两位小数	
		0000 10	满量程	50.00	
2	F6-COM	b 9600	波特率选择	9 600	
		Id 32	地址选择	WIQ101 地址：02	WIQ102 地址：03

（3）称重传感器参数设置

通过手动操作称重控制仪的面板来设置参数的具体步骤，见表 4-20。

表 4-20　参数设置步骤

操作步骤及说明	示意图
1）设备启动 设备正常上电后，称重传感器显示正常	

操作步骤及说明	示意图
2）进入参数设置 长按"确认"键 2 秒，进入参数设置。显示窗口显示"F1-CAP"	
3）设置小数点 在 F1-CAP 显示状态下，按"确认"键，进入小数点设置界面，通过按"移动"键移动小数点，设置小数点为 2 位，设置完成后按"确认"键	
4）设置量程 在"0000.10"量程显示状态下，按"移位"键和"置零"键，将量程设置为"0050.00"，然后按"确认"键	
5）切换至通信设置 按"退出"键，返回界面"F1-CAP"；依次按"置零"键至显示为"F6-COM"通信设置	

续表

操作步骤及说明	示意图
6）波特率设置 按两次"确认"键，进入波特率设置；按"移动"键，切换波特率至"ḷ 9600"，按"确认"键	
7）从站地址设置 再按"确认"键，进入地址设置，通过按"移动"键和"置零"键将地址改为"id 02"（WIQ101 称重传感器），按"确认"键	
8）保存修改 按"退出"键，返回至 F6-COM 界面；再按"退出"键，界面显示"SAVE"，按"确认"键，完成保存	

2．任务实施

（1）称重传感器的通信参数配置

在 DCS 系统软件 NT6000 中，称重传感器的通信参数配置方法见表 4-21。

表 4-21　通信参数配置

操作步骤及说明	示意图
1）打开配置通道 打开 HW 页面的 KM631A 模块的通信配置窗口，称重传感器的通信配置是在通道 2 下	
2）建立从站 右击通道 2，增加从站。依次增加两个从站，从站号分别为 2 和 3	
3）增加数据块 分别右击从站 2 和从站 3，增加数据块，更改数据块参数，从站 2 的数据块参数如下： ◆ 数据块名称：称重 1； ◆ 功能码：（03）读保持寄存器； ◆ 起始地址：400001； ◆ 数据长度：1	
4）单击"确定"按钮，完成参数配置	

（2）称重传感器逻辑算法

称重传感器（WIQ101、WIQ102）的逻辑算法，见表4-22。

表4-22　逻辑算法

操作步骤及说明	示意图
1）更改逻辑页名称 在 Logic 下，选择一页编写逻辑（这里选择 SH0045），单击空白页面，在下方属性窗口的 PageInfo 中更改页面名称为"称重传感器"	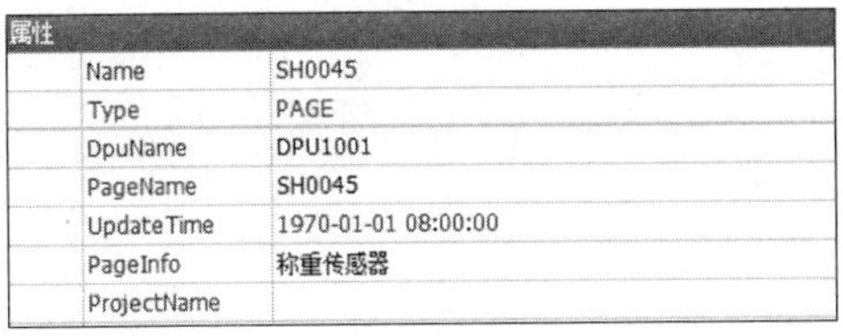
2）WIQ101 称重传感器 ①打开工具箱，从 I/O 模块下拖拽 FMAI 模块至页面中，更改模块属性： ◆ Name：FMAI1； ◆ ChName：MB020202； ◆ SlaveID：2； ◆ Offset：0； ◆ Number：1； ◆ DataType：Int16。 ②在 I/O 模块中拖拽 PRO 模块至页面中，更改 PRO 模块属性： ◆ Name：PRO1； ◆ DESP：称重1。 ③在数学运算模块中拖拽 DIV 除法模块，在属性窗口中将 DIV 的 IN2 参数改为 100。 ④将 FMAI 模块的 OUT1 和 DIV 模块的 IN1 连接，将 DIV 模块的 OUT 和 POR1 连接	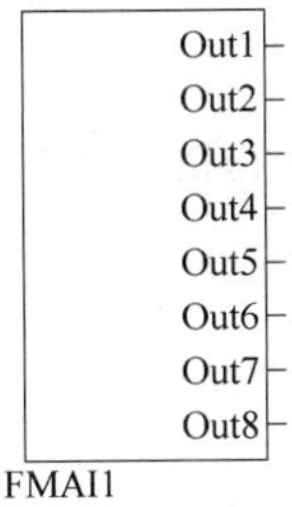 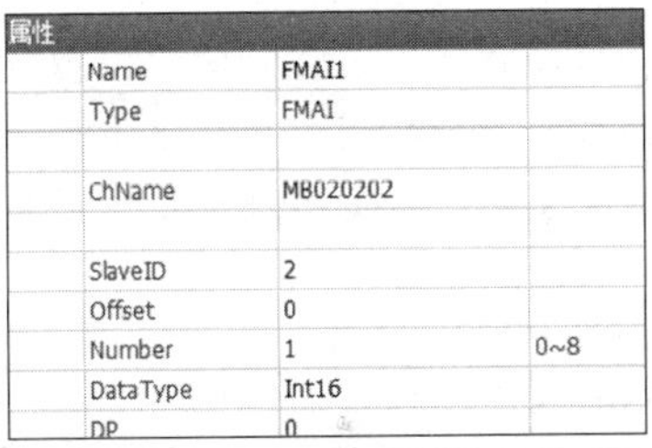 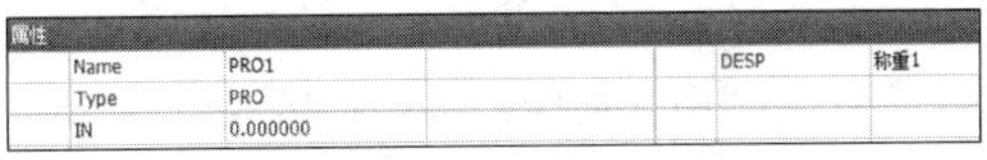  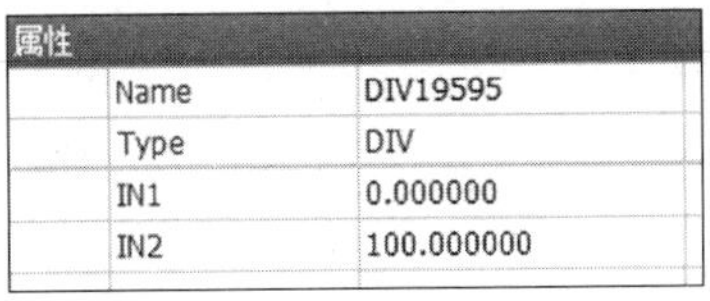 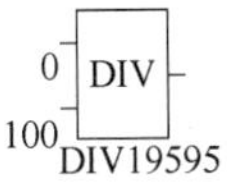 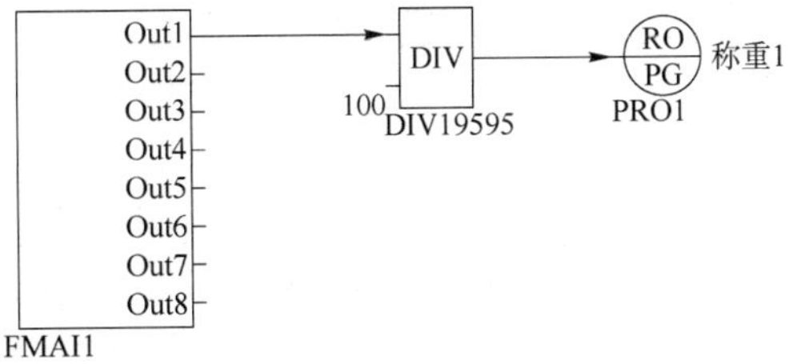

操作步骤及说明	示意图
3）WIQ102 称重传感器 ①从 I/O 模块下拖拽 FMAI 模块至页面中，更改模块属性： ◆ Name：FMAI2； ◆ ChName：MB020202； ◆ SlaveID：3； ◆ Offset：0； ◆ Number：1； ◆ DataType：Int16。 ②在 I/O 模块中拖拽 PRO 模块至页面中，更改 PRO 模块属性： ◆ Name：PRO2； ◆ DESP：称重 2。 ③在数学运算模块中拖拽 DIV 除法模块，在属性窗口中将 DIV 的 IN2 的参数改为 100。 ④将 FMAI 模块的 OUT1 和 DIV 模块的 IN1 连接，将 DIV 模块的 OUT 和 POR1 连接	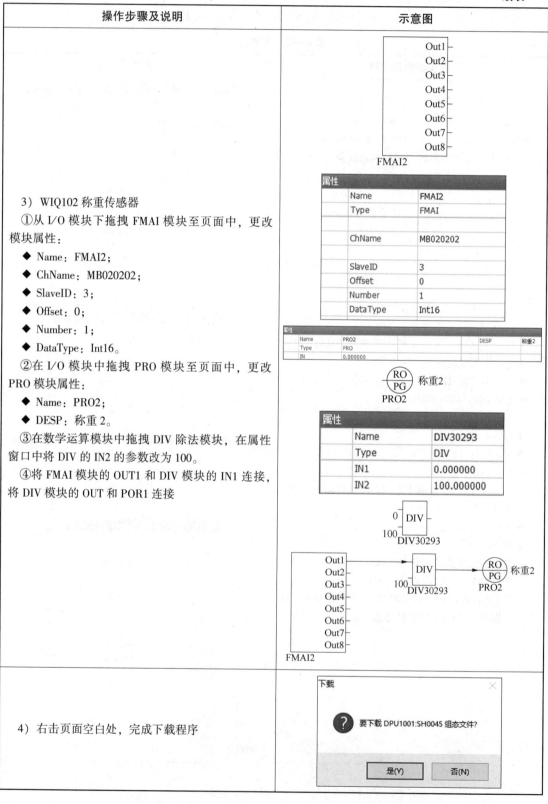
4）右击页面空白处，完成下载程序	

（3）称重传感器画面组态

称重传感器的数值是通过画面组态软件呈现给用户的，具体操作步骤见表4-23。

表4-23 画面组态

操作步骤及说明	示意图
1）添加测点 打开图库，在图库中的模型库下拖拽2个"重量"测点，用于显示两个称重传感器的数值	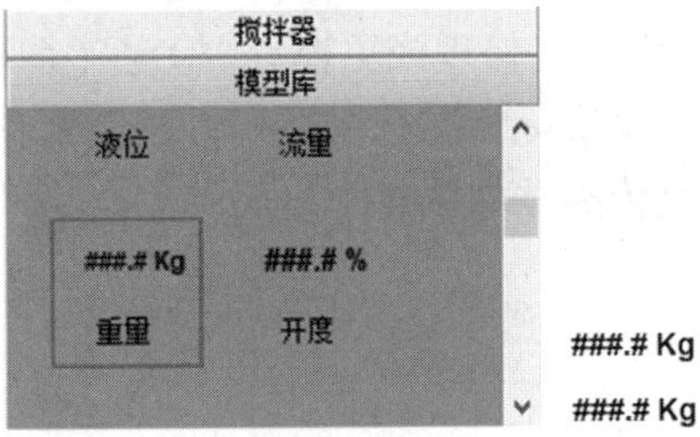
2）绘制文本 单击工具栏的绘制文本 T̄，在测点左侧输入对应的名称，依次为WIQ101称重传感器、WIQ102称重传感器	WIQ101称重传感器　0.00 Kg WIQ102称重传感器　0.00 Kg
3）数据绑定 对两个测点依次操作： 右击测点，单击"别名显示替换"。 更改测点实际名称为： V4：：DPU1001.SH0045.PRO1.IN 和 V4：：DPU1001.SH0045.PRO2.IN	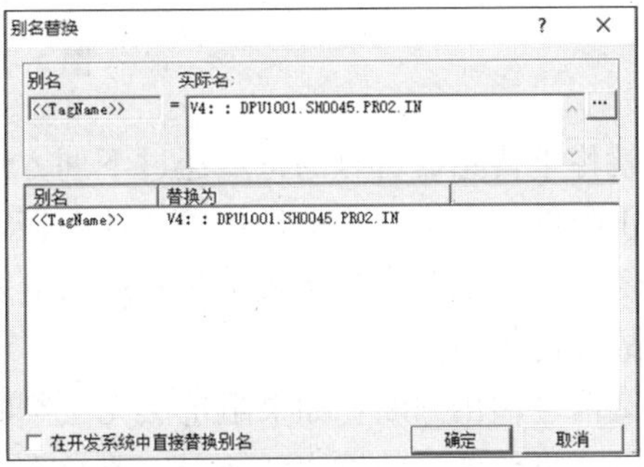
4）更改测点属性 双击测点打开属性窗口，单击打开数据属性，将<<TagName>>.PV 改为<<TagName>>；将数据显示类型下的格式更改为##.##	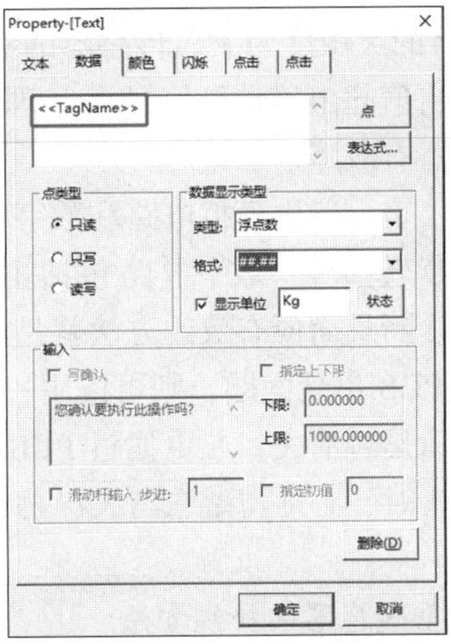
5）保存并运行 单击菜单栏的"保存"按钮。 单击菜单栏"运行"按钮进入称重传感器数据读取状态	WIQ101称重传感器　**0.00 Kg** WIQ102称重传感器　**0.00 Kg**

四、知识拓展

1. 称重传感器的应用及调试

对于称重传感器，故障处理应遵循这样的步骤：

观察（故障观察）—分析（故障原因）—检测（为故障判断提供依据或对判断结果加以验证）—修复（修理或更换）—检定（系统调试后对其计量性能进行测试）。

可根据实际情况选用下列方法判断：直观法、替代法、比较法、插拔法、代码诊断法。

称重传感器如图 4-12 所示。

图 4-12 称重传感器

就称重传感器自身的特点通过下列方法检测、判断和验证：

①阻抗判别法：逐个将传感器的两根输出线、输入线拆掉，用万用表测试输出、输入阻抗和信号电缆各芯线与屏蔽层间的绝缘电阻。如果测试结果达不到合格证上的数值，即可判断为故障传感器。

②信号输出判断：如果阻抗法无法判断传感器的好坏，可用此法做进一步检查。先给仪表通电，将传感器的输出线拆掉。在空秤下用万用表测量其输出值。假设额定激励电压为 U，传感器的灵敏度为 M，传感器的额定载荷 F，那么每个传感器的输出为 UMK/F。如果哪一只的输出值超出该计算值过大（理想情况下不存在偏载时应该相等）或不稳定，即可判断该传感器有故障。

称重仪表一般由模拟电路和数字电路两部分组成。模拟电路包括电源、前置放大器、滤波器、A/D 转换等；数字电路包括主处理器、协处理器、各种存储器、键盘和显示器等。仪表故障诊断最简便有效的方法就是用替代法。首先用模拟器或根据故障判断仪表已损坏。若怀疑是 PCB 出现问题，则可以用一块好的 PCB 板替代。替代后再用模拟变频传感器检查或观察故障是否消失。在更换过 PCB 后，必须按照说明书对相关参数进行设置校准。在使用称重仪表时，必须清楚它与人屏幕、打印机及称重软件的接线方式，查看它们是否与称重仪表匹配。

2. 称重传感器的接线方法

称重传感器的出线方式有四线制和六线制。四线制接线的称重传感器对二次仪表无特殊要求，使用起来比较方便，但当电缆线较长时，容易受环境温度波动等因素的影响；六线制接法的称重传感器要求与之配套使用的二次仪表具备反馈输入接口，使用范围有一定的局限性，但不容易受环境温度波动等因素的影响，在精密测量及长距离测量时具有一定的优势。

称重传感器四线制、六线制的接线图，如图 4-13 和图 4-14 所示。

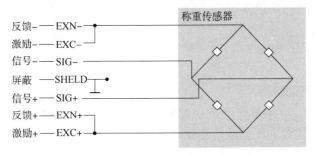

图 4-13 称重传感器四线制接线图

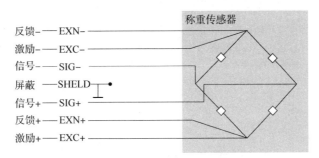

图 4-14 称重传感器六线制接线图

在称重设备中，四线的传感器用得比较多，如果要将六线传感器接到四线传感器的设备上，可以把反馈正和激励正接到一起、反馈负和激励负接到一起。信号线要注意一点：红色和白色在两种类型的传感器上对应的输出信号是不一样的。

五、练习题

1. 简述称重传感器常用参数地址的设置方法。
2. 完成称重传感器的 Logic 页中逻辑算法。
3. 完成称重传感器的数值，通过画面组态软件显示。

任务四 网线的制作与测试

一、学习目标

1. 熟练掌握双绞线的网线制作方法；
2. 掌握剥线/压线钳和普通测试仪的使用方法；
3. 了解双绞线和水晶头的组成结构。

二、任务描述

在此设备上涵盖了多个网络结构，包括实现工程师站与操作员站通信、工程师站与 DCS

控制器通信、工程师站与安全控制模块、工程师站与生产过程可视化平台通信，所以需要网线来完成网络体系中的网络连接。

三、实践操作

1. 知识储备

（1）网线的线序标准及种类

在双绞线标准中，应用最广泛的线序标准是 ANSI/EIA/TIA-568A 和 ANSI/EIA/TIA-568B，这两个标准最主要的不同就是芯线序列的不同，两种网线的线序如图 4-15 所示。

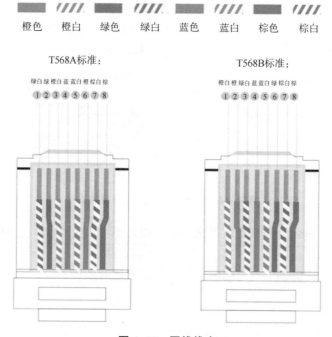

图 4-15　网线线序

EIA/TIA-568A 的线序定义依次为绿白、绿、橙白、蓝、蓝白、橙、棕白、棕，见表 4-24。

表 4-24　EIA/TIA-568A 的线序定义

绿白	绿	橙白	蓝	蓝白	橙	棕白	棕
1	2	3	4	5	6	7	8

EIA/TIA-568B 的线序定义依次为橙白、橙、绿白、蓝、蓝白、绿、棕白、棕，见表 4-25。

表 4-25　EIA/TIA-568B 的线序定义

橙白	橙	绿白	蓝	蓝白	绿	棕白	棕
1	2	3	4	5	6	7	8

网线根据用途分两种：一种是交叉线，一种是直通线。

交叉线的做法是：一端采用 568A 标准，一端采用 568B 标准，如图 4-16 所示。

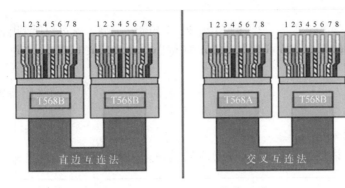

图 4-16 直通线和交叉线的区别

直通线的做法是：两端同为 568A 标准或 568B 标准（一般用 568B 直通线的做法）。

如果连接的双方地位不对等，则使用直通线，例如电脑连接到路由器或交换机；如果连接的两台设备是对等的，则使用交叉线，例如电脑连接到电脑；如果网线两头连接设备对等，网线可作为直通线使用，不过传输的距离比较短。

（2）网线测试仪的使用方法

网线测试仪由主机和副机组成，主机为发射端，副机为接收端。发射端的顶部有两个口，分别用来网络寻线、网络测试、电话寻线，根据实际的情况选择正确的插口才可以。接收端配合发射端进行测线和查线。网线测试仪如图 4-17 所示。

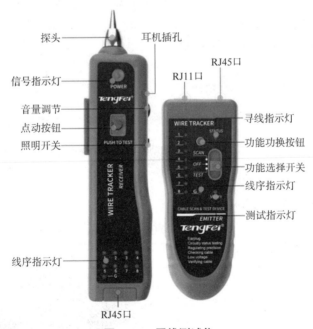

图 4-17 网线测试仪

1）寻线功能

网络寻线：

①把网线一头水晶头插入发射端顶部的"网络寻线"口，并把开关拨到"寻线"状态，

如图 4-18 所示。

②打开接收器端的电源，手持接收器靠近网线的另一端，就可以听到嘀嘀的声音，在网线正常情况下，一般声音最大的那条就是，还可以单独拿出来再测试一下。

电话寻线：

电话线的查找方法是类似的，只需要把一头的水晶头插入"网络测线电话寻线"口就可以了。

2）测线功能

①将网线或电话线水晶头插入对应的测线口，把开关按钮拨到"对线"，如图 4-19 所示。

②把另一端的水晶头插入接收端的网口，就会自动进行扫描测试，两边依次同步亮起。

图 4-18　网络寻线

图 4-19　测线

③如果是直通线，则两边依次且同步亮起顺序为：1、2、3、4、5、6、7、8。如果是交叉线，则两边依次且同步亮起顺序为：3、6、1、4、5、2、7、8。若中途出现有灯未亮起或者顺序不对，则网线未做通，需要重新制作。

（3）制作流程

网线制作的基本步骤如图 4-20 所示。

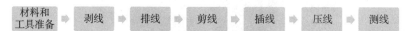

图 4-20　网线制作的基本步骤

2. 任务实施

网线制作的具体步骤，见表 4-26。

表 4-26　网线制作步骤

操作步骤及说明	示意图
1）材料和工具准备 包括网线钳、测试仪、水晶头、网线（双绞线）	

操作步骤及说明	示意图
2）剥线 　　左手拿网线，右手拿网线钳，然后把网线放入网线钳子下部的一个圆槽中，慢慢转动网线和钳子，把网线的绝缘皮割开。注意，此过程中用力要恰到好处，过轻则剪不断绝缘皮；过重则会把里面的网线剪断。一般建议剪断 1.5~2.5 cm。 　　剥开网线后，可以看到 4 组两两缠绕的双绞线	 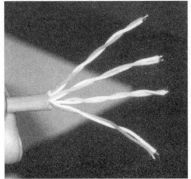
3）排线 　　排线方法按照 T568B 标准。 　　利用左手的食指和大拇指按住绝缘皮的顶部，用右手的食指和大拇指把网线一根根拉直，然后按照 T568B 的线序把顺序排列好	
4）剪线 　　如果芯线留得太长，绝缘皮就不能进入水晶头，造成网线太松，传输数据不稳定；如果芯线留得太短，就会使得网线接触不到弹簧片，造成网线不通，所以建议保留 1~1.5 cm	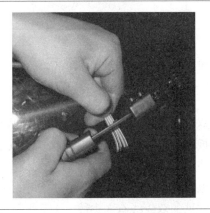

操作步骤及说明	示意图
5）插线 剪线完成后，左手不要松开线，右手拿起水晶头（面向有金属片的一面），将网线慢慢放入水晶头内，要均匀用力，否则会造成串线	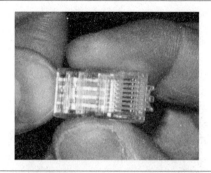
6）压线 把插好的水晶头放入网线钳的专用压线口中，右手慢慢用力，将弹簧片压紧。压完一次后，退出水晶头，重新插入，再次压一次。 注：使用相同方法完成网线另一端的制作	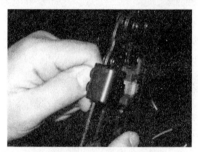
7）测线 网线两头制作完成后，进行测线。将网线一段插入主机的 RJ45 端口，另一端插入副机的 RJ45 端口。将测试仪的开关拨至"对线"；主机和副机的 1~8 指示灯依次相应同时亮起，说明网线制作良好。如果出现有灯不亮或者两端不对应亮起，则需重新制作	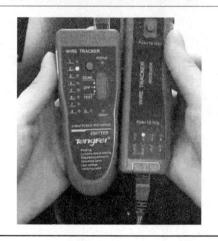

四、知识拓展

1. 双绞线的分类

双绞线（图 4-21）是常用的一种网线，采用了一对互相绝缘的金属导线互相绞合的方式来抵御一部分外界电磁波干扰。双绞线一般由两根 22~26 号绝缘铜导线相互缠绕而成的，实际使用时，双绞线是由多对双绞线一起包在一个绝缘电缆套管里的。典型的双绞线有四对，也有更多对的双绞线放在一个电缆套管里。

常见的双绞线有 3 类线、5 类线和超 5 类线，以及最新的 6 类线。

①3 类线：指目前在 ANSI 和 EIA/TIA568 标准中指定的电缆，该电缆的传输频率为

16 MHz，用于语音传输及最高传输速率为 10 Mb/s 的数据传输，主要用于 10BASE-T。

②5 类线：该类电缆增加了绕线密度，外套一种高质量的绝缘材料，传输率为100 MHz，用于语音传输和最高传输速率为 10 Mb/s 的数据传输，主要用于 100BASE-T 和 10BASE-T 网络。这是最常用的以太网电缆。

③超 5 类线：超 5 类具有衰减小，串扰少，并且具有更高的衰减与串扰的比值（ACR）和信噪比、更小的时延误差，性能得到很大提高。超 5 类线主要用于千兆位以太网（1 000 Mb/s）。

④6 类线：该类电缆的传输频率为 1~250 MHz，六类布线系统在 200 MHz 时综合衰减串扰比（PS-ACR）应该有较大的余量，它提供 2 倍于超五类的带宽。六类布线的传输性能远远高于超五类标准，最适用于传输速率高于 1 Gb/s 的应用。

2. 网线中 8 根线的作用

网线里面的 8 芯线（图 4-22）由 4 对不同颜色绞在一起的传输线组成，见表 4-27。

图 4-21 双绞线

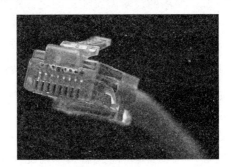

图 4-22 网线头

表 4-27 芯线作用

序号	芯线	作用
1	橙	输出数据（+）
2	橙白	输出数据（−）
3	绿	输入数据（+）
4	绿白	保留网络传输
5	蓝	保留网络传输
6	蓝白	输入数据（−）
7	棕	保留网络传输
8	棕白	保留网络传输

3. 网线的用途

网线作为弱电工程中最常用的信号传输电缆，也是生活中最常用的线缆之一，它的用途也十分广泛。

（1）网线

其实一根网线是可以当作两根网线使用的，而且效果没有任何变化，其中 1236 作为一根，4578 接 1236 当另一根。因为网线的 12 为输出正负，36 为输入正负，4578 只是保留为电话使用。

（2）作电话线使用

从网线的 8 根线芯中取任意两根都是可以用来充当电话线使用的，在电话还未普遍使用的时候，一般都是使用不常用的 7、8 两根线充当电话线，这样一根网线既解决了电脑上网的问题，又省了另外再拉一条电话线。

（3）代替视频线

模拟的摄像头一般都是用视频线传输的，但如果使用网线，也可以达到一样的效果，并且网线可以做到 1 拖 4 甚至是 1 拖 7。

不过，使用网线时需要注意的是，距离较近的情况下选择一般的室内网线即可，但如果距离较远（120 m 以上），就必须使用纯铜材质的室外专用网线。

（4）带高清监控

带高清监控是网线的专用，百万高清的摄像头都会采用网线来带（不过，如果距离过远的话，会使用光纤）。一般一根网线带一个摄像头，也有带两个的，效果应该是一样的。

（5）电源线

这种用途较为少见，一般情况下不用，不过确实是可以在应急或特殊情况下使用。需要注意的是，如果不是应急或者特殊情况，是不建议这么用的。同时，接口必须要处理好，并做好标注说明，避免以后有人维修时发生触电事故。

（6）音频线

在很多时候，安装监控的时候，客户可能会需要采集同步录音，这时候如果手上没有音频线，完全是可以用网线代替的，并且只需要一般的网线，其效果便完全不会比音频线差，足以满足需求。

（7）USB 线

用网线代替 USB 线，质量比普通的 USB 延长线还要好。

（8）跳线焊接

焊接电路板的时候，常常可以用来做跳线焊接。

（9）代替 VGA 线

15 针 VGA 各针脚定义（图 4-23）：1PIN —模拟信号的"红"；2PIN —模拟信号的"绿"；3PIN —模拟信号的"蓝"；4PIN —地址码；5PIN —N/C；6PIN —模拟"红"的接地端；7PIN —模拟"绿"的接地端；8PIN —模拟"蓝"的接地端；9PIN—备用；10PIN —数字接地端；11PIN—地址码；12PIN—地址码；13PIN—行场信号；14PIN —垂直行场信号；15PIN —接地端（屏蔽层）。

（10）串口线

只需要接三根线头即可。主要用于串口的电子屏上，用来传输数据。因为一般现成的串口线都较短。

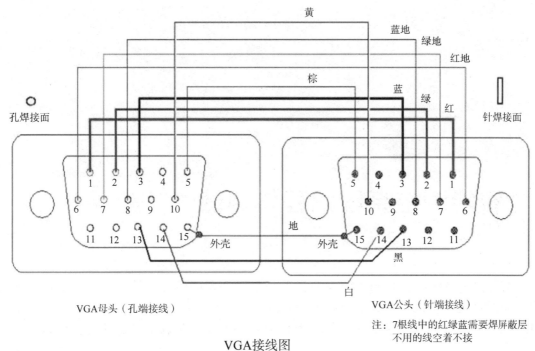

VGA接线图

图4-23　VGA 各针脚定义

五、练习题

1. 网线的线序标准有哪些？分别是如何定义线序的？
2. 简述网线测试仪的使用方法。
3. 简述网线的制作方法。

项目五

智能测控系统编程与调试

智能测控系统编程与调试的主要任务是采用合理的组态、编程方法，实现流程优化、流量配比、精准调节、稳定控制的目标，完成配方模式可预定义配置，实现柔性化、时序化控制和智能自适应性的流程自动化测量反馈与调节控制功能，组态控制参考，如图5-1所示。

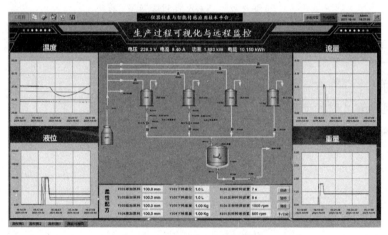

图5-1　组态控制参考图

任务一　联锁控制程序设计

一、学习目标

1. 掌握液位、重量、流量联锁程序设计；
2. 掌握组态画面绘制并将变量绑定在画面相应图元组件上。

二、任务描述

完成以下配方及安全控制程序设计，每个配方分步方案需要有"投运/切除"开关进行控制，实现配方控制方案在"投运"状态下有效，并把"投运/切除"开关画在流程图界面。配方及安全控制程序设计需求表，见表5-1。

表5-1 配方及安全控制程序设计需求表

序号	配方安全控制要求	备注
1	原料1（V101）液位 LIC101/LI101<5 cm 时，关闭出口调节阀 SV102	投运下有效
2	原料3（V103）重量下降 0.5 kg 时，关闭出口电磁阀 SV106	投运下有效
3	原料5（V301）向 2#处理罐（R301）中加料，当 FIQ302 累积流量达到 1 L 时，关闭出口电磁阀 SV305	投运下有效，打印调试曲线图，包含并表示投运开关、累积量、电磁阀 SV305 的运行状态

三、实践操作

（一）知识储备

1. "投运""切除"开关的应用

在 NT6000 系统中，在画面组态界面中的"查看"下拉菜单下将"图库"选中，便可看到所用的图元组件，如图5-2所示。其中，"开关"选项中提供了四种开关按钮形式，如图5-3所示。"投运/切除"开关如图5-3中的开关4。将开关串联在所在的控制回路中便可实现打开时配方控制方案"有效"，切断时配方控制方案"失效"。

2. SIS 联锁与 DCS 联锁动作的区别

SIS 系统和 DCS 系统处于生产装置的不同安全层级，DCS 的联锁属于生产过程中经常使用的开关联锁或设备启动停止联锁，属于正常操作；SIS 的联锁大多与人员及设备的安全联锁有关（尤其是停车联锁），属于 SIS 级别确定严格的故障及事故联锁。两者性质和配置都不相同。安全仪表系统（SIS）与分散控制系统（DCS）在工业生产过程中分别起着不同的作用，如图5-4所示。

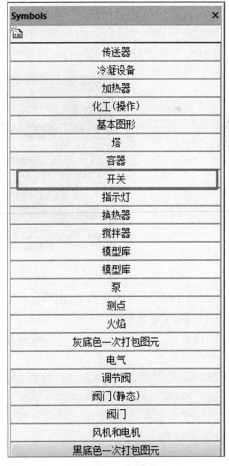

图5-2 库界面

图 5-3　开关组件

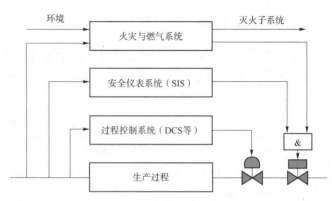

图 5-4　生产装置的安全层次

生产装置从安全角度来讲，可分为三个层次：第一层为生产过程层；第二层为过程控制层；第三层为安全仪表系统停车保护层。生产装置在最初的工程设计、设备选型及安装阶段，都对过程和设备的安全性进行了考虑，因此，装置本身就构成了安全的第一道防线。采用控制系统对过程进行连续动态控制，使装置在设定值下平稳运行，不但生产出各种合格产品，而且将装置的风险又降低了一个等级，是安全的第二道防线。在过程控制层上要设置一套安全仪表系统，对过程进行监测和保护，把发生恶性事故的可能性降到最低，最大限度地保护生产装置和人身安全，避免恶性事故的发生，构成了生产装置最稳固、最关键的最后一道防线。因此，SIS 与 DCS 在生产过程中所起的作用是截然不同的。图 5-5 所示为 DCS 控制室。

图 5-5　DCS 控制室

SIS 与 DCS 是两种功能上不同的系统，SIS 与 DCS 的区别：

（1）DCS 系统

①DCS 用于过程连续测量、常规控制（连续、顺序、间歇等）、操作控制管理，保证生产装置平稳运行。

②DCS 是"动态"系统，它始终对过程变量连续进行监测、运算和控制，对生产过程进行动态控制，确保产品质量和产量。

③DCS 可以进行故障自动显示；DCS 对维修时间的长短和要求不算苛刻；DCS 可进行自动/手动切换。

④DCS 系统只做一般联锁控制、电动机的启停控制、顺序控制等，安全级别要求不像 SIS 那么高。

⑤DCS 系统一般是由人机界面操作站、通信总线及现场控制站组成的，DCS 不含检测执行部分。

⑥为了实现生产过程自动化，操作人员会经常改变 DCS 系统的一些输出动作。

（2）SIS 系统

①SIS 用于监测生产设备的运行状况，对出现异常工况迅速进行处理，使故障发生的可能性降到最低，使人和装置处于安全状态。

②SIS 是静态系统，在正常工况下，它始终监视装置的运行，系统输出不变，对生产过程不产生影响，在异常工况下，它将按着预先设计的策略进行逻辑运算，使生产装置安全停车。

③SIS 必须测试潜在故障；SIS 维修时间非常关键，严重的会造成装置全线停车；SIS 系统永远不允许离线运行，否则生产装置将失去安全保护屏障。

④SIS 与 DCS 相比，在可靠性、可用性上要求更严格，IEC 6150811、ISA S84.01 强烈推荐 SIS 与 DCS 硬件独立设置。

⑤SIS 系统由传感器、逻辑解算器和最终单元三部分组成。

⑥SIS 系统日常是静默的，不会发出动作，只有联锁触发才会动作。

（二）任务实施

1. 液位联锁控制

原料 1（V101）<5 cm 时，关闭出口电磁阀 SV102 并实现投运下有效。

在 Logic 页中完成逻辑算法，具体算法编写步骤见表 5-2。

表 5-2 液位控制算法编写步骤

操作步骤及说明	示意图
1）更改 Logic 页名称 打开 Logic 页面，在 "Logic" 分支下单击 SH0121（可以任意选择一页），打开 Logic 页，并将页面名称改为 "低液位控制"	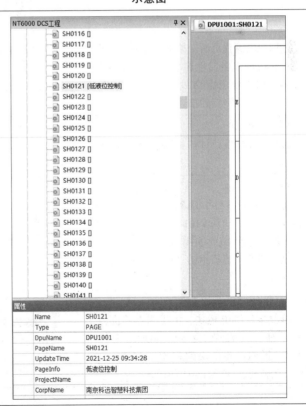

操作步骤及说明	示意图
2）添加"DEVS"模块和"DOUT"模块 在工具箱中的控制算法模块中找到"DEVS"拖动至编程页面，修改模块名称为"DEVS1""DOUT1"，并完成右图所示连接	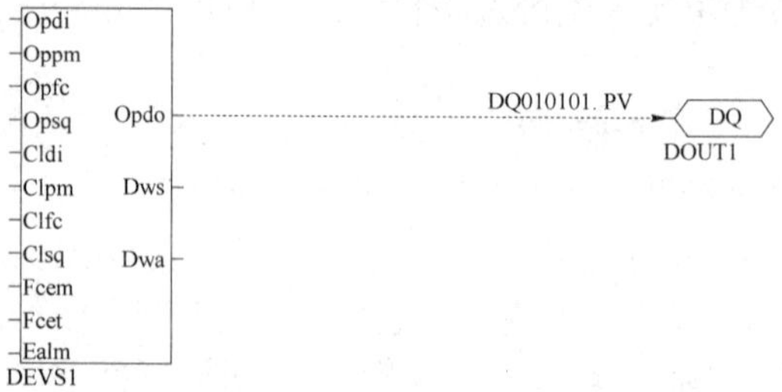
3）添加开、关反馈	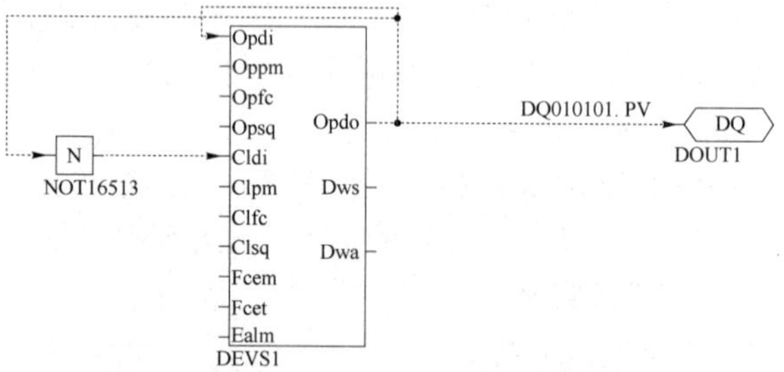
4）绑定 HW 页 SV102 测点 打开组态好的 HW 页（HW 页组态参照项目三），找到 V101 罐出料电磁阀 SV102，选中单元格，单击右键，选择"复制"	
5）绑定变量 返回逻辑编程页面，单击"DOUT"模块，粘贴至弹出属性窗口的"ChName"右侧框内，单击空白处后的"DESP"，会自动显示该测点的描述	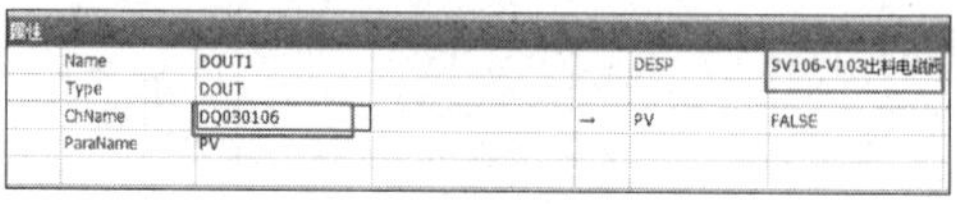
6）添加模块 添加"CMP""AIN"模块，并按右图所示连接	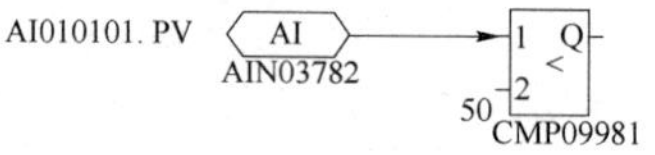
7）测点引用 将 V101 罐液位引用到"AIN"模块，打开 HW 页，找到 V101 罐液位测点名称并复制，返回 Logic 页单击 AIN 模块，粘贴至"属性"窗口中的"ChName"右侧框内	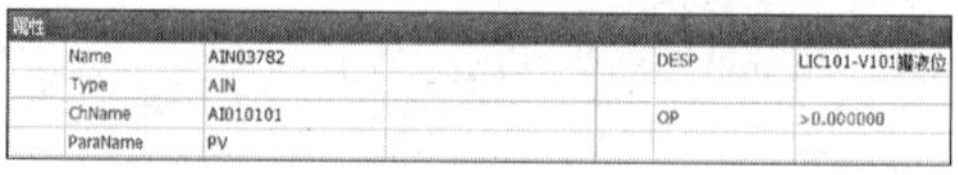
8）修改 CMP 模块参数 单击选中 CMP 模块，由于测点单位为 mm，所以 PV2 改为 50，MODE 选择"<"。说明：此模块的作用是当 PV1< PV2 的值时，OP 输出为 TRUE	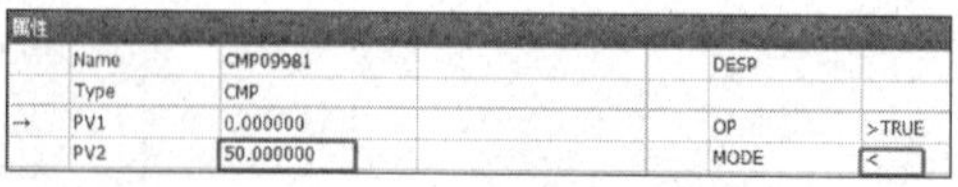

续表

操作步骤及说明	示意图
9）添加 PB 模块和 AND 模块 如右图所示，修改模块名并添加描述	
10）添加开关按钮 先选择一种开关形式拖动到组态画面相应位置，如右图红框内开关。（注：需与 SV102 串联）	
11）绑定变量 单击开关图标，右击，选择"别名替换"，将实际名改为右图名称。单击"确定"按钮，即可完成变量绑定。并完成电磁阀 SV102 的绑定，方法在前面章节已经介绍，在此不再赘述	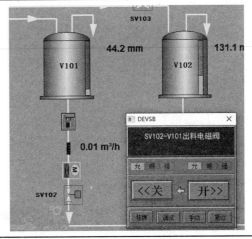
12）监视 在确保 V101 罐液位大于 50 mm 时，将逻辑页打到监视状态，检查程序，并运行画面。在自动状态下打开切投开关，打开 SV102，当液位下降到 50 mm 以后，电磁阀 SV102 自动关闭，实现液位联锁控制	

2. 重量联锁控制

原料 3（V103）质量下降 0.5 kg 时，关闭出口电磁阀 SV106。

在 Logic 页中完成逻辑算法，具体算法编写步骤见表 5-3。

表 5-3　液位控制算法编写步骤

操作步骤及说明	示意图
1）更改 Logic 页名称 打开 Logic 页面，在"Logic"分支下单击 SH0122（可以任意选择一页），打开 Logic 页，将页面名称改为"V103 出料重量控制"	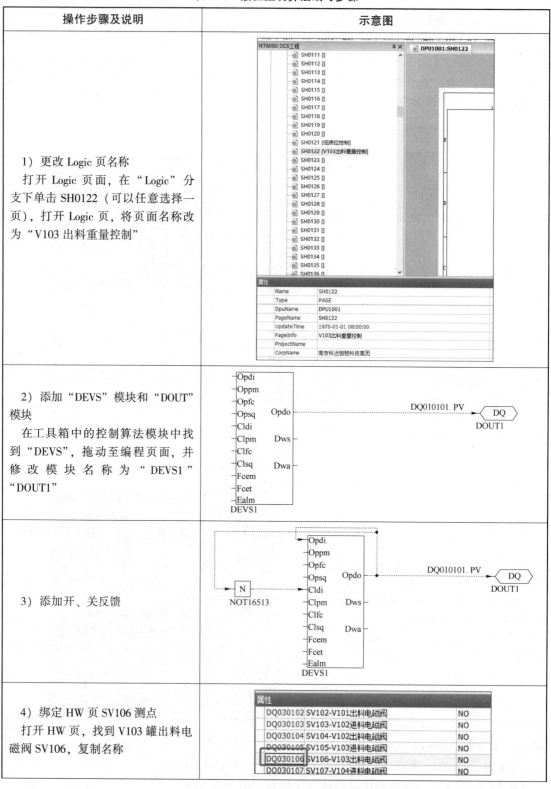
2）添加"DEVS"模块和"DOUT"模块 在工具箱中的控制算法模块中找到"DEVS"，拖动至编程页面，并修改模块名称为"DEVS1""DOUT1"	
3）添加开、关反馈	
4）绑定 HW 页 SV106 测点 打开 HW 页，找到 V103 罐出料电磁阀 SV106，复制名称	

操作步骤及说明	示意图
5）绑定变量 返回逻辑编程页面，单击"DOUT"模块，粘贴至"ChName"右侧框内，单击空白处后，"DESP"会自动显示该测点的描述	
6）添加模块 在 I/O 模块下找到 AI、PB 模块，在逻辑时序模块下找到 AND、PLS、CMP 模块，在数学运算模块下找到 SUB 模块，在特殊功能模块下找到 MASA 模块。将 V103 罐重量引用到"AIN"模块，如右图所示	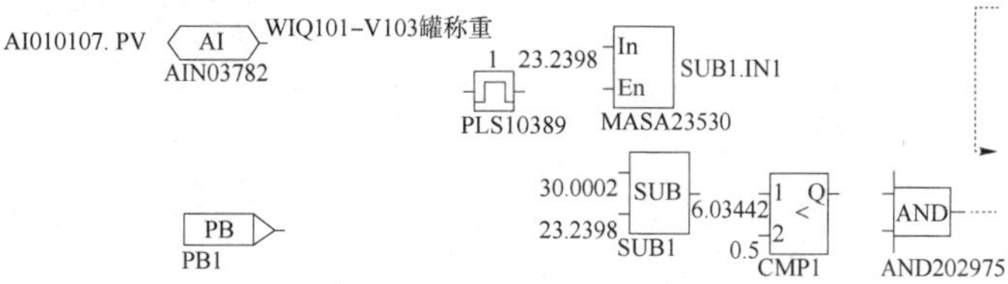
7）绑定变量、更改模块参数 将 PB 模块名改为"PB1"，将 SUB 模块名改为 SUB1	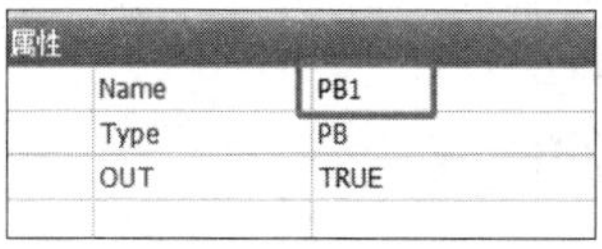 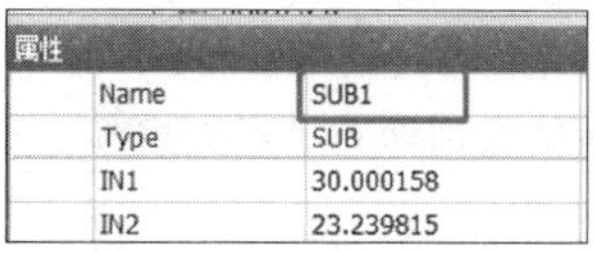
8）修改 MASA 模块参数 更改名称，如右图所示，含义为当使能端 EN 为 TURE 时，将输入口 IN 的值传递给 SUB1 模块的 IN1 端口	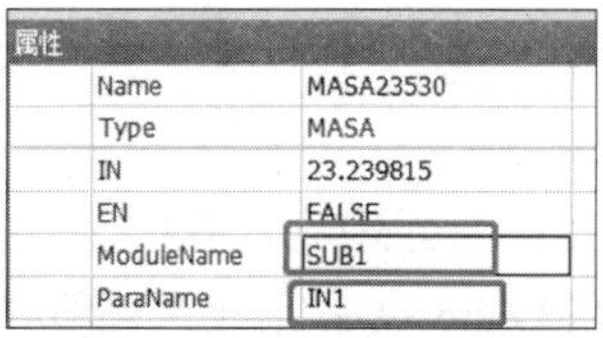
9）更改 CMP、PLS 模块参数 如右图所示，按照任务要求修改 PV2 的参数为 0.5，单位为 kg，将 PLS 模块改为边沿触发	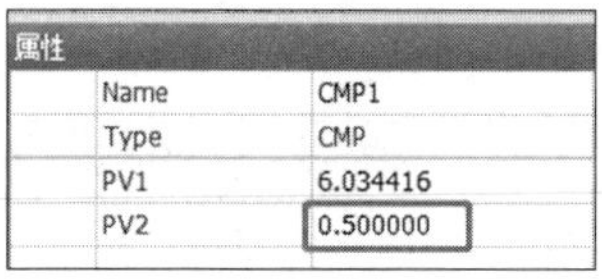 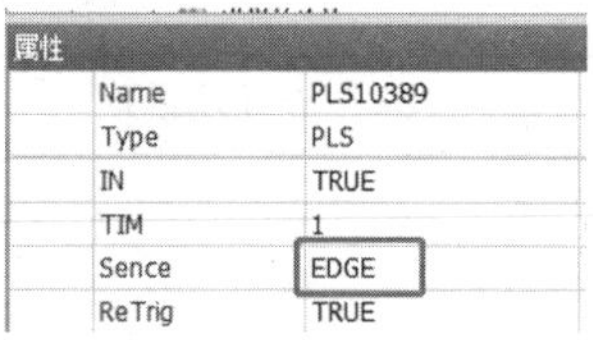
10）连接各模块，如右图所示	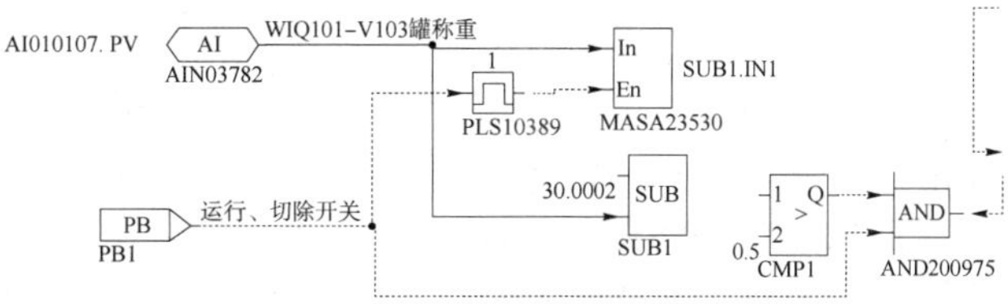
11）将 AND 输出连接至 DEVS1 模块的 Clfc 端口	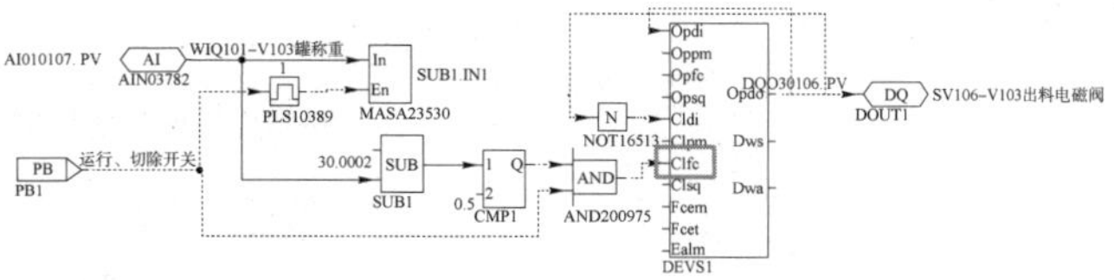

续表

操作步骤及说明	示意图
12）添加开关按钮 打开画面组态界面，先选择一种开关形式拖动到组态画面相应位置	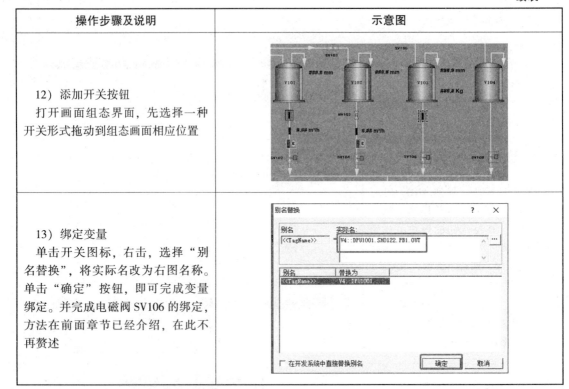
13）绑定变量 单击开关图标，右击，选择"别名替换"，将实际名改为右图名称。单击"确定"按钮，即可完成变量绑定。并完成电磁阀 SV106 的绑定，方法在前面章节已经介绍，在此不再赘述	

3. 流量联锁控制

原料 5（V301）向处理罐（R301）中加料，当 FIQ302 累积流量达到 1 L 时，关闭出口电磁阀 SV305。在 Logic 页中完成逻辑算法，具体算法编写步骤见表 5-4。

表 5-4　液位控制算法编写步骤

操作步骤及说明	示意图
1）更改 Logic 页名称 打开 Logic 页面，在"Logic"分支下单击 SH0123（可以任意选择一页），打开 Logic 页，并将页面名称改为"V301 流量累计"	

续表

操作步骤及说明	示意图
2）添加"DEVS"模块和"DOUT"模块 在工具箱中的控制算法模块中找到"DEVS"，拖动至编程页面，修改模块名称为"DEVS1""DOUT1"，并按右图所示进行连接	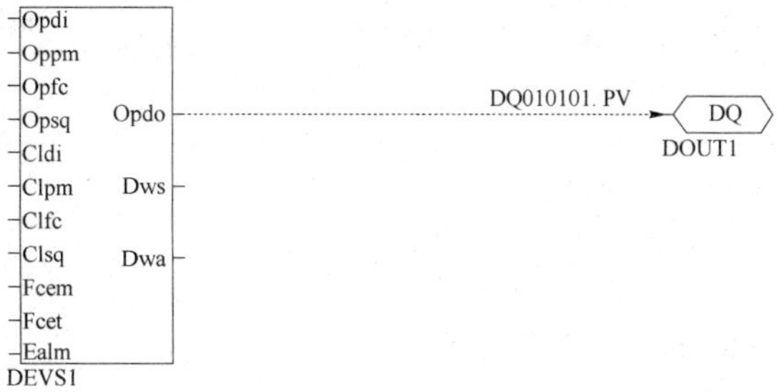
3）添加开、关反馈	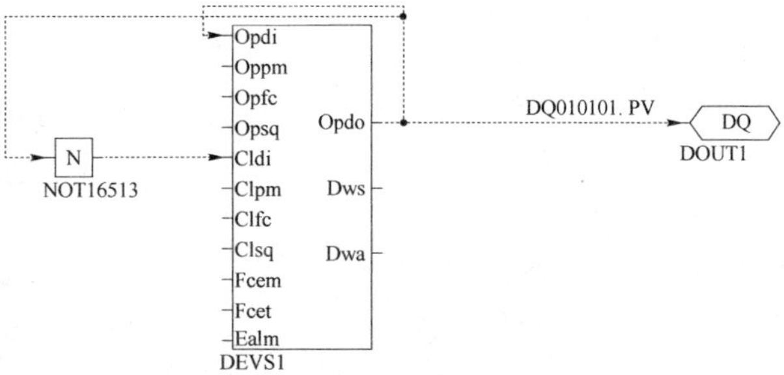
4）绑定 HW 页 SV305 测点 打开 HW 页，找到 V301 罐出料电磁阀 SV305，复制名称	
5）绑定变量 返回逻辑编程页面，单击"DOUT"模块，粘贴至"ChName"右侧框内，单击空白处后，"DESP"会自动显示该测点的描述	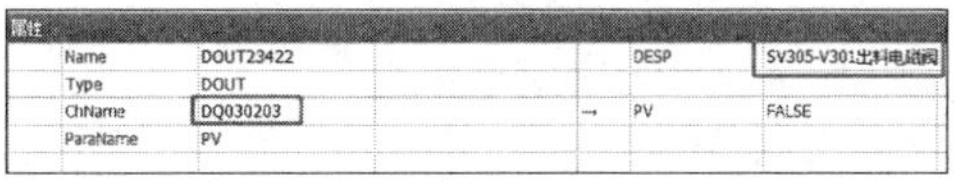
6）添加模块 在工具箱中找到右图所示模块并拖拽至 Logic 页内，按照右图所示进行连接，并修改相应模块名称及参数	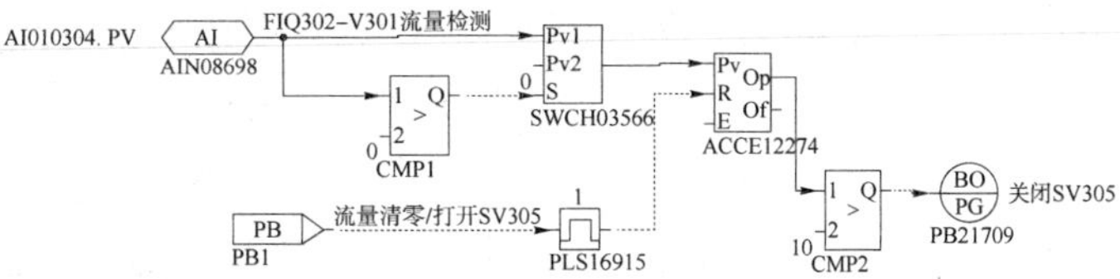
7）绑定变量、更改模块参数 将 V301 罐流量引用到"AIN"模块，将 CMP1 模块的 PV2 改为 0，将 CMP2 模块的 PV2 改为 0.9（任务要求累计 1 L 是为了补偿关闭延时，所以，在累计到 0.9 时，关闭出料电磁阀），将 ACCE 模块的 K 值改为 0.278（测点中的流量单位为 m^3/h，将其转换为 L/s）	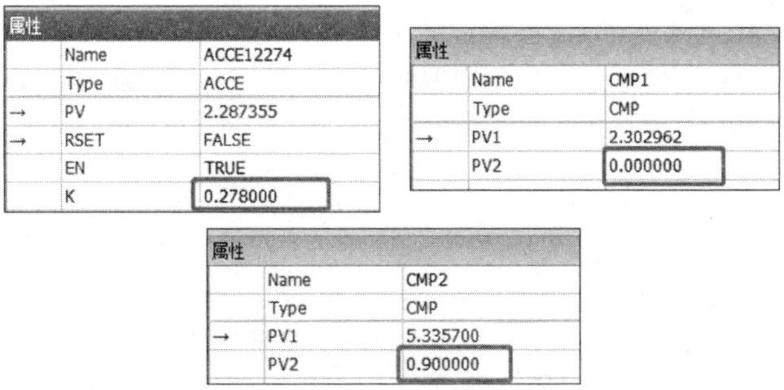

操作步骤及说明	示意图
8）添加开关量寄存模块 PBO 的描述为"关闭 SV305"	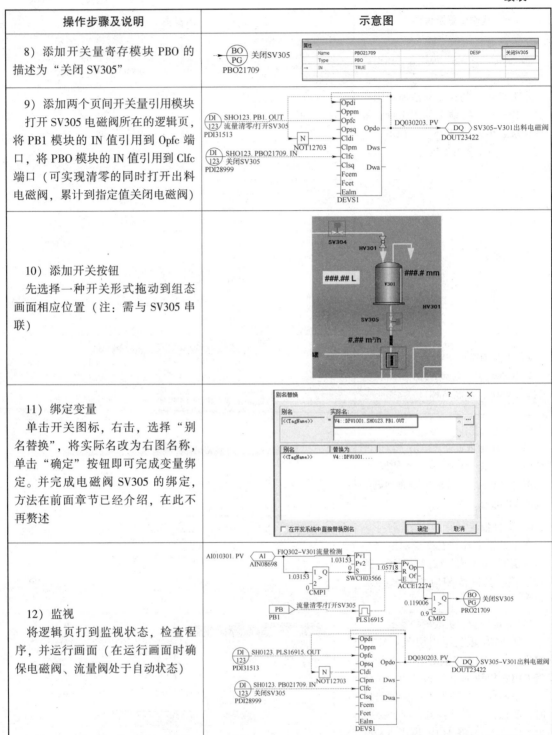
9）添加两个页间开关量引用模块 打开 SV305 电磁阀所在的逻辑页，将 PB1 模块的 IN 值引用到 Opfc 端口，将 PBO 模块的 IN 值引用到 Clfc 端口（可实现清零的同时打开出料电磁阀，累计到指定值关闭电磁阀）	
10）添加开关按钮 先选择一种开关形式拖动到组态画面相应位置（注：需与 SV305 串联）	
11）绑定变量 单击开关图标，右击，选择"别名替换"，将实际名改为右图名称，单击"确定"按钮即可完成变量绑定。并完成电磁阀 SV305 的绑定，方法在前面章节已经介绍，在此不再赘述	
12）监视 将逻辑页打到监视状态，检查程序，并运行画面（在运行画面时确保电磁阀、流量阀处于自动状态）	

流量累计曲线打印步骤见表 5-5。

表 5-5 流量累计曲线打印

操作步骤及说明	示意图
1）打开集成开发环境	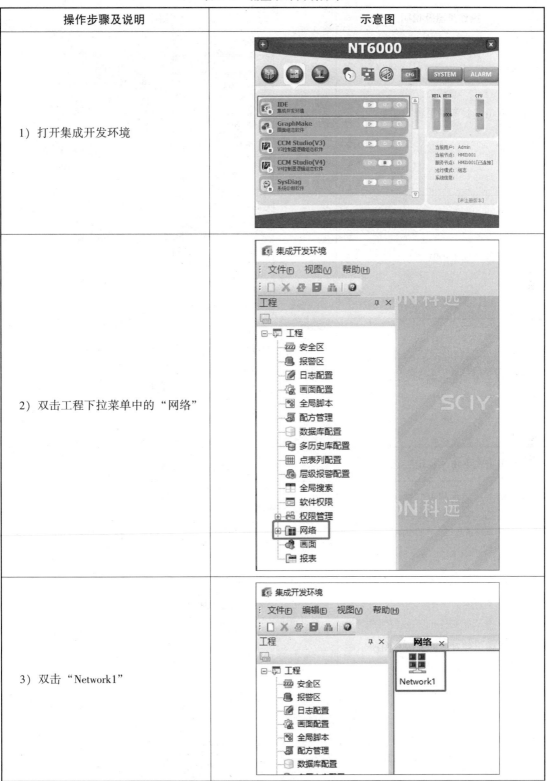
2）双击工程下拉菜单中的"网络"	
3）双击"Network1"	

操作步骤及说明	示意图
4）双击"控制器"	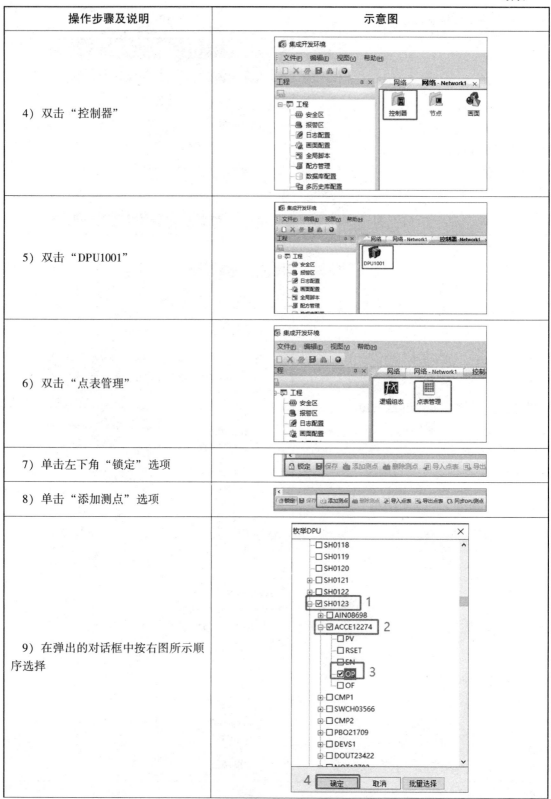
5）双击"DPU1001"	
6）双击"点表管理"	
7）单击左下角"锁定"选项	
8）单击"添加测点"选项	
9）在弹出的对话框中按右图所示顺序选择	

续表

操作步骤及说明	示意图
10）依次单击"保存"→"锁定"按钮，退出集成开发环境	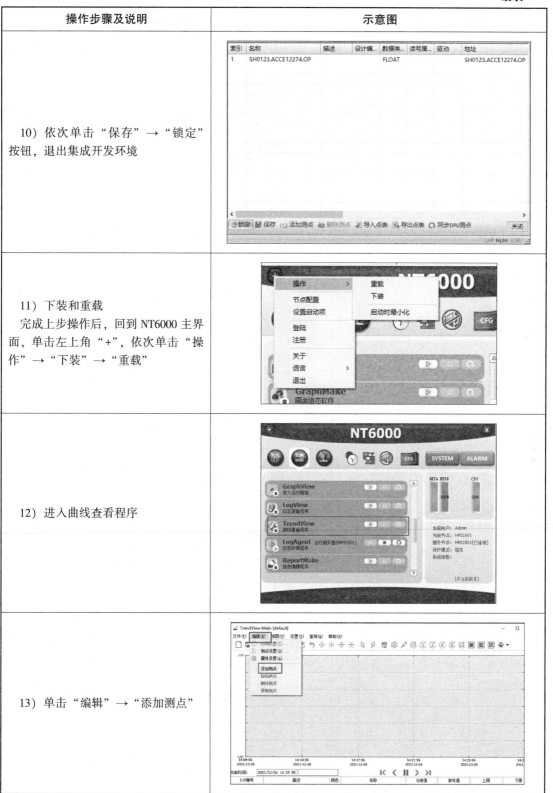
11）下装和重载 完成上步操作后，回到 NT6000 主界面，单击左上角"+"，依次单击"操作"→"下装"→"重载"	
12）进入曲线查看程序	
13）单击"编辑"→"添加测点"	

续表

操作步骤及说明	示意图
14）依次单击右图所示按钮，添加测点	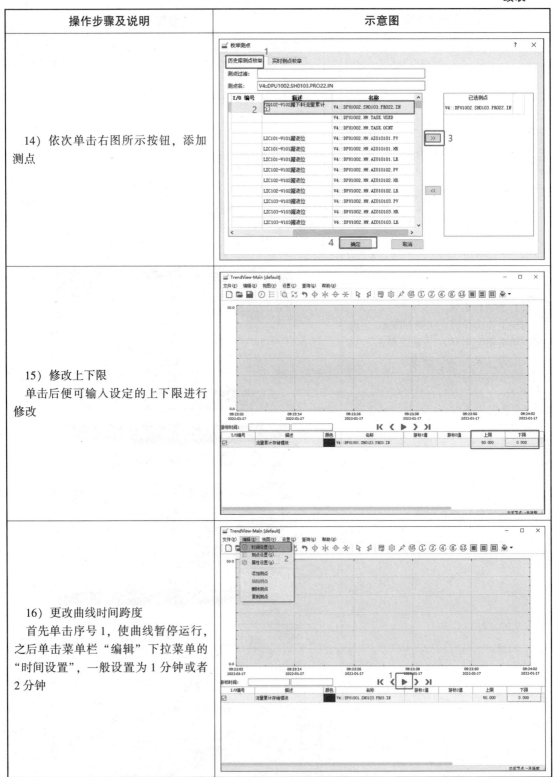
15）修改上下限 单击后便可输入设定的上下限进行修改	
16）更改曲线时间跨度 首先单击序号1，使曲线暂停运行，之后单击菜单栏"编辑"下拉菜单的"时间设置"，一般设置为1分钟或者2分钟	

操作步骤及说明	示意图
17）流量累计参考图如右图所示	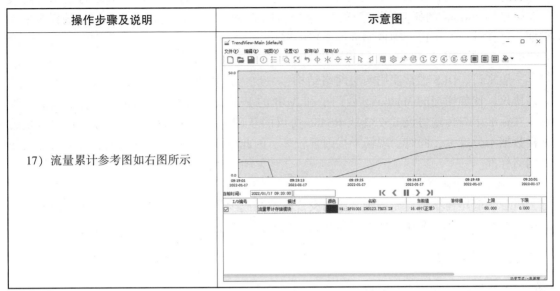

四、知识拓展

DCS 与 PLC 的区别

1. 从发展的方向来说

DCS 从传统的仪表盘监控系统发展而来，因此，DCS 从先天性来说较侧重于仪表的控制，比如 YOKOGAWA CS3000，DCS 系统甚至没有 PID 数量的限制（PID 比例微分积分算法，是调节阀、变频器闭环控制的标准算法，通常 PID 的数量决定了可以使用的调节阀数量）。PLC 从传统的继电器回路发展而来的，最初的 PLC 甚至没有模拟量的处理能力，因此，PLC 从开始强调的就是逻辑运算能力。

2. 从系统的可扩展性和兼容性的方面来说

市场上控制类产品繁多，无论是 DCS 还是 PLC，均有很多厂商在生产销售。对于 PLC 系统来说，一般没有或者很少有扩展的需求，因为 PLC 系统一般针对设备来使用。一般来讲，PLC 也很少有兼容性的要求，比如两个或以上的系统要求资源共享，对于 PLC 来讲也是很困难的事。而且 PLC 一般都采用专用的网络结构，比如西门子的 MPI 总线性网络，甚至增加一台操作员站都不容易或成本很高。

3. 从数据库来说

DCS 一般都提供统一的数据库，在 DCS 系统中，一旦一个数据存在于数据库中，就可以在任何情况下引用，比如在组态软件中、在监控软件中、在趋势图里、在报表中，PLC 系统的数据库通常都不是统一的，组态软件和监控软件甚至归档软件都有自己的数据库。西门子 S7-400 系列 PLC 要达到 S7-414 以上才能被称为 DCS，因为西门子的 PCS7 系统才使用统一的数据库，而 PCS7 要求的控制器至少为 S7414-3 以上的型号。

4. 从时间调度上来说

PLC 的程序一般不能按事先设定的循环周期运行。PLC 程序使从头到尾执行一次后又从头开始执行（现在一些新型 PLC 有所改进，不过对任务周期的数量还是有限制），而 DCS

可以设定任务周期，比如，快速任务等。同样是传感器的采样，压力传感器的变化时间很短，可以用200 ms的任务周期采样，而温度传感器的滞后时间很大，可以用2 s的任务采样周期。这样，DCS可以合理地调度控制器的资源。

5. 从网络结构方面来说

一般来讲，DCS惯常使用两层网络结构，一层为过程级网络，大部分DCS使用自己的总线协议，比如横河的Modbus、西门子和ABB的Profibus、ABB的Canbus等，这些协议均建立在标准串口传输协议RS232或RS485协议的基础上。现场I/O模块，特别是模拟量的采样数据十分庞大，同时，现场干扰因素较多，因此应该采用数据吞吐量大、抗干扰能力强的网络标准。

6. 从应用对象的规模上来说

PLC一般用在小型自控场所，比如设备的控制或少量的模拟量的控制及联锁，而大型的应用一般都是DCS。习惯上把大于600点的系统称为DCS，小于这个规模叫作PLC。

五、练习题

1. SIS与DCS两种系统从网络结构方面来说有哪些不同？
2. 通过编程实现V102罐和V103罐的液位联锁控制。

任务二　PID控制方案设计和算法编写

一、学习目标

1. 掌握单回路液位PID控制方案设计及算法编写方法；
2. 掌握双回路定比值PID控制程序编写方法，掌握实时数据采集及曲线打印方法。

二、任务描述

1. 在DCS算法中用功能块图建立V101罐液位控制程序段，使液位自动稳定在设定值（参考值180 mm），当手动调整液位时，通过实时曲线记录阶跃变化并打印液位调节过程曲线。

2. 在DCS算法中用功能块图建立V101罐和V102罐口流量控制的程序段，并完成内部程序编写，实现流程控制及数据采集，使两罐量值稳定在一定比值，并打印流量调节过程曲线。

三、实践操作

（一）知识储备

1. PID模块介绍

（1）模块图形符号（图5-6）

（2）模块属性（图5-7）

（3）PID运算模块参数说明（表5-6）

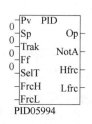

图5-6　模块图形符号

属性						
	Name	PID05994		DESP		
	Type	PID				
	PV	0.000000		OP	>0.000000	
	SP	0.000000		NOTA	>FALSE	
	TRAK	0.000000		HFRC	>FALSE	
	FF	0.000000		LFRC	>FALSE	
	SELT	FALSE				
	FRCH	FALSE		HROP	100.000000	
	FRCL	FALSE		LROP	0.000000	
				HLOP	100.000000	
	EQUB	0.000000		LLOP	0.000000	
	HRSP	100.000000				
	LRSP	0.000000		SELS	FALSE	
	HLSP	100.000000		SELB	FALSE	
	LLSP	0.000000				
	XP	0.000000		SEPB	0.000000	
	TI	0.000000	Secs	TI-E	0.000000	
	TD	0.000000	Secs	TI-D	0.000000	
	INV	FALSE		TI-M	0.000000	Secs

图 5-7　模块属性

表 5-6　PID 运算模块参数说明

参数名称	参数描述	参数属性			默认值	单位/范围
		值类型	功能	连接性		
PV	测量值	real	input	Con/set/link-in	0.0	LRSP ~ HRSP
SP	设定值	real	input	Con/set/link-in	0.0	LRSP ~ HRSP
TRAK	跟踪值	real	input	Con/set/link-in	0.0	LRSP ~ HRSP
FF	前馈值	real	input	Con/set/link-in	0.0	specifiable
SELT	选择跟踪	boolean	input	Con/set/link-in	FALSE	FASLE/TRUE
FRCH	强制高限	boolean	input	Con/set/link-in	FALSE	FASLE/TRUE
FRCL	强制低限	boolean	input	Con/set/link-in	FALSE	FASLE/TRUE
EQUB	等于带	real	property	Con/set/no-link	0.0	非负数
HRSP	输入值量程上限	real	property	Con/set/no-link	0.0	specifiable
LRSP	输入值量程下限	real	property	Con/set/no-link	0.0	specifiable
HLSP	输入值高限值	real	property	Con/set/no-link	0.0	LRSP ~ HRSP
LLSP	输入值低限值	real	property	Con/set/no-link	0.0	LRSP ~ HRSP
XP	比例系数	real	property	Con/set/no-link	0.0	specifiable
TI	积分时间常数	real	property	Con/set/no-link	0.0	Secs/非负数
TD	微分时间常数	real	property	Con/set/no-link	0.0	Secs/非负数

参数名称	参数描述	参数属性			默认值	单位/范围
		值类型	功能	连接性		
INV	PID 方向取反信号	boolean	property	Con/set/no-link	FALSE	FALSE/TRUE
HROP	输出值量程上限	real	property	Con/set/no-link	0.0	specifiable
LROP	输出值量程下限	real	property	Con/set/no-link	0.0	specifiable
HLOP	输出值高限值	real	property	Con/set/no-link	0.0	LROP~HROP
LLOP	输出值低限值	real	property	Con/set/no-link	0.0	LROP~HROP
SELS	选择积分分离	boolean	property	no-con/set/no-link	FALSE	FALSE/TRUE
SELB	选择智能积分	boolean	property	no-con/set/no-link	FALSE	FALSE/TRUE
SEPB	积分分离限值	real	property	no-con/set/no-link	0.0	非负数
TI-E	小偏差积分值	real	property	no-con/set/no-link	0.0	Secs/非负数
TI-D	积分发散积分值	real	property	no-con/set/no-link	0.0	Secs/非负数
TI-M	最大积分时间	real	property	no-con/set/no-link	0.0	Secs/非负数
OP	模块的输出值	real	output	Con/no-set/link-out	0.0	LROP~HROP
NOTA	非自动模式	boolean	output	Con/no-set/link-out	FALSE	FALSE/TRUE
HFRC	输出超高限	boolean	output	Con/no-set/link-out	FALSE	FALSE/TRUE
LFRC	输出超低限	boolean	output	Con/no-set/link-out	FALSE	FALSE/TRUE

（4）模块说明

根据工业过程控制的实际需要，PID 算法模块集成了多种基本的控制功能，因此较为复杂。主要可以分为以下四种控制作用（以下是按优先级由高到低顺序排列）：

1）手动置值

手动置值的优先级最高。

所有模块的输出都可被置离线，从而方便手动置值进行调试。PID 算法模块延续了这一功能，带来的好处是显而易见的。输出可以根据工程人员的需要进行任意的置值，而不仅仅局限于高限、低限以及跟踪值三个值。当然，由此带来的弊端也是很显然的：将输出置离线之后，再进行手动置值，此时的输出脱离了模块输出的高低限的限制。因此，在工程人员手动置值时，务必要注意这一点。

2）强制高限或低限

强制高限或低限，就是让输出 OP 直接等于其高限值或者低限值。

强制高限或低限的优先级仅次于模块的手动置值作用。其中，置高限比置低限的优先级高。因此，在强制低限值时，务必首先确认强制高限 FRCH 指令为 FALSE。

另外，这里强制高限或低限的优先级高于强制跟踪的优先级，主要是因为强制高限或低限通常是较为紧急的状态。紧急状态的优先级当然要高于其他情况。

3）强制跟踪

强制跟踪就是让输出 OP 在其高低限范围内跟踪 TRAK 的输入值。强制跟踪的优先级为第三，次于手动置值及强制高限或低限。

4）根据偏差进行 PID 控制作用的计算和调节输出

根据偏差进行 PID 控制作用的计算和调节输出是 PID 算法模块最基本的功能，也是优先级最低的功能。这种模式下，模块算法分两种情况，详述如下。

①当偏差绝对值大于等于死区时，其控制作用的计算公式为：

$$OP(n) = OP(n-1) + \{Kp * [error(n) - error(n-1)] + Ki * error(n) + Kd * \qquad (5.1)$$
$$[error(n) - 2 * error(n-1) + error(n-2)]\} * (HROP - LROP)$$

若加入前馈作用，则运算公式为：

$$OP(n) = OP(n-1) + \{Kp * [error(n) - error(n-1)] + Ki * error(n) + Kd *$$
$$[error(n) - 2 * error(n-1) + error(n-2)]\} * (HROP - LROP) + [FF(n) - FF(n-1)] \quad (5.2)$$

式中，偏差均为相对偏差，即根据 HRSP 和 LRSP 进行了规范化处理，并且有

$$Kp = XP; Ki = Kp * Ts/TI; Kd = Kp * TD/Ts; \qquad (5.3)$$

式中，Ts 为采样周期，即 DPU 页面运算周期。

②当偏差绝对值小于死区时，其计算公式如下所示：

$$OP(n) = OP(n-1) + [FF(n) - FF(n-1)] \qquad (5.4)$$

根据工业控制过程的特点，该模块还附加了带积分参数优化功能，用于 PID 控制中实现智能积分和积分分离功能。其逻辑关系分别为：

1）只选择积分分离功能时

当 PID 的 PV 与 SP 偏差的绝对值超过积分分离限值时，输出的积分时间为预先设定的输出最大的积分时间 TI-M，否则（偏差的绝对值小于等于积分分离限值），输出的积分时间为小偏差积分时间 TI-E。

2）只选择智能积分功能时

当 PID 的 PV 与 SP 偏差的绝对值不断增大时，输出的积分时间为预先设定的偏差发散的积分时间 TI-D，否则（PV 与 SP 偏差的绝对值不断减小或者不变），输出最大的积分时间 TI-M。

3）同时选择智能积分功能和积分分离功能时

①当 PID 的 PV 与 SP 偏差的绝对值超过积分分离限值且偏差不断增大时，输出的积分时间为预先设定的偏差发散积分时间 TI-D。

②当 PID 的 PV 与 SP 偏差的绝对值超过积分分离限值且偏差不断减小或者不变时，输出的积分时间为预先设定的最大的积分时间 TI-M。

③当 PID 的 PV 与 SP 偏差的绝对值小于等于积分分离限值时，输出的积分时间为预先设定的小偏差积分时间 TI-E。

此外，模块中等于带 EQUB、积分分离限值 SEPB 以及前馈值 FF 都是以实际参数的量程为准，而不是控制运算中的百分比。这一点在使用中符合工程人员的习惯。

控制参数 XP 是比例系数，而不是比例带。TI 和 TD 分别为积分时间常数和微分时间常数，而不是积分系数和微分系数。模块中各个积分和微分时间常数均要为非负数。若某积分时间常数为非正数或者微分时间常数为非正数，则控制作用中不包含积分作用或者微分作用。

变量 INV 是设置是否将控制作用取反。INV 为 FALSE 时表示反作用，常见的热工控制

过程都是反作用控制。INV 为 TRUE 时表示正作用。正作用与反作用的偏差计算方法不同，如下所示：

$$e(k_0) = PV-SP(正作用\ INV=TRUE)$$

$$e(k_0) = SP-PV(反作用\ INV=FALSE)$$

式中，偏差为绝对偏差，而不是相对偏差。

输出中，NOTA 表示是否处于自动状态；TRUE 表示非自动状态，即不是处于上面的第四种功能状态；FALSE 表示自动状态，即处于第四种功能状态；HFRC 和 LFRC 表示是否处于强制高限或者强制低限状态。

在众多的中间参数中，HR、LR 表示某变量量程的高值和低值；HL、LL 表示某变量的高限和低限。使用时须注意区分。

此外，模块中的各时间常数或者积分分离限值等定义在正数范围内的变量，若被设置成负数值，则模块运算将其视为 0 对待。

2. PIDA 模块介绍

（1）模块图形符号如图 5-8 所示，模块属性如图 5-9 所示。

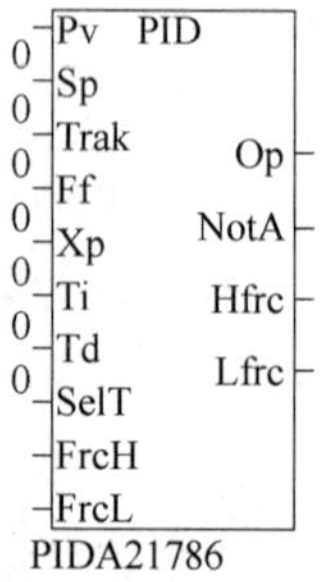

图 5-8 模块图形符号

属性					
Name	PIDA21786		DESP		
Type	PIDA				
PV	0.000000		OP	>0.000000	
SP	0.000000		NOTA	>FALSE	
TRAK	0.000000		HFRC	>FALSE	
FF	0.000000		LFRC	>FALSE	
SELT	FALSE				
FRCH	FALSE		HROP	100.000000	
FRCL	FALSE		LROP	0.000000	
			HLOP	100.000000	
EQUB	0.000000		LLOP	0.000000	
HRSP	100.000000				
LRSP	0.000000		SELS	FALSE	
HLSP	100.000000		SELB	FALSE	
LLSP	0.000000				
XP	0.000000		SEPB	0.000000	
TI	0.000000	Secs	TI-E	0.000000	
TD	0.000000	Secs	TI-D	0.000000	
INV	FALSE		TI-M	0.000000	Secs

图 5-9 PIDA 模块属性

（2）增强型 PID 运算模块参数说明见表 5-7。

表 5-7 增强型 PID 运算模块参数说明

参数名称	参数描述	参数属性			默认值	单位/范围
		值类型	功能	连接性		
PV	测量值	real	input	con/set/link-in	0.0	LRSP ~ HRSP
SP	设定值	real	input	con/set/link-in	0.0	LRSP ~ HRSP

参数名称	参数描述	参数属性			默认值	单位/范围
		值类型	功能	连接性		
TRAK	跟踪值	real	input	con/set/link-in	0.0	LRSP～HRSP
FF	前馈值	real	input	con/set/link-in	0.0	specifiable
XP	比例系数	real	input	con/set/link-in	0.0	specifiable
TI	积分时间常数	real	input	con/set/link-in	0.0	Secs
TD	微分时间常数	real	input	con/set/link-in	0.0	Secs
SELT	选择跟踪	boolean	input	con/set/link-in	FALSE	FALSE/TRUE
FRCH	强制高限	boolean	input	con/set/link-in	FALSE	FALSE/TRUE
FRCL	强制低限	boolean	input	con/set/link-in	FALSE	FALSE/TRUE
EQUB	等于带	real	property	con/set/no-link	0.0	非负数
HRSP	输入值量程上限	real	property	con/set/no-link	0.0	specifiable
LRSP	输入值量程下限	real	property	con/set/no-link	0.0	specifiable
HLSP	输入值高限值	real	property	con/set/no-link	0.0	LROP～HROP
LLSP	输入值低限值	real	property	con/set/no-link	0.0	LROP～HROP
INV	PID方向取反信号	boolean	property	con/set/no-link	FALSE	FALSE/TRUE
HROP	输出值量程上限	real	property	con/set/no-link	0.0	specifiable
LROP	输出值量程下限	real	property	con/set/no-link	0.0	specifiable
HLOP	输出值高限值	real	property	con/set/no-link	0.0	LROP～HROP
LLOP	输出值低限值	real	property	con/set/no-link	0.0	LROP～HROP
SELS	选择积分分离	boolean		no-con/set/no-link	FALSE	FALSE/TRUE
SELB	选择智能积分	boolean	property	no-con/set/no-link	FALSE	FALSE/TRUE
SEPB	积分分离值	real	property	no-con/set/no-link	0.0	非负数
TI-E	小偏差积分值	real	property	no-con/set/no-link	0.0	Secs
TI-D	积分发散积分值	real	property	no-con/set/no-link	0.0	Secs
TI-M	最大的积分时间	real	property	no-con/set/no-link	0.0	Secs
OP	模块的输出值	real	output	con/no/set/link-out	0.0	LROP～HROP
NOTA	非自动模式	boolean	output	con/no/set/link-out	FALSE	FALSE/TRUE
HFRC	输出超高限	boolean	output	con/no/set/link-out	FALSE	FALSE/TRUE
LFRC	输出超低限	boolean	output	con/no/set/link-out	FALSE	FALSE/TRUE

（3）模块说明

该模块与 PID 运算模块的主要区别在于，将 XP、TI、TD 三个参数作为模块的输入引脚，而模块的逻辑和算法与 PID 运算模块完全相同。

（二）任务实施

1. 液位调节任务描述

DCS 算法中用功能块图建立 V101 罐液位控制的程序段，使液位自动稳定在设定值 180 mm，当手动调整液位时，实时曲线记录阶跃变化并打印液位调节过程曲线。

2. 液位调节逻辑算法

在 HW 页面中完成电力装置的参数配置后，需要在 Logic 页中完成逻辑算法，具体算法编写步骤见表 5-8。

表 5-8　液位调节逻辑算法编写步骤

操作步骤及说明	示意图
1）更改 Logic 页名称 打开 Logic 页面，在"Logic"分支下单击"SH0070"（可以任意选择一页），并将页面名称改为"液位 PID 调节"	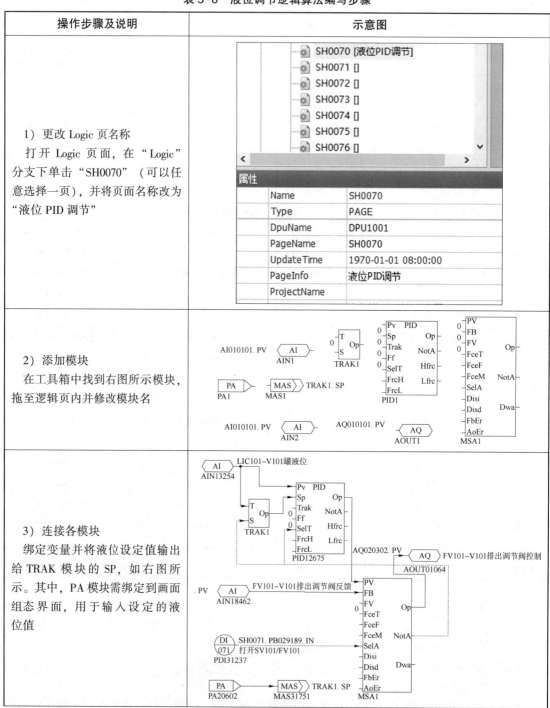
2）添加模块 在工具箱中找到右图所示模块，拖至逻辑页内并修改模块名	
3）连接各模块 绑定变量并将液位设定值输出给 TRAK 模块的 SP，如右图所示。其中，PA 模块需绑定到画面组态界面，用于输入设定的液位值	

续表

操作步骤及说明	示意图
4）设定 PID 参数 需要设定红框内参数，右图为参考值，具体可根据实测进行调整	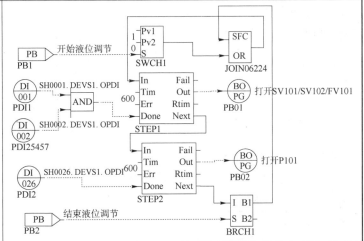
5）循环程序编写 打开新逻辑页，编写循环程序，按右图所示进行连接，在此之前完成 SV101、SV102 及 P101 单体的程序编写并将变量引用到相应逻辑页	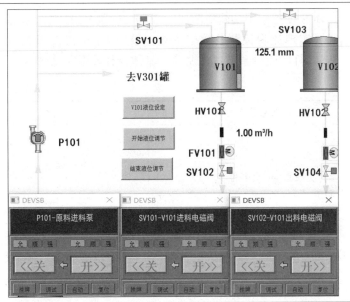
6）编辑画面组态页面 将上面步骤中的液位设定、开始液位调节和结束液位调节命令绑定到画面的两个按钮上，完成编写后上机进行测试，打开 R101 罐出料手阀，确认电磁阀和泵都在自动状态，启动程序进行测试	

操作步骤及说明	示意图
7) 设定液位,阶跃变化曲线 完成测点表的添加之后,可在图元绘制工具栏中找到曲线模块,在画面中进行大小框选,随后双击该曲线打开曲线配置,将画布配置中的画布名称改为"V101 液位",然后单击"Y轴配置"选项卡,选中第一条曲线,单击"修改"按钮,单击名称后面的"…",打开 V4-DPU1001-HW-AI010105,然后双击右侧的 PV 值,确定即可	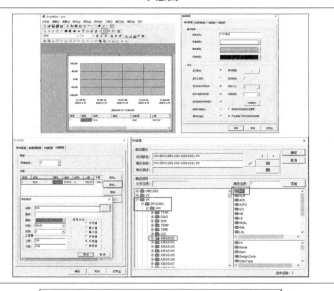
8) 参考曲线 在自动状态下打开画面组态界面进行液位监视并查看曲线	

3. 流量调节任务描述

DCS 算法中用功能块图建立 V101 罐和 V102 罐口流量控制的程序段,并完成内部程序编写,实现流程控制及数据采集,设定 V101 罐流量为 0.2 m^3/h,使两罐量值稳定在 1:1.5,并打印流量调节过程曲线。具体操作步骤见表 5-9。

表 5-9　流量比例调节逻辑算法

操作步骤及说明	示意图
1) 更改 Logic 页名称 打开 Logic 页面,在"Logic"分支下单击 SH0071(可以任意选择一页),并将页面名称改为"罐流量PID 调节"	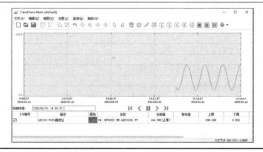

续表

操作步骤及说明	示意图
2）添加模块 在工具箱中找到右图所示模块，拖至逻辑页内并修改模块名	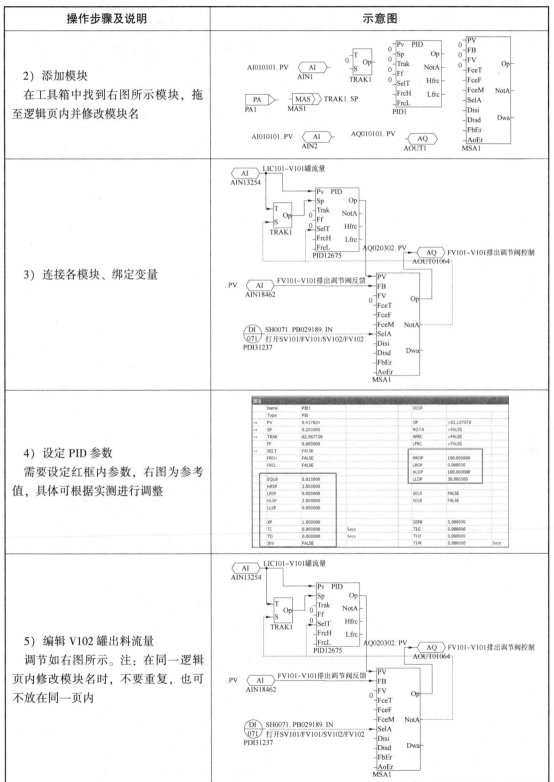
3）连接各模块、绑定变量	
4）设定 PID 参数 需要设定红框内参数，右图为参考值，具体可根据实测进行调整	
5）编辑 V102 罐出料流量 调节如右图所示。注：在同一逻辑页内修改模块名时，不要重复，也可不放在同一页内	

操作步骤及说明	示意图
6）比例设定 　　为使两罐流量稳定在一定比值内，添加乘法模块并设定参数，如右图所示，要求比值设定为 1∶1.5	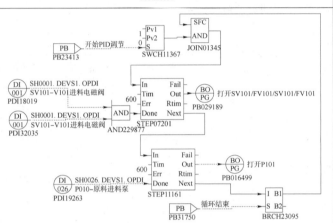
7）自动调节程序 　　完成程序段编写后上机进行测试，打开 R101 罐出料手阀，在自动状态下启动程序进行测试	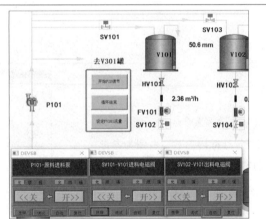
8）画面组态 　　打开画面组态软件，在编辑好的柔性配料系统画面添加"开始 PID 调节""循环结束""设定 V101 流量"三个按钮，并将程序中同名变量绑定到画面的按钮上。运行画面，确保阀和泵在自动状态，监视运行情况	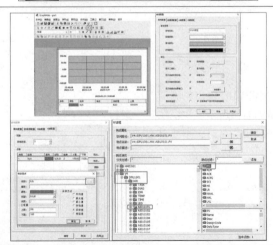
9）添加曲线 　　完成测点表的添加之后，可在图元绘制工具栏中找到曲线模块，在画面中进行大小框选，随后双击该曲线打开"曲线配置"对话框，将画布配置中的画布名称改为"V101 流量"，然后打开"Y 轴配置"选项卡，选中第一条曲线，单击"修改"按钮，单击名称后面的"…"，打开 V4－DPU1001－HW－AI010101，然后双击右侧的 PV 值，确定即可。同理，添加 V102 流量曲线	

续表

操作步骤及说明	示意图
10）参考曲线图 右图为 1∶1 的流量调节曲线	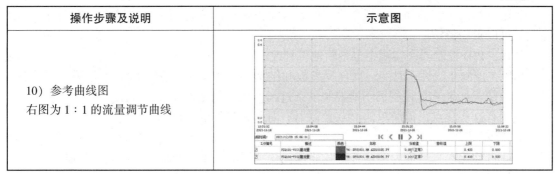

四、知识拓展

PID 控制

当今的闭环自动控制技术都是基于反馈的概念以减少不确定性。反馈理论的要素包括三个部分：测量、比较和执行。测量关键的是被控变量的实际值，与期望值相比较，用这个偏差来纠正系统的响应，执行调节控制。在工程实际中，应用最为广泛的调节器控制规律为比例、积分、微分控制，简称 PID 控制，又称 PID 调节。

PID 控制器（比例-积分-微分控制器）是一个在工业控制应用中常见的反馈回路部件，由比例单元 P、积分单元 I 和微分单元 D 组成。PID 控制的基础是比例控制；积分控制可消除稳态误差，但可能增加超调；微分控制可加快大惯性系统响应速度以及减弱超调趋势。

这个理论和应用的关键是，做出正确的测量和比较后，如何才能更好地纠正系统。

PID（比例（proportion）、积分（integral）、微分（differential））控制器作为最早实用化的控制器已有近百年历史，现在仍然是应用最广泛的工业控制器。PID 控制器简单易懂，使用中不需精确的系统模型等先决条件，因而成为应用最为广泛的控制器。

1. 含义

PID 控制器由比例单元（P）、积分单元（I）和微分单元（D）组成。其输入 $e(t)$ 与输出 $u(t)$ 的关系为：

$$u(t) = \mathrm{Kp}\left[e(t) + 1/\mathrm{TI}\int e(t)\,\mathrm{d}t + \mathrm{TD}*\mathrm{d}e(t)/\mathrm{d}t\right]$$

式中，积分的上下限分别是 t 和 0。

因此，它的传递函数为：

$$G(s) = U(s)/E(s) = \mathrm{Kp}[1+1/(\mathrm{TI}*s)+\mathrm{TD}*s]$$

其中，Kp 为比例系数；TI 为积分时间常数；TD 为微分时间常数。

2. 用途

它由于用途广泛、使用灵活，已有系列化产品，使用中只需设定三个参数（Kp、TI 和 TD）即可。在很多情况下，并不一定需要全部三个单元，可以取其中的 1~2 个单元，但比例控制单元是必不可少的。

首先，PID 应用范围广。虽然很多工业过程是非线性或时变的，但通过对其简化可以变成基本线性和动态特性不随时间变化的系统，这样 PID 就可控制了。

其次，PID 参数较易整定。也就是说，PID 参数 Kp、TI 和 TD 可以根据过程的动态特性及时整定。如果过程的动态特性变化，例如可能由负载的变化引起系统动态特性变化，PID 参数就可以重新整定。

最后，PID 控制器在实践中也不断地得到改进。

PID 在控制非线性、时变、耦合及参数和结构不确定的复杂过程时，工作得不是太好。最重要的是，如果 PID 控制器不能控制复杂过程，无论怎么调参数都没用。

虽然有这些缺点，但简单的 PID 控制器有时却是最好的控制器。

3. 意义

工业自动化水平已成为衡量各行各业现代化水平的一个重要标志。同时，控制理论的发展也经历了古典控制理论、现代控制理论和智能控制理论三个阶段。自动控制系统可分为开环控制系统和闭环控制系统。一个控制系统包括控制器、传感器、变送器、执行机构、输入输出接口。控制器的输出经过输出接口、执行机构，加到被控系统上；控制系统的被控量，经过传感器、变送器，通过输入接口送到控制器。不同的控制系统，其传感器、变送器、执行机构是不一样的。比如压力控制系统要采用压力传感器，电加热控制系统的传感器是温度传感器。PID 控制及其控制器或智能 PID 控制器已经很多，产品已在工程实际中得到了广泛的应用，有各种各样的 PID 控制器产品，各大公司均开发了具有 PID 参数自整定功能的智能调节器（intelligent regulator），其中 PID 控制器参数的自动调整是通过智能化调整或自校正、自适应算法来实现。有利用 PID 控制实现的压力、温度、流量、液位控制器，能实现 PID 控制功能的可编程控制器（PLC），还有可实现 PID 控制的 PC 系统等。可编程控制器（PLC）是利用其闭环控制模块来实现 PID 控制，而可编程控制器（PLC）可以直接与 ControlNet 相连，还有可以实现 PID 控制功能的控制器，它可以直接与 ControlNet 相连，利用网络来实现其远程控制功能。

4. 系统分类

1）开环控制

开环控制系统（open-loop control system）是指被控对象的输出（被控制量）对控制器（controller）的输入没有影响。在这种控制系统中，不依赖将被控量返送回来以形成任何闭环回路。

2）闭环控制

闭环控制系统（closed-loop control system）是指被控对象的输出（被控制量）会反送回来影响控制器的输入，形成一个或多个闭环。闭环控制系统有正反馈和负反馈，若反馈信号与系统给定值信号相反，则称为负反馈（Negative Feedback）；若极性相同，则称为正反馈，一般闭环控制系统均采用负反馈，又称负反馈控制系统。闭环控制系统的例子很多。比如人就是一个具有负反馈的闭环控制系统，眼睛便是传感器，充当反馈，人体系统能通过不断的修正，最后做出各种正确的动作。如果没有眼睛，就没有了反馈回路，也就成了一个开环控制系统。另外，如果一台真正的全自动洗衣机具有能连续检查衣物是否洗净，并在洗净之后能自动切断电源，它就是一个闭环控制系统。

5. 调节方法

PID 是工业生产中最常用的一种控制方式，PID 调节仪表也是工业控制中最常用的仪表之一，PID 适用于需要进行高精度测量控制的系统，可根据被控对象自动演算出最佳 PID 控制参数。

PID 参数自整定控制仪可选择外给定（或阀位）控制功能。可取代伺服放大器直接驱动执行机构（如阀门等）。PID 外给定（或阀位）控制仪可自动跟随外部给定值（或阀位反馈值）进行控制输出（模拟量控制输出或继电器正转、反转控制输出）。可实现自动/手动无扰动切换。手动切换至自动时，采用逼近法计算，以实现手动/自动的平稳切换。PID 外给定（或阀位）控制仪可同时显示测量信号及阀位反馈信号。

PID 光柱显示控制仪集数字仪表与模拟仪表于一体，可对测量值及控制目标值进行数字量显示（双 LED 数码显示），并同时对测量值及控制目标值进行相对模拟量显示（双光柱显示），显示方式为双 LED 数码显示+双光柱模拟量显示，使测量值的显示更为清晰直观。

PID 参数自整定控制仪可随意改变仪表的输入信号类型。采用最新无跳线技术，只需设定仪表内部参数，即可将仪表从一种输入信号改为另一种输入信号。

PID 参数自整定控制仪可选择带有一路模拟量控制输出（或开关量控制输出、继电器和可控硅正转、反转控制）及一路模拟量变送输出，可适用于各种测量控制场合。

PID 参数自整定控制仪支持多机通信，具有多种标准串行双向通信功能，可选择多种通信方式，如 RS-232、RS-485、RS-422 等，通信波特率为 300~9 600 b/s 的仪表内部参数自由设定；可与各种带串行输入输出的设备（如电脑、可编程控制器、PLC 等）进行通信，构成管理系统。

6. 原理

PID 控制器就是根据系统的误差，利用比例、积分、微分计算出控制量进行控制的。

（1）比例（P）控制

比例控制是一种最简单的控制方式。其控制器的输出与输入误差信号成比例关系。当仅有比例控制时，系统输出存在稳态误差。

（2）积分（I）控制

在积分控制中，控制器的输出与输入误差信号的积分成正比关系。对一个自动控制系统，如果在进入稳态后存在稳态误差，则称这个控制系统是有稳态误差的或简称有差系统。为了消除稳态误差，在控制器中必须引入"积分项"。积分项的误差取决于时间的积分，随着时间的增加，积分项会增大。这样，即便误差很小，积分项也会随着时间的增加而加大，它推动控制器的输出增大，使稳态误差进一步减小，直到等于零。因此，比例+积分（PI）控制器可以使系统在进入稳态后无稳态误差。

（3）微分（D）控制

在微分控制中，控制器的输出与输入误差信号的微分（即误差的变化率）成正比关系。自动控制系统在克服误差的调节过程中可能会出现振荡甚至失稳。其原因是存在较大惯性组件（环节）或滞后（delay）组件，具有抑制误差的作用，其变化总是落后于误差的变化。解决的办法是使抑制误差的作用的变化"超前"，即在误差接近零时，抑制误差的作用就应该是零。这就是说，在控制器中仅引入"比例"项往往是不够的，比例项的作用仅是放大误差的幅值，而需要增加的是"微分项"，它能预测误差变化的趋势，这样，具有比例+微分的控制器，就能够提前使抑制误差的控制作用等于零，甚至为负值，从而避免了被控量的严重超调。所以，对有较大惯性或滞后的被控对象，比例+微分（PD）控制器能改善系统在调节过程中的动态特性。

7. 参数整定

PID 控制器的参数整定是控制系统设计的核心内容。它是根据被控过程的特性确定 PID

控制器的比例系数、积分时间和微分时间的大小。

PID 控制器参数整定的方法很多，概括起来有两大类：一是理论计算整定法。它主要是依据系统的数学模型，经过理论计算确定控制器参数。这种方法得到的计算数据未必可以直接用，还必须通过工程实际进行调整和修改。二是工程整定方法，它主要依赖工程经验，直接在控制系统的试验中进行，并且方法简单、易于掌握，在工程实际中被广泛采用。

PID 控制器参数的工程整定方法，主要有临界比例法、反应曲线法和衰减法。三种方法各有其特点，其共同点都是通过试验，然后按照工程经验公式对控制器参数进行整定。但无论采用哪一种方法，所得到的控制器参数都需要在实际运行中进行最后调整与完善。一般采用的是临界比例法。

利用该方法进行 PID 控制器参数的整定步骤如下：

①首先预选择一个足够短的采样周期让系统工作；

②仅加入比例控制环节，直到系统对输入的阶跃响应出现临界振荡，记下这时的比例放大系数和临界振荡周期；

③在一定的控制度下通过公式计算得到 PID 控制器的参数。

五、练习题

1. 通过编程实现 V101 罐出料 2 L 的流量累计并打印累计曲线。

2. PID 控制器参数的工程整定方法的步骤是什么？

任务三　配方系统与工序系统逻辑编程

一、学习目标

1. 掌握配方管理及逻辑编程方法；

2. 掌握单步控制及顺序控制程序编写方法；

3. 掌握温度控制程序编写方法；

4. 掌握原料切除程序编写方法。

二、任务描述

根据产品配方进行自动柔性化生产，能单步操作及连续运行。实现四种原料任意切除一种或者两种的自动控制，并能按照要求实现温度控制。

三、实践操作

（一）知识储备

根据工艺要求绘制工艺流程图

1. 产品柔性化配料系统工艺

以精细化工领域流程为工艺背景，通过 4 路进料线路投料进入反应釜进行配料，各进料线路通过称重计量的方式控制加料配比，并得到次级产品。

产品的制备流程、配料系统流程如图 5-10 所示。

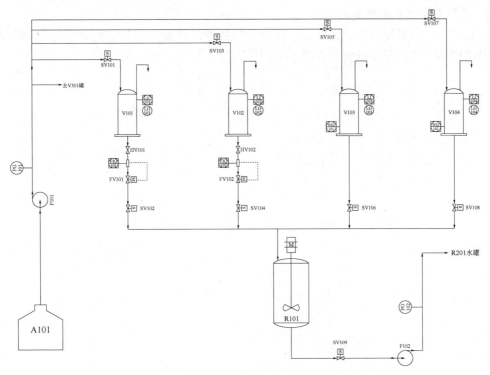

图 5-10　产品的制备流程、配料系统流程

2. 产品柔性化深加工系统工艺

以精细化工领域流程为工艺背景，通过配料后，将混合原料进行加热反应，冷却后得到产出产品。

产品柔性化深加工系统的制备流程如图 5-11 所示。

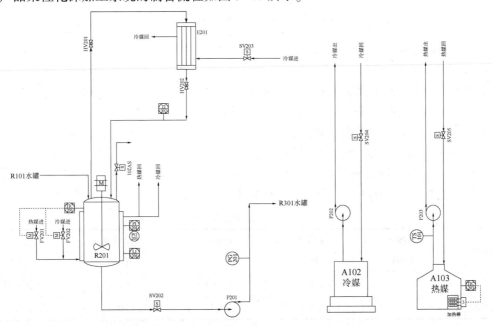

图 5-11　产品柔性化深加工系统的制备流程

3. 产品柔性化后处理系统工艺

以精细化工领域流程为工艺背景，反应得到的中间产品经过搅拌冷却后进行精制处理，得到最终产品。其产品制备流程如图5-12所示。

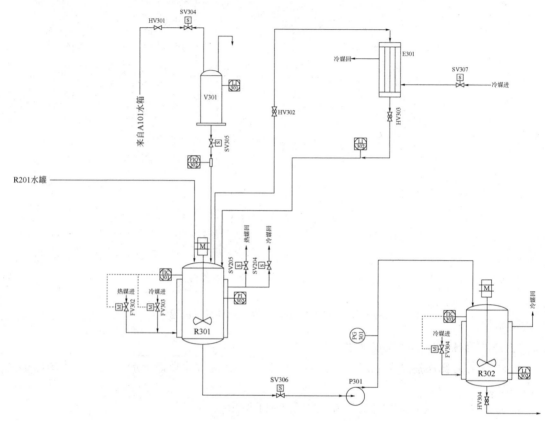

图5-12 产品柔性化后处理系统流程

（二）任务实施

1. 点动及单步运行

手动模式下进行点动控制，通过五个独立的"启动"按钮，分别能对②～⑥五个流程进行独立控制，每个流程只单击一次"启动"按钮。

①在手动模式下，能够通过单击水泵或者电磁阀，手动控制水泵或者电磁阀的开关。

②按照配方表5-10中的初始液位要求，完成原料储罐V101、原料储罐V102、原料储罐V103、原料储罐V104的液体注入。其中，原料1、2采用流量控制，原料3、4采用质量控制。按照配料组合完成柔性配料系统、深加工、后处理系统工艺流程的控制。

表5-10 产品柔性化配料表

序号	原料1（V101）	原料2（V102）	原料3（V103）	原料4（V104）	储罐（V301）
初始液位/mm	150±10	150±10	150±10	150±10	150±10
配方	（1±0.1）L	（1.2±0.1）L	（1±0.1）kg	（1.3±0.1）kg	（100±10）mm

③根据表 5-10 中的配方将不同的液体分别加入混合罐中进行混合，并对罐中的液体按照表 5-11 的工艺进行搅拌。

表 5-11 加工与后处理工艺表

序号	混合罐（R101）		深加工罐（R201）		后处理罐（R301）		后处理罐（R302）	
转向	正	反	正	反	正	反	正	反
速度/(r·min⁻¹)	800	1 000	1 600	1 800	1 200	1 250	1 100	1 000
时间/s	8	7	15	10	12	10	8	10

④将混合罐中的液体输送到深加工罐，并对深加工罐中的液体按照表 5-11 的工艺进行搅拌。

⑤将深加工罐中的液体输送到后处理罐 R301，同时根据表 5-10 中的配方进行储罐 V301 的上料，将其中的液体输送到后处理罐 R301，并对储罐中的液体按照表 5-12 的工艺进行搅拌。

⑥将后处理罐 R301 中的液体输送到后处理罐 R302，并对储罐中的液体进行搅拌。

a. 柔性生产流程在点动控制操作时，程序编写步骤见表 5-12。

表 5-12 点动操作控制程序

操作步骤及说明	示意图
1）HW 页组态 HW 页完成组态并编辑完成电动机、电能表及称重传感器通信的参数配置，界面如图所示（详细步骤参照项目三）	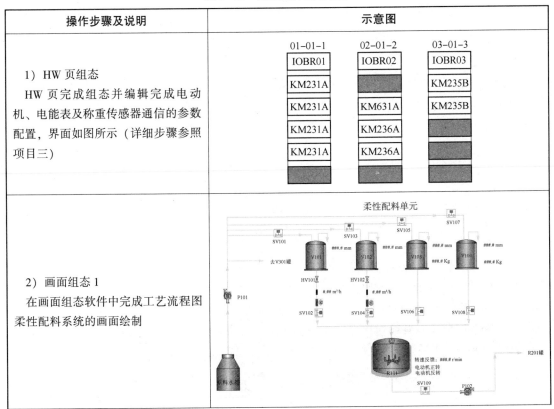
2）画面组态 1 在画面组态软件中完成工艺流程图柔性配料系统的画面绘制	

续表

操作步骤及说明	示意图
3）画面组态 2 在画面组态软件中完成工艺流程图柔性深加工系统画面绘制	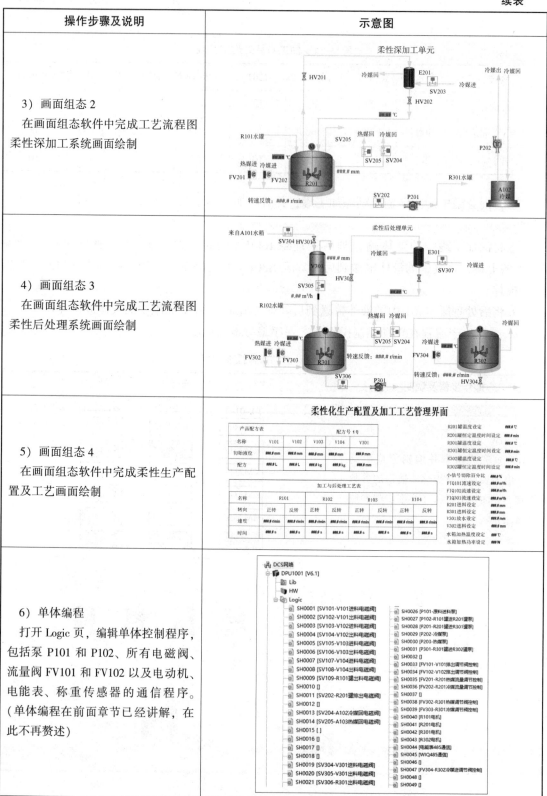
4）画面组态 3 在画面组态软件中完成工艺流程图柔性后处理系统画面绘制	
5）画面组态 4 在画面组态软件中完成柔性生产配置及工艺画面绘制	
6）单体编程 打开 Logic 页，编辑单体控制程序，包括泵 P101 和 P102、所有电磁阀、流量阀 FV101 和 FV102 以及电动机、电能表、称重传感器的通信程序。（单体编程在前面章节已经讲解，在此不再赘述）	

操作步骤及说明	示意图
7）变量绑定1 柔性配料单元变量绑定，绑定完成后的运行画面如右图所示。绑定正确，则相应变量会有数值显示，当单击泵或者阀时，弹出画面，在手动模式下选择"开"，则对应原件变为绿色，选择"关"，变为红色	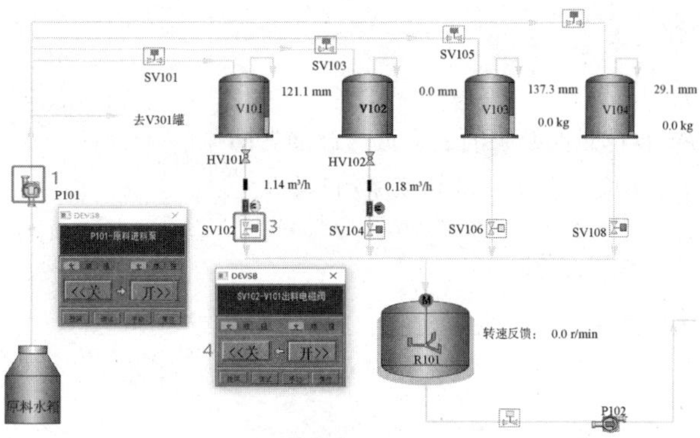
8）变量绑定2 柔性深加工单元变量绑定，绑定完成后的运行画面如右图所示	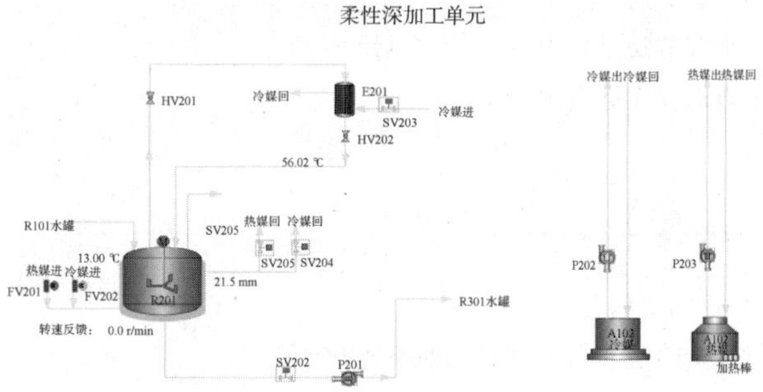 柔性深加工单元
9）变量绑定3 柔性后处理单元变量绑定，绑定完成后的运行画面如右图所示	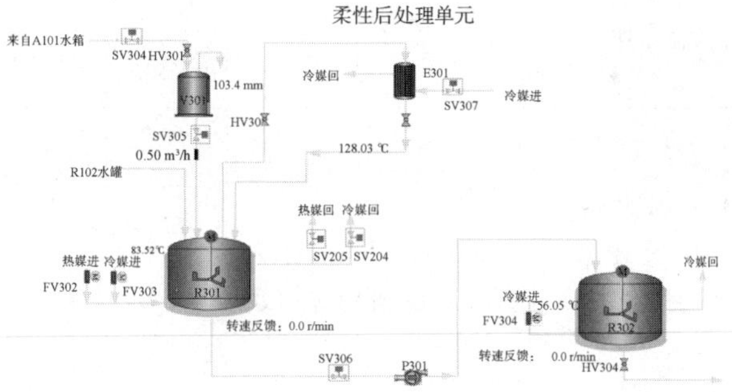 柔性后处理单元

b. 单步上料程序见表5-13。

表5-13　单步上料程序

操作步骤及说明	示意图
1）添加自动运行程序块 要实现单步自动运行，需在阀和泵的单体控制逻辑页增加自动控制程序段。先打开SH0001逻辑页，添加右图所示程序段。 注：模块PLS属性选择边沿触发	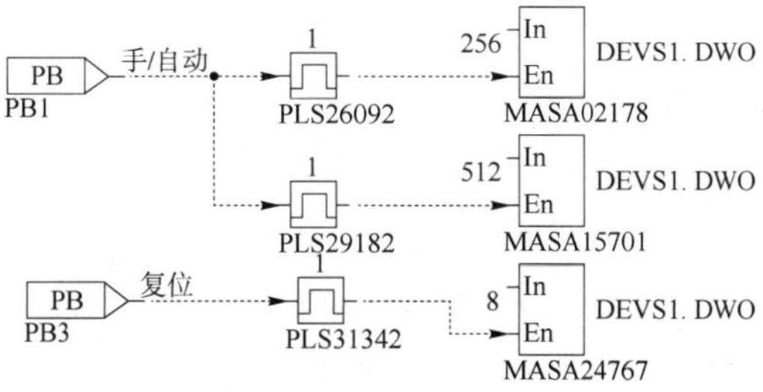

操作步骤及说明	示意图
2）引用变量1 在其他电磁阀及泵的逻辑页内添加右图所示程序块，实现一键切换手/自动及一键复位	
3）引用变量2 流量调节阀是用 MSA 模块控制的，因此其手自动程序如右图所示	
4）启动上料程序 打开新的逻辑，本案例写在 SH0050 页，并修改页面名称为"启动上料"，添加右图所示程序块	
5）V101 开始上料 打开新逻辑页 SH0051，重命名为"V101 上料"，按右图所示找到相应模块并连接	
6）变量引用1 ①将 50 页 PRO1 的 In 值引用到 PAI 模块；②将 PBO1 模块的 In 值引用到 SH0001 页面 DEVS1 模块的 Opsq 端口；③将 SH0001 页面 DEVS1 模块的 OPDI 端口值引用到当前页的 PDI1 模块	
7）变量引用2 打开 P101 的变量引用同上。注：将每个 STEP 块的时间 Tim 修改为 600 s，防止本步序未执行完而跳到下一个步序	

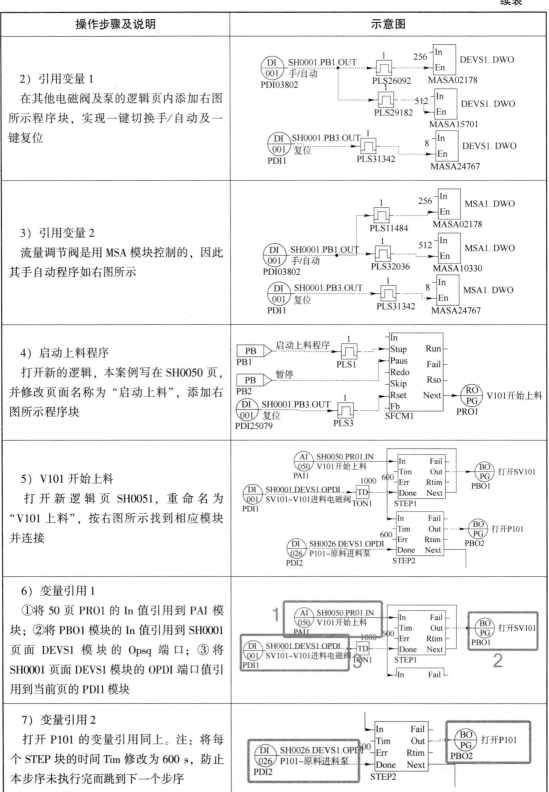

续表

操作步骤及说明	示意图
8）液位判断程序 添加 STEP3 模块，在工具箱中找到右图所有模块，修改模块名并连接	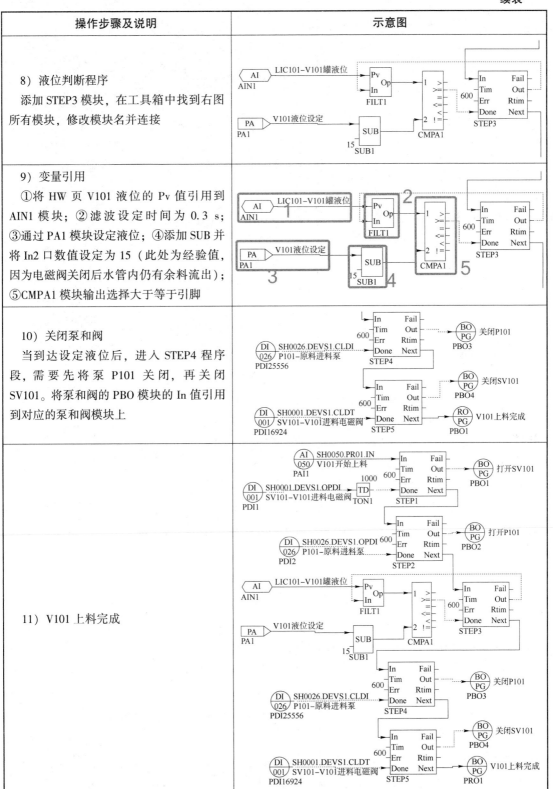
9）变量引用 ①将 HW 页 V101 液位的 Pv 值引用到 AIN1 模块；②滤波设定时间为 0.3 s；③通过 PA1 模块设定液位；④添加 SUB 并将 In2 口数值设定为 15（此处为经验值，因为电磁阀关闭后水管内仍有余料流出）；⑤CMPA1 模块输出选择大于等于引脚	
10）关闭泵和阀 当到达设定液位后，进入 STEP4 程序段，需要先将泵 P101 关闭，再关闭 SV101。将泵和阀的 PBO 模块的 In 值引用到对应的泵和阀模块上	
11）V101 上料完成	

续表

操作步骤及说明	示意图
12) V102 上料完成 V102 的上料程序编写与 V101 的相同,只是变量引用要对应到 V102 所用的阀 SV103 和 V102 液位	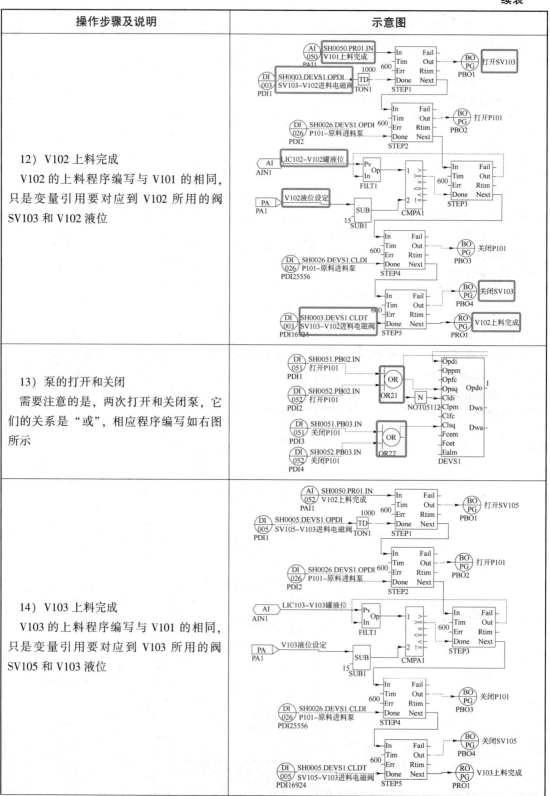
13) 泵的打开和关闭 需要注意的是,两次打开和关闭泵,它们的关系是"或",相应程序编写如右图所示	
14) V103 上料完成 V103 的上料程序编写与 V101 的相同,只是变量引用要对应到 V103 所用的阀 SV105 和 V103 液位	

操作步骤及说明	示意图
15）V104 上料完成 　　V104 的上料程序编写与 V101 的相同，只是变量引用要对应到 V104 所用的阀 SV107 和 V104 液位	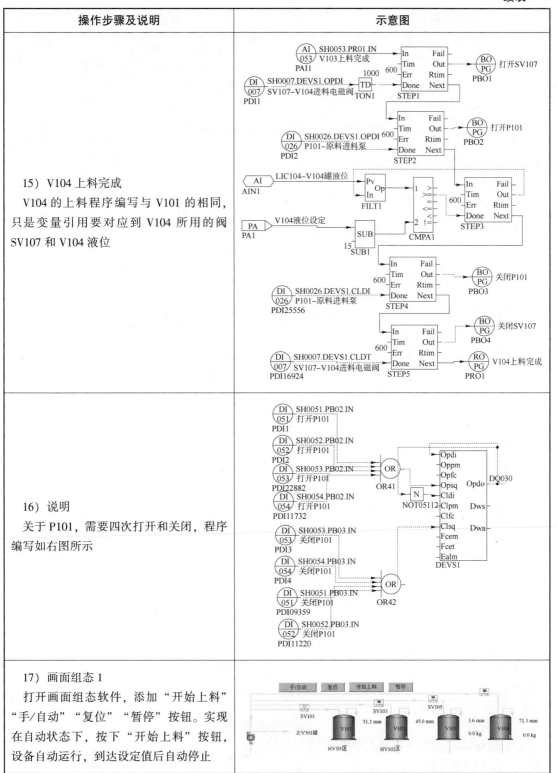
16）说明 　　关于 P101，需要四次打开和关闭，程序编写如右图所示	
17）画面组态 1 　　打开画面组态软件，添加"开始上料""手/自动""复位""暂停"按钮。实现在自动状态下，按下"开始上料"按钮，设备自动运行，到达设定值后自动停止	

操作步骤及说明	示意图
18）画面组态 2 按照表格 5-12 所列内容，在画面组态软件新建"柔性化配方"界面，如右图所示，并将前面逻辑页中的 PA 模块地址绑定到界面"初始液位"的对应位置。画面运行时，可以手动按配方要求输入上料量	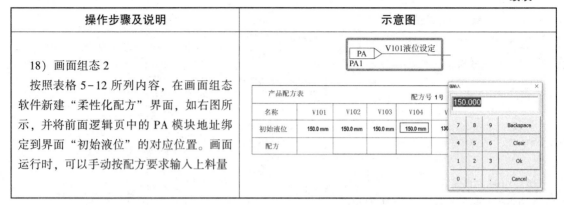

c. 编写单步下料程序，见表 5-14。

表 5-14　单步下料程序

操作步骤及说明	示意图
1）启动下料程序 打开新的逻辑，本案例写在 SH005 页，并修改页面名称为"启动下料"，添加右图所示程序块	
2）打开四路下料电磁阀 打开新逻辑页 SH0057，添加打开四路下料电磁阀程序段，按右图所示添加相应模块并引用相应变量	
3）流量累计 打开新逻辑页 SH0102，重命名为"流量累计"，方便后面引用	
4）下料完成判断程序 返回 SH0057 页，编辑下料完成判断程序段，如右图所示	

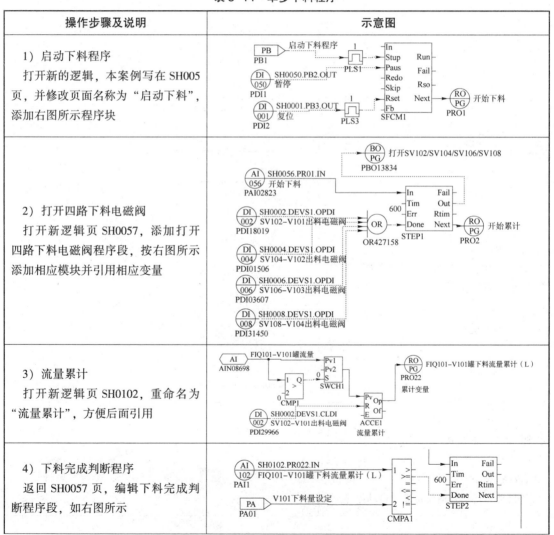

操作步骤及说明	示意图
5）关闭SV102 下料完成后，关闭SV102，并将关闭指令引用到SV102单体控制模块（由于流量阀的开关有延时，此处只关闭电磁阀即可）	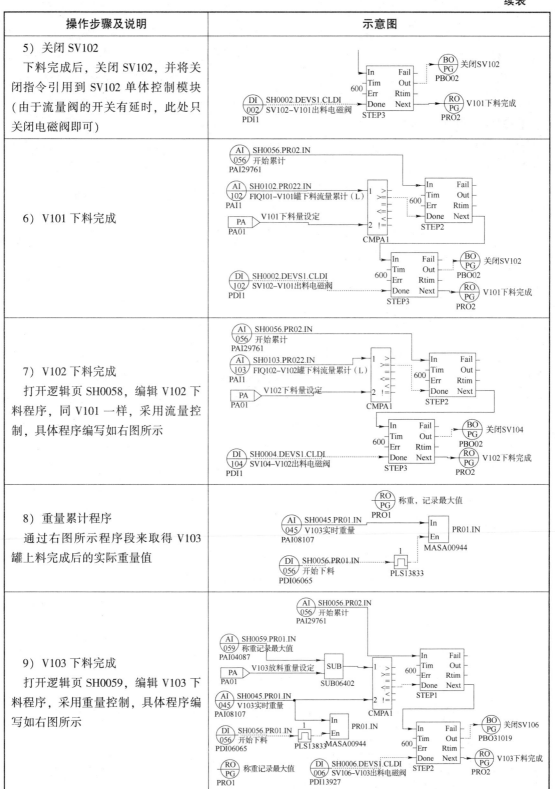
6）V101下料完成	
7）V102下料完成 打开逻辑页SH0058，编辑V102下料程序，同V101一样，采用流量控制，具体程序编写如右图所示	
8）重量累计程序 通过右图所示程序段来取得V103罐上料完成后的实际重量值	
9）V103下料完成 打开逻辑页SH0059，编辑V103下料程序，采用重量控制，具体程序编写如右图所示	

操作步骤及说明	示意图
10）V104 下料完成 打开逻辑页 SH0060，编辑 V104 下料程序，采用重量控制，具体程序编写如右图所示	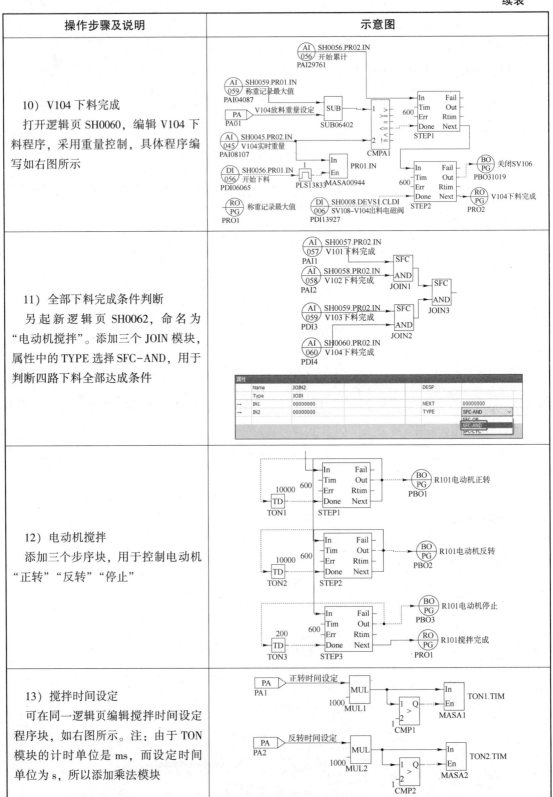
11）全部下料完成条件判断 另起新逻辑页 SH0062，命名为"电动机搅拌"。添加三个 JOIN 模块，属性中的 TYPE 选择 SFC-AND，用于判断四路下料全部达成条件	
12）电动机搅拌 添加三个步序块，用于控制电动机"正转""反转""停止"	
13）搅拌时间设定 可在同一逻辑页编辑搅拌时间设定程序块，如右图所示。注：由于 TON 模块的计时单位是 ms，而设定时间单位为 s，所以添加乘法模块	

续表

操作步骤及说明	示意图
14）画面组态 1 打开画面组态软件，添加"开始下料""电动机正转""电动机反转""电动机停止"按钮	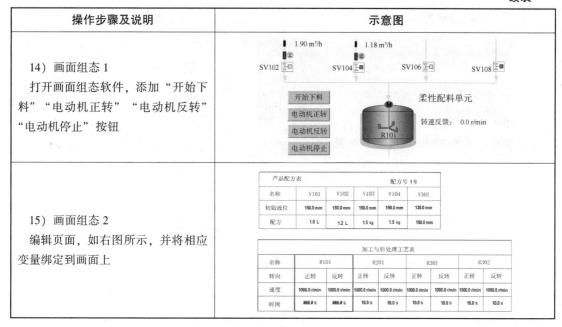
15）画面组态 2 编辑页面，如右图所示，并将相应变量绑定到画面上	

d. 编写柔性深加工程序，见表 5-15。

表 5-15 柔性深加工程序

操作步骤及说明	示意图
1）启动深加工 打开新的逻辑 SH0062，并修改页面名称为"启动深加工"，添加右图所示程序块	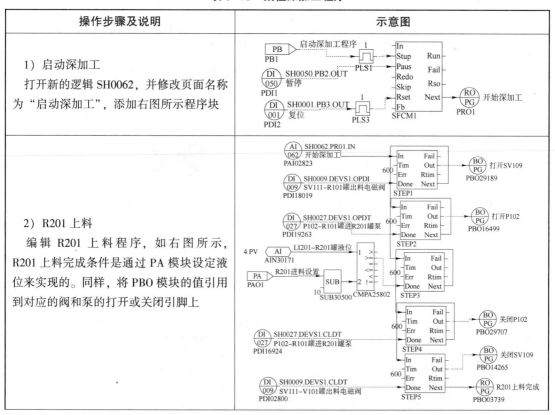
2）R201 上料 编辑 R201 上料程序，如右图所示，R201 上料完成条件是通过 PA 模块设定液位来实现的。同样，将 PBO 模块的值引用到对应的阀和泵的打开或关闭引脚上	

操作步骤及说明	示意图
3）R201 电动机搅拌 打开新逻辑页 SH0063，通过给 TON 模块输入设定时间，实现搅拌时间控制	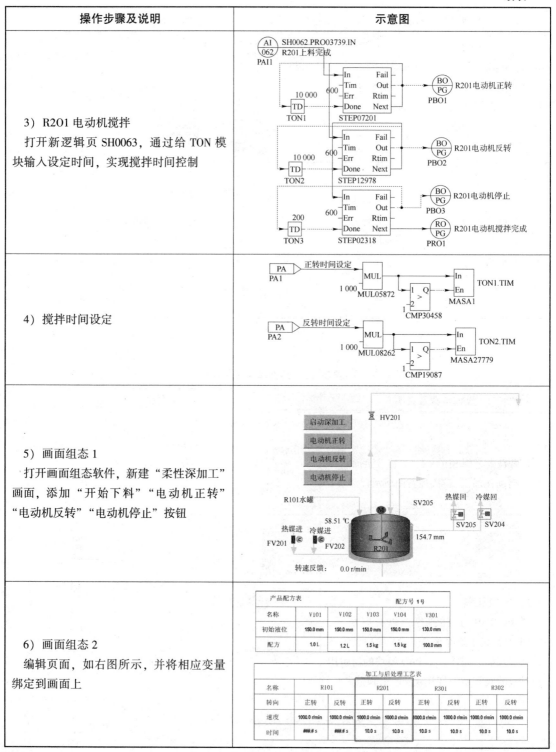
4）搅拌时间设定	
5）画面组态 1 打开画面组态软件，新建"柔性深加工"画面，添加"开始下料""电动机正转""电动机反转""电动机停止"按钮	
6）画面组态 2 编辑页面，如右图所示，并将相应变量绑定到画面上	

e. 编写后处理工序段 1 程序，见表 5-16。

表 5-16 后处理工序段 1 程序

操作步骤及说明	示意图
1）启动后处理工序段 1 打开新的逻辑 SH0066，并修改页面名称为"启动后处理工序段 1"，添加右图所示程序块	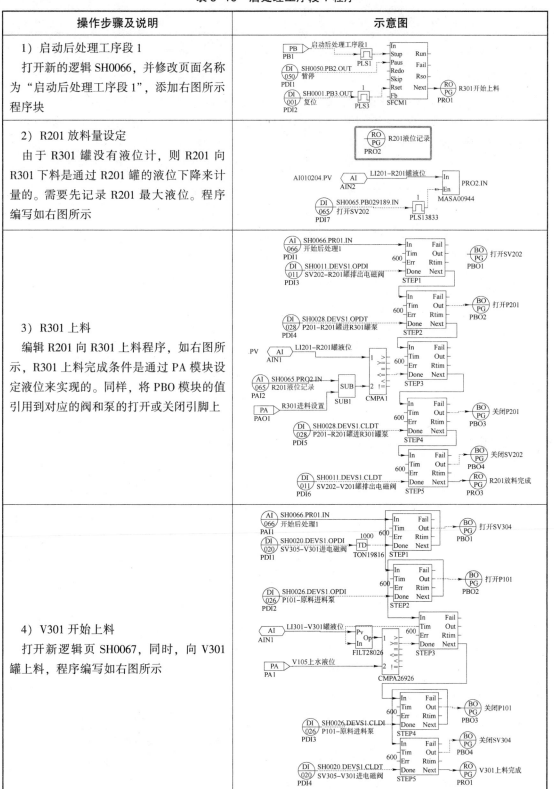
2）R201 放料量设定 由于 R301 罐没有液位计，则 R201 向 R301 下料是通过 R201 罐的液位下降来计量的。需要先记录 R201 最大液位。程序编写如右图所示	
3）R301 上料 编辑 R201 向 R301 上料程序，如右图所示，R301 上料完成条件是通过 PA 模块设定液位来实现的。同样，将 PBO 模块的值引用到对应的阀和泵的打开或关闭引脚上	
4）V301 开始上料 打开新逻辑页 SH0067，同时，向 V301 罐上料，程序编写如右图所示	

操作步骤及说明	示意图
5）V301 开始下料 打开新逻辑页 SH0068，V301 上料完成后，向 R301 下料，通过设定 V301 下降液位来控制下料量	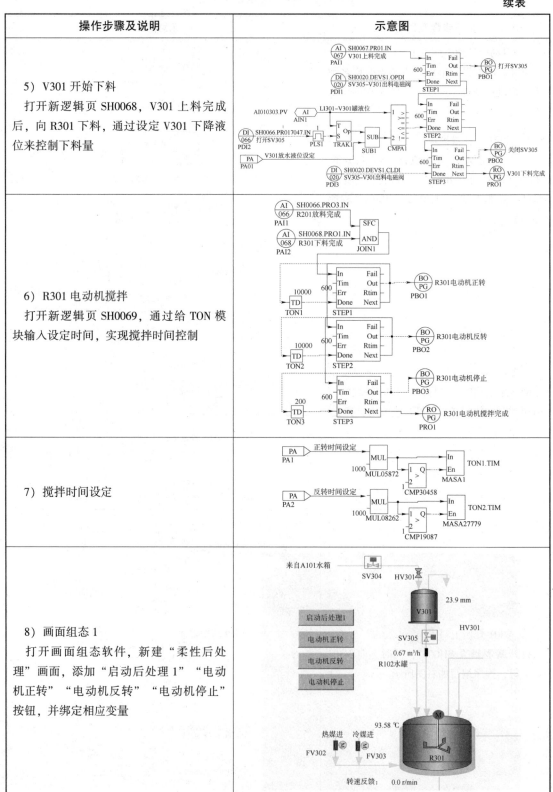
6）R301 电动机搅拌 打开新逻辑页 SH0069，通过给 TON 模块输入设定时间，实现搅拌时间控制	
7）搅拌时间设定	
8）画面组态 1 打开画面组态软件，新建"柔性后处理"画面，添加"启动后处理 1""电动机正转""电动机反转""电动机停止"按钮，并绑定相应变量	

续表

操作步骤及说明	示意图
9）画面组态2 按图5-13所示内容编辑页面，如右图所示，并将相应变量绑定到画面上。注：如序号1所示红框，说明变量没有引用到画面，序号2表示变量绑定成功	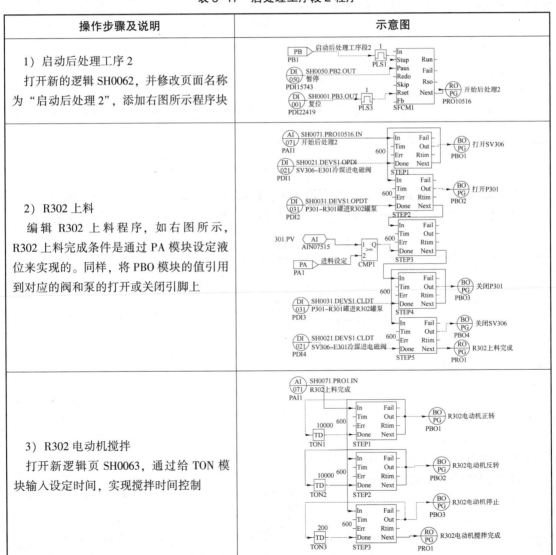

f. 编写后处理工序段2程序，见表5-17。

表5-17　后处理工序段2程序

操作步骤及说明	示意图
1）启动后处理工序2 打开新的逻辑SH0062，并修改页面名称为"启动后处理2"，添加右图所示程序块	
2）R302上料 编辑 R302 上料程序，如右图所示，R302 上料完成条件是通过 PA 模块设定液位来实现的。同样，将 PBO 模块的值引用到对应的阀和泵的打开或关闭引脚上	
3）R302 电动机搅拌 打开新逻辑页 SH0063，通过给 TON 模块输入设定时间，实现搅拌时间控制	

续表

操作步骤及说明	示意图
4）搅拌时间设定	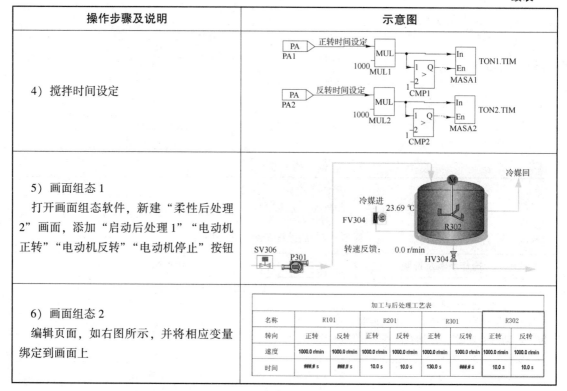
5）画面组态1 打开画面组态软件，新建"柔性后处理2"画面，添加"启动后处理1""电动机正转""电动机反转""电动机停止"按钮	
6）画面组态2 编辑页面，如右图所示，并将相应变量绑定到画面上	

加工与后处理工艺表

名称	R101		R201		R301		R302	
转向	正转	反转	正转	反转	正转	反转	正转	反转
速度	1000.0 r/min	1000.0 r/min	1000.0 r/min	1000.0 r/min	1000.0 r/min	1000.0 r/min	1000.0 r/min	1000.0 r/min
时间	###.# s	###.# s	10.0 s	10.0 s	130.0 s	###.# s	10.0 s	10.0 s

2. 连续运行

在画面组态软件画面中添加一键启动按钮，能够连续完成2）~6）的五个流程；含有"停止"按钮，能够一键关闭所有的水泵、电磁阀。连续运行逻辑算法编写步骤见表5-18。

表5-18　连续运行逻辑算法

操作步骤及说明	示意图
1）启动顺控总流程 打开新的逻辑SH0049，并修改页面名称为"启动顺控总流程"，添加右图所示程序块	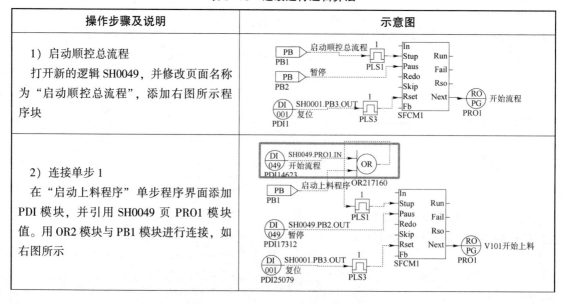
2）连接单步1 在"启动上料程序"单步程序界面添加PDI模块，并引用SH0049页PRO1模块值。用OR2模块与PB1模块进行连接，如右图所示	

续表

操作步骤及说明	示意图
3）连接单步 2 在"启动下料程序"单步程序界面添加两个 PDI 模块，并引用 SH0054 页 PRO1 模块值，引用 SH0049 页 PRO 的 In 值。用 AND 模块连接两个 PDI 模块，与 PB1 模块用 OR 进行连接，如右图所示	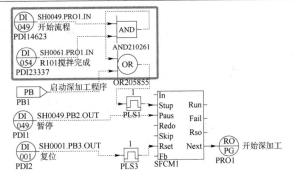
4）连接单步 3 在"启动深加工程序"单步程序界面添加两个 PDI 模块，并引用 SH0061 页 PRO1 模块值，引用 SH0049 页 PRO 的 In 值。用 AND 模块连接两个 PDI 模块，与 PB1 模块用 OR 进行连接，如右图所示	
5）连接单步 4 在"启动后处理工序段 1"单步程序界面添加两个 PDI 模块，并引用 SH0064 页 PRO1 模块值，引用 SH0049 页 PRO 的 In 值。用 AND 模块连接两个 PDI 模块，与 PB1 模块用 OR 进行连接，如右图所示	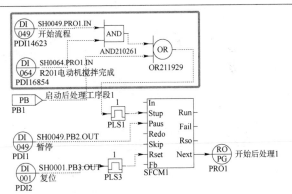
6）连接单步 5 在"启动后处理工序段 1"单步程序界面添加两个 PDI 模块，并引用 SH0069 页 PRO1 模块值，引用 SH0049 页 PRO 的 In 值。用 AND 模块连接两个 PDI 模块，与 PB1 模块用 OR 进行连接，如右图所示。 说明：顺控总流程控制就是将前面五个单步用程序连接起来达到连续运行的目的	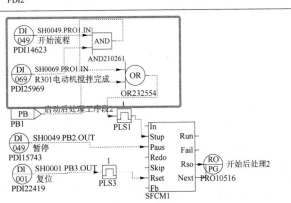

操作步骤及说明	示意图
7）画面组态 打开画面组态软件，在前面编辑的画面上添加切换画面按钮，如右图所示，并将"手自动切换""启动顺序控制""暂停""复位"等按钮添加在最后一栏，方便用按钮进行控制	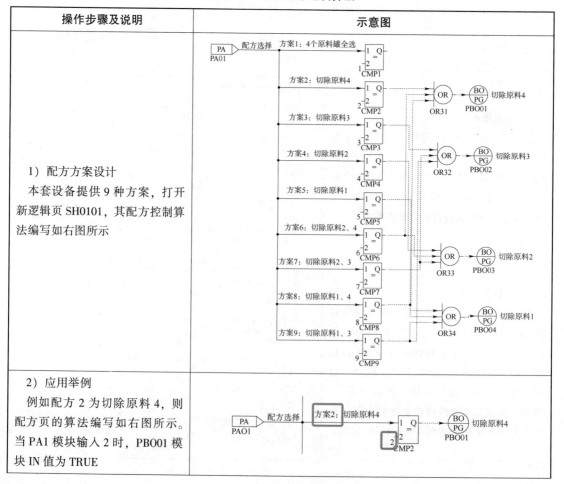

3. 原料切除

在画面组态软件的画面上添加 PA 输入框，有 9 种方案可供选择，不同方案输入其对应的序号，通过 CMP 模块输出给对应的 PBO 模块。

原料切除具体操作步骤见表 5-19。

表 5-19　原料切除逻辑算法

操作步骤及说明	示意图
1）配方方案设计 本套设备提供 9 种方案，打开新逻辑页 SH0101，其配方控制算法编写如右图所示	
2）应用举例 例如配方 2 为切除原料 4，则配方页的算法编写如右图所示。当 PA1 模块输入 2 时，PBO01 模块 IN 值为 TRUE	

操作步骤及说明	示意图
3）V104 上料切除原料 4 要求切除原料 4，即原料罐 V104 不需要上料，流程开始时直接跳过，在 V104 上料程序段的 STEP1 块前面加 BRCH 模块，PDI 模块引用上面 PBO01 的 IN 端口值，此时 B1 口输出为 0，B2 口输出值大于 0	
4）添加 JOIN 模块 在同一逻辑页，在 V101 罐上水程序段的结束 STEP5 块下加 JOIN 模块，并将 TYPE 选择为 OR，将 BRCH 模块的 B2 引脚连接至 JOIN 模块的 IN1，实现切除原料 1	
5）V104 下料切除原料 4 在原有 V104 下料程序段添加框中内容，实现下料时切除原料 4，实现方案 2 的程序编写	
6）切除原料 1、2、3 切除原料 1、2、3 的程序编写与上面完全相同，只需要在上料开始和结束时添加 BRCH 模块和 JOIN 模块。下料时切除步骤同上	

操作步骤及说明	示意图
7）同时切除两种原料 如方案 8，同时切除原料 1 和原料 4，程序编写如右图所示	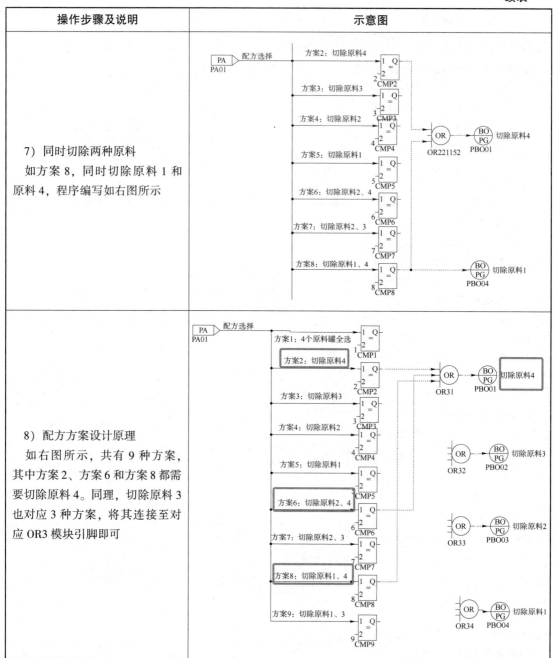
8）配方方案设计原理 如右图所示，共有 9 种方案，其中方案 2、方案 6 和方案 8 都需要切除原料 4。同理，切除原料 3 也对应 3 种方案，将其连接至对应 OR3 模块引脚即可	

四、知识拓展

1. 温度控制程序编写

本套设备混合罐 R202 和 R301 有一套温度调节水管，可以向罐体外壁内注入循环冷水和热水，来调节罐物料温度。混合罐 R301 为成品罐，只需要进行降温处理即可，故只进行冷水循环。温度控制程序编写实例见表 5-20。

表 5-20　温度控制程序编写实例

操作步骤及说明	示意图
1）温度控制单体编程 温度控制系统包括两个回水电磁阀 SV204、SV205，两台泵 P202、P203，五个流量调节阀 FV202、FV202、FV302、FV303、FV304，选择的逻辑页及名称参照右图所示	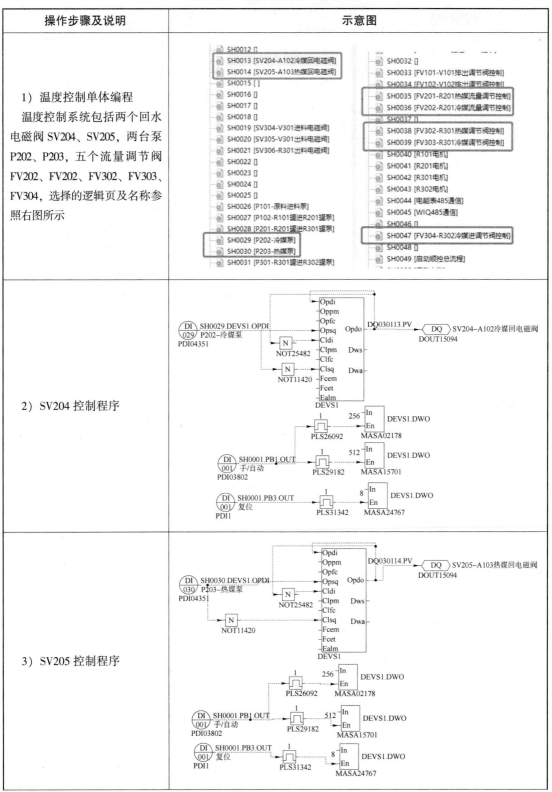
2）SV204 控制程序	
3）SV205 控制程序	

续表

操作步骤及说明	示意图
4）冷媒泵 P202 控制程序	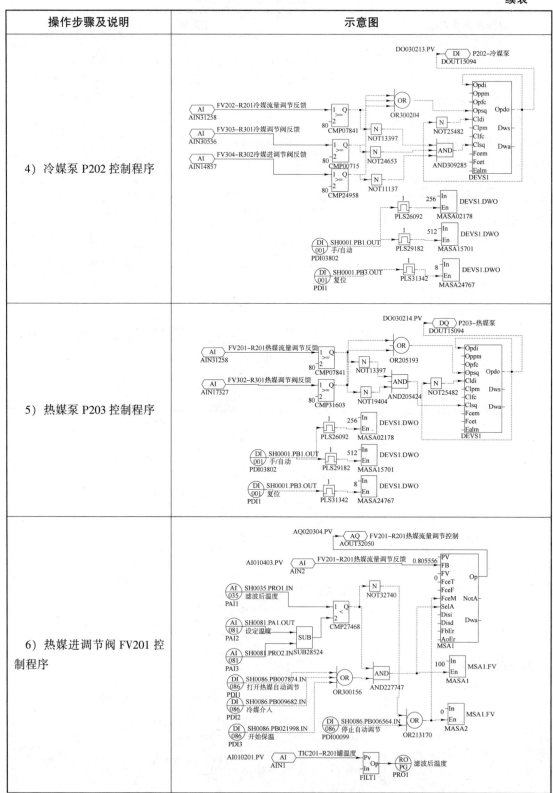
5）热媒泵 P203 控制程序	
6）热媒进调节阀 FV201 控制程序	

续表

操作步骤及说明	示意图
7）冷媒进流量调节阀 FV202 控制程序	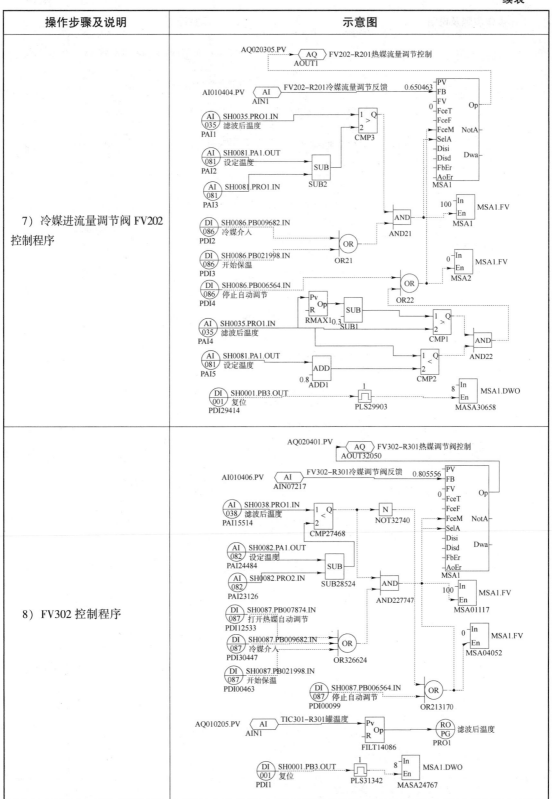
8）FV302 控制程序	

操作步骤及说明	示意图
9）FV303 控制程序	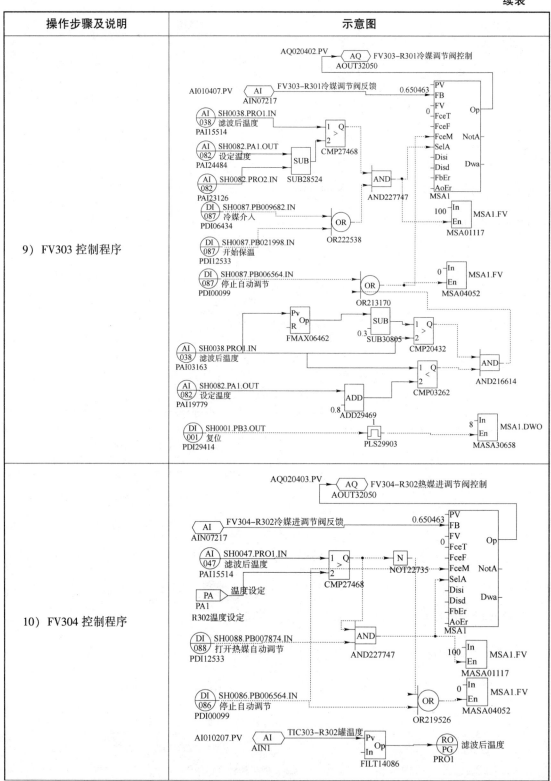
10）FV304 控制程序	

续表

操作步骤及说明	示意图
11）R201 温度控制方案	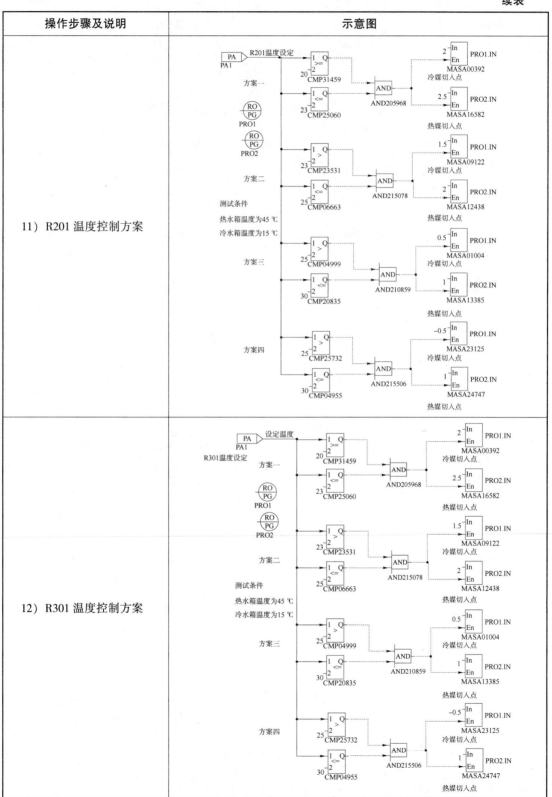
12）R301 温度控制方案	

续表

操作步骤及说明	示意图
13）R201 温度控制	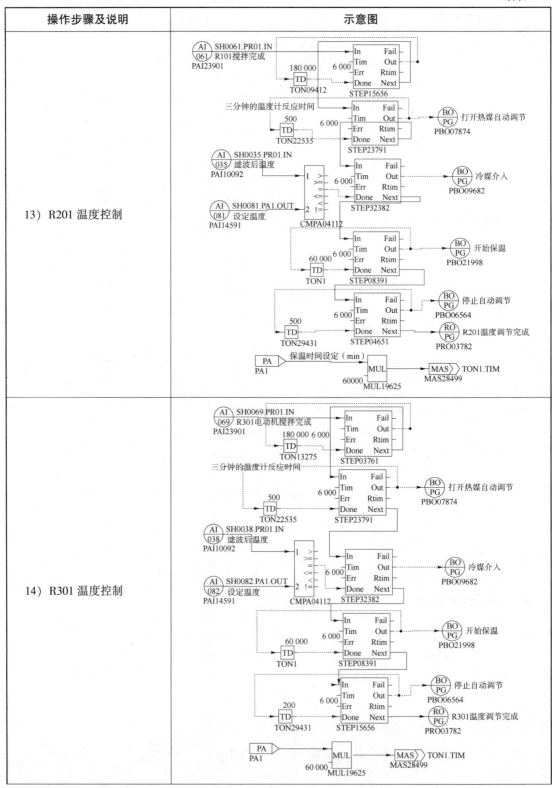
14）R301 温度控制	

操作步骤及说明	示意图
15）R302 温度控制	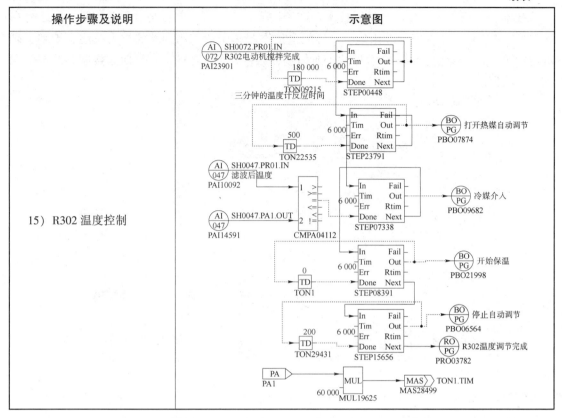

2. DCS 控制系统在化工中的应用

DCS 是一种分布式控制系统，具有独特的特点与优势，在工业生产领域得到了广泛的应用。下面对 DCS 控制的结构与特点进行简要阐述，在此基础上，对化工企业 DCS 控制系统的选型进行简单介绍和讨论，并对 DCS 控制系统的常见故障与日常维护进行介绍。DCS 总控室如图 5-13 所示。

图 5-13　DCS 总控室

DCS 属于第四代的工业控制系统，是英文 Distributed Control System 的缩写，意为分布式控制系统，也称为集散式控制系统。DCS 是一种多级控制的计算机系统，其技术构成包括计算机技术、通信技术、显示与控制技术；系统构成分为过程控制级与过程监控级。DCS 是在20 世纪 70 年代产生并发展起来的，一经问世便引起了工业控制领域的重大关注，受到了高度的评价，迄今为止已经在全世界的工业控制领域得到了广泛的应用。DCS 控制系统案例如图 5-14 所示。

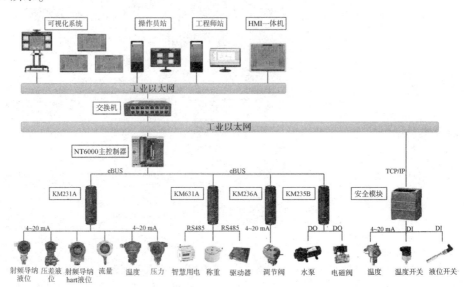

图 5-14 DCS 控制系统案例

（一）DCS 控制系统的结构与特点

1. DCS 控制系统的结构的组成

DCS 从系统结构上来说，分为过程级、操作级与管理级。过程级是 DCS 控制系统控制功能的主要实施部分，包括了过程控制站、I/O 单元以及各种现场仪表；操作级负责完成系统的操作与组态，包括了操作员站与工程师站；管理级是综合管理系统，是 DCS 的一种高层次的应用，是从企业生产控制到信息管理的综合系统。目前来说，在一般的工业应用中，主要由过程级与操作级组成，具备管理级的 DCS 控制系统在实际应用中还是比较少的，尤其是在一些规模处于中小等级的企业中，涉及管理级的更为少见。

过程级：负责 DCS 控制系统的功能实施，过程控制站完成 DCS 的控制决策，是系统的执行单元，由一个完整的计算机系统构成，包括电源、中央处理器、网络接口以及输入/输出模块等。

操作级：包括操作员站与工程师站。操作员站的功能是处理一切与系统运行操作有关的人机界面；工程师站负责对 DCS 系统进行离线配置、组态以及在线监督、控制、维护工作。对系统的配置以及参数的设定，系统工程师都是通过工程师站来进行的。控制系统如图 5-15 所示。

2. DCS 控制系统的特点

DCS 是一种分布式控制系统，系统的设计体现的是分散控制、集中操作及分组管理的基本思想。DCS 控制系统配置灵活、组态方便，具体特点如下：

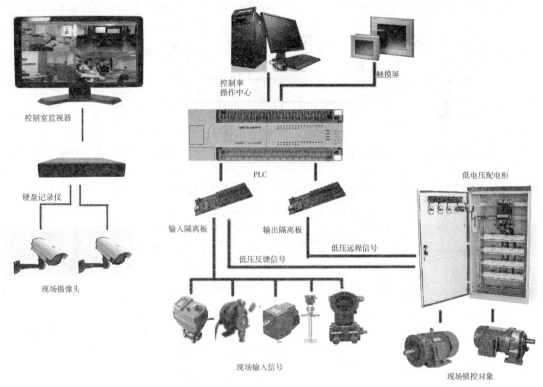

图 5-15　控制系统图

①具有可靠性高的特点。

DCS 控制系统将控制功能分散在了各个计算机上来实现，每台计算机承担单一的系统任务，这样，当系统的任一计算机出现故障后，不会对系统其他计算机构成重大影响，而且这种结构模式可以采用专用计算机来实现系统功能要求，使系统中计算机的性能得到了较大的提升，提高了系统可靠性。

②开放的系统特性。

DCS 控制系统采用了标准化、模块化的设计，系统中的独立计算机通过工业以太网进行网络通信。标准化、模块化的设计使得系统具备了开放特性，各个子系统可以方便地接入控制系统，也可以随时从系统网络中卸载退出，不会对其他子系统或是计算机造成影响，使系统在进行功能扩充与调整时十分方便。

③系统维护简单方便。

DCS 控制系统由功能单一的小型或是微型计算机组成，各个计算机间相互独立，局部故障不影响其他计算机的功能，可以在不影响系统运行的条件下进行故障点故障的检测与排除，具有维护简单、方便的特点。

④DCS 控制系统组成灵活、功能齐全。控制层级图如图 5-16 所示。

DCS 控制系统可以实现连续、顺序控制，可实现串级、前馈、解耦、自适应以及预测控制，其系统组成方式十分灵活，可以由管理站、操作员站、工程师站、现场控制站等组成，

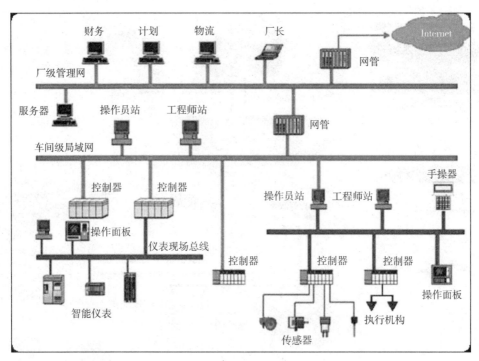

图 5-16　控制层级图

也可以由服务器、可编程控制器等组成。过程级通常是由现场控制站、数据采集站来执行现场数据的采集，并通过通信网络传输到操作级计算机。操作级实现对过程数据的集中操作，包括数据的优化、统计，故障的诊断、显示、报警等。在具备管理级的系统中，DCS 还可以根据企业整体管理需求实现与更高级别管理系统的连接，实现企业其他管理功能的集中管理与操作。

（二）化工企业 DCS 控制系统的选型

1. 项目规模与性质

DCS 控制系统的选型首先应该考虑的就是项目的规模与性质。系统的设计根据项目的规模，可分为大型项目与中小型项目；根据项目性质，可分为新建项目与改扩建项目。

对于大型项目，无论是新建还是改扩建，均应考虑建立独立的 DCS 网络，改扩建项目应考虑到与原有 DCS 网络的接口以及后续的系统扩充问题；对于中小型项目，应根据项目实际情况，以原有的 DCS 控制系统网络为主，将数据集成于其中。

2. 项目总体规划要求

企业 DCS 控制系统在建立之初，均要对系统的设计进行总体的规划，主要的规划内容是要对企业的生产运行进行系统控制还是要集成自动控制与信息管理系统。对企业的生产运行进行系统控制，通常不会涉及管理级，建立一套具备过程级及操作级的控制系统，基本可以满足企业的需求；而要实现企业数据信息集成与企业资源管理系统的优化，则要建立的是集成自动控制与企业信息管理的系统，使企业生产与管理实现网络化，这样的系统通常要具备三层结构，包括企业资源计划、生产运行管理与过程控制。

3．技术的先进性与适用性

技术的先进性与适用性是 DCS 控制系统选型的重要条件之一。先进性要求系统的技术选择要紧跟 DCS 技术发展的趋势，具备在一定时间范围内技术的先进性，避免系统在使用周期上造成损失；技术的适用性要求系统的设计具有针对性，要针对企业的实际情况与特点来进行设计，以达到符合企业需求的目的，即要求系统的设计在达到技术先进的同时，确保合理性与适用性。

（三）DCS 控制系统选型建议

基于上述化工企业在 DCS 控制系统选型上需考虑的问题，建议选用基于工业以太网的开放式 DCS 控制系统，以满足企业信息管理系统对于企业整体管理的需求，并为后续 DCS控制系统的进一步拓展提供基础与空间；考虑到现场总线技术仍处于发展与完善阶段，在DCS 系统中尚不能全部使用 FF 总线仪表，因此，系统可采用现场总线与常规智能仪表混合。实际 DCS 应用案例如图 5-17 所示。

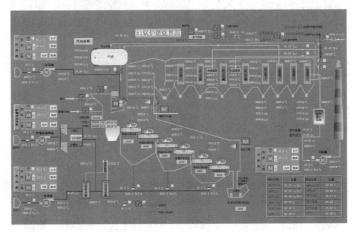

图 5-17　实际 DCS 应用案例

DCS 控制系统的常见故障与日常维护：

DCS 是一种结合了多种技术的复杂控制系统，在实际的应用中，系统出现故障是在所难免的。从过往经验来说，DCS 控制系统的常见故障有如下几种：

1．电源故障

电源故障是 DCS 控制系统中较易出现的问题，故障原因也比较多，例如保险配置不合理、保护误动作或备用电源没有自投等，都有可能造成电源故障。电源故障虽然比较多，但处理起来也比较简单，故障原因也比较容易查找。对于电源故障的预防措施，主要是对保险配置的容量要仿真核对，选择匹配的保险容量，让保险起到应起的作用；UPS 的配备对于系统的正常供电是十分重要的，在配备时，应充分考虑到冗余与备用的问题。

2．干扰故障

DCS 控制系统的干扰故障通常就是系统的接地问题，干扰源一般有大功率的通信设备，以及大功率设备的启停等。对于干扰问题，要严格执行屏蔽与接地要求，系统的信号线要远离干扰源，以防止干扰信号串入系统，在电子设备间、工程师站等重点部位，应避免使用大功率的无线通信设备。

3. I/O 卡故障

I/O 卡故障通常在系统调试阶段较多发生，在系统投入运行后较少发生。目前很多 I/O 卡的生产企业都在进行卡件的一体化制造，因此，对于此类故障的处理，通过系统诊断后，一般是更换备件。I/O 卡的故障原因不易判断，检修一般由厂家来进行。集散控制系统网络结构图如图 5-18 所示。

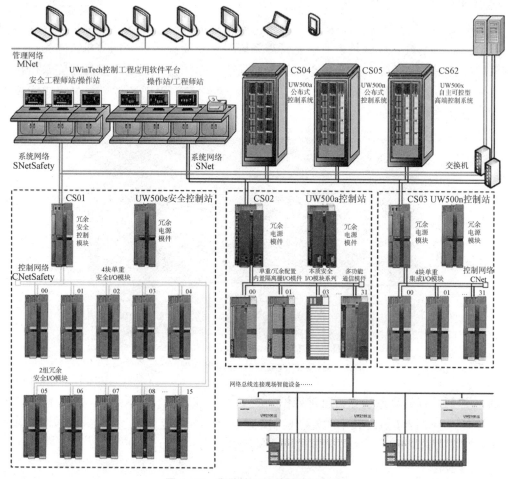

图 5-18 集散控制系统网络结构图

DCS 控制具备的高可靠性、开放性以及组态、维护方便等特点，使其在各种工业领域得到很多的应用。在化工企业，DCS 控制系统的应用已经较为成熟、完善，只要合理地进行 DCS 控制系统的方案设计，就可以充分发挥 DCS 控制系统的先进性与优越性，提高企业的自动化生产水平。

五、练习题

1. 通过编程实现四个原料罐上料及出料单步自动运行。

2. DCS 控制系统的特点是什么？

任务四　生产过程可视化与远程监控

一、学习目标

1. 掌握人机交互界面制作方法；
2. 掌握运行状态可视化配置方法；
3. 掌握柔性生产系统运行与调试方法。

二、任务描述

根据要求实现生产过程运行状态、数据采集和分析处理、配方的预定义配置和智能自适应性流程自动化系统的可视化与远程监控。

三、实践操作

（一）知识储备

ping 命令是网络维护或网管常用的命令，不管你是家庭、单位、学校还是企业，当网络有问题时，一定要先 ping 一下网络，这样可以很好地帮助我们分析和判定网络故障，见表 5-21。

表 5-21　ping 命令的使用

说明	图示
1) 单击电脑桌面下部的放大镜	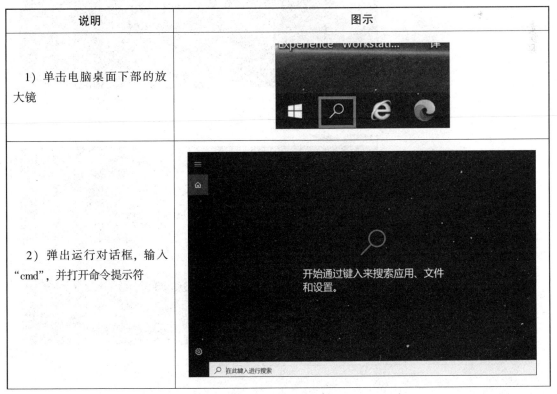
2) 弹出运行对话框，输入"cmd"，并打开命令提示符	

续表

<table>
<tr><th>说明</th><th>图示</th></tr>
<tr><td>3）弹出 cmd 窗口</td><td>
</td></tr>
<tr><td>4）输入“ping”可以看到常用的主要参数</td><td>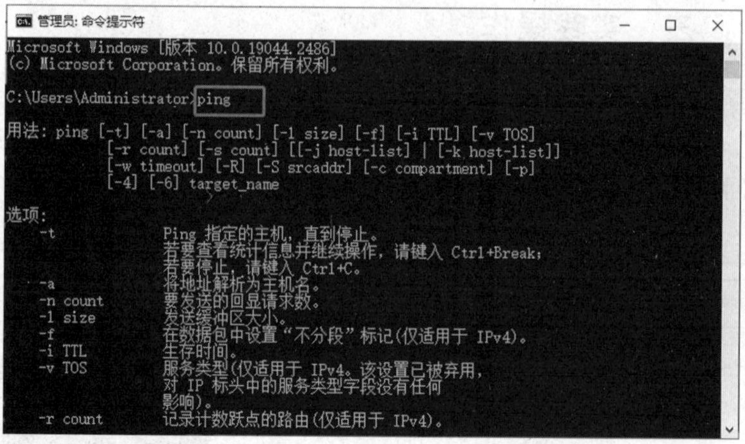
</td></tr>
<tr><td>5）输入 ipconfig 并按 Enter 键，在下方可以找到本机的 IP 地址</td><td>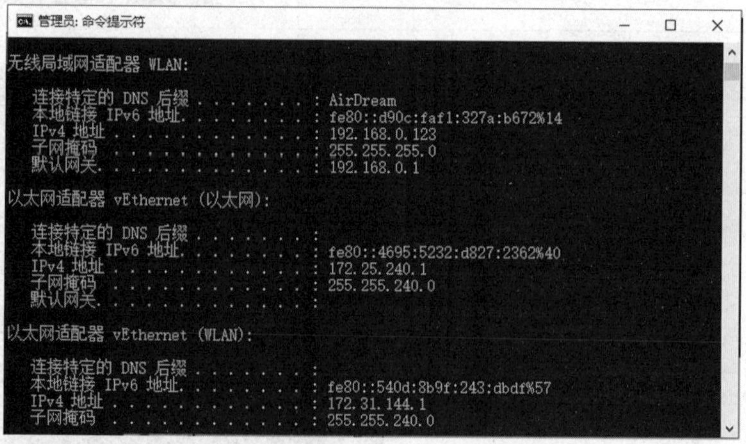
</td></tr>
</table>

续表

说明	图示
6）输入 ping+本机 IP 地址，如 ping 10.1.24.1	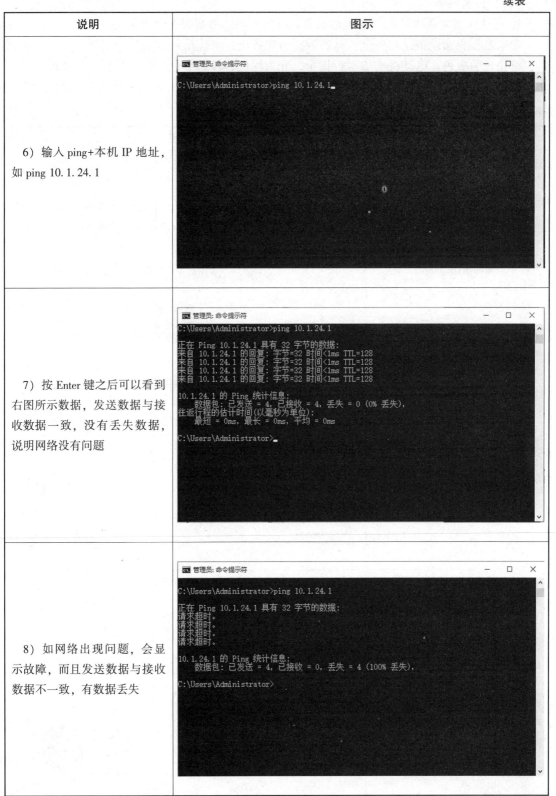
7）按 Enter 键之后可以看到右图所示数据，发送数据与接收数据一致，没有丢失数据，说明网络没有问题	
8）如网络出现问题，会显示故障，而且发送数据与接收数据不一致，有数据丢失	

（二）任务实施

1. 通过组态完成工艺流程图画面制作，并实时显示各器件的运行状态

要求流程界面设备元素齐全、动态数据链接齐全；液位增加动态填充效果，起始色为蓝色，终止色为黑色；电动机增加运行指示，开为绿色，停为红色。生产过程可视化的具体操作步骤见表5-22。

表5-22　生产过程可视化

操作步骤及说明	示意图
1）根据工艺流程图完成柔性配料单元画面组态	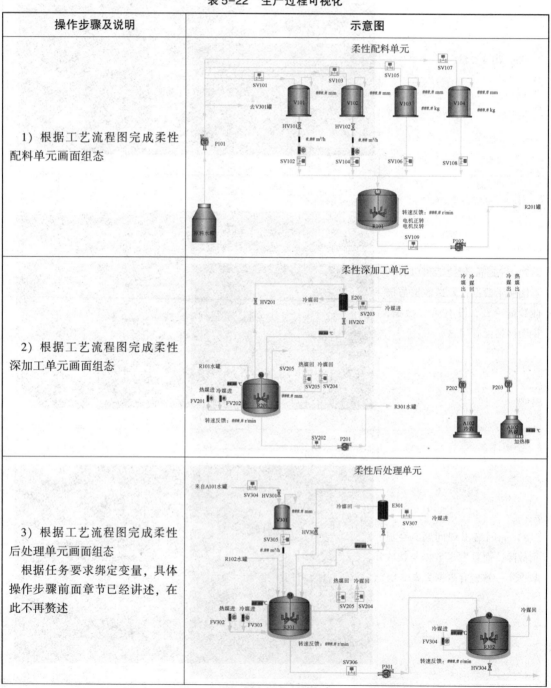
2）根据工艺流程图完成柔性深加工单元画面组态	
3）根据工艺流程图完成柔性后处理单元画面组态 　根据任务要求绑定变量，具体操作步骤前面章节已经讲述，在此不再赘述	

续表

操作步骤及说明	示意图
4）完成电能表画面组态	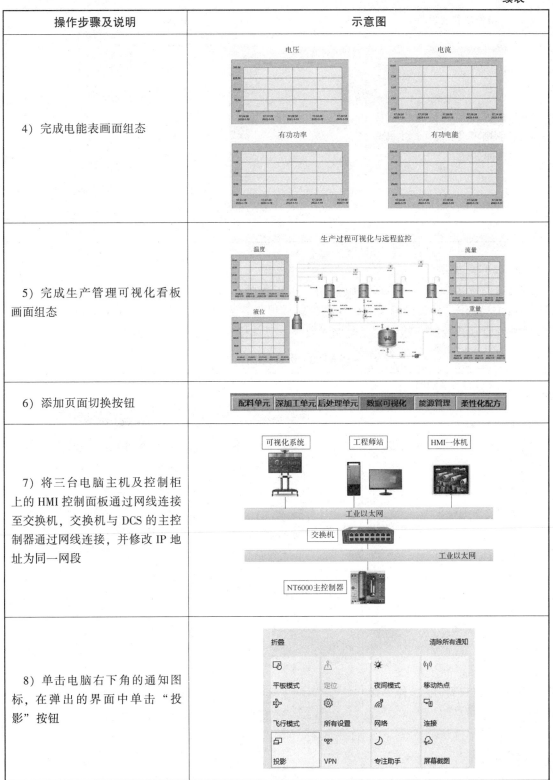
5）完成生产管理可视化看板画面组态	
6）添加页面切换按钮	
7）将三台电脑主机及控制柜上的 HMI 控制面板通过网线连接至交换机，交换机与 DCS 的主控制器通过网线连接，并修改 IP 地址为同一网段	
8）单击电脑右下角的通知图标，在弹出的界面中单击"投影"按钮	

操作步骤及说明	示意图
9）在弹出的对话框中选择"扩展"，则可以实现一台主机两个显示画面	

2. 远程监控

通过设置多个节点，实现多域控制。将工程师站设定为 HMI1001，操作员站 1 设置为 HMI1002，操作员站 2 设置为 HMI1003，触摸屏设置为 HMI1004，这样四个节点都可对生产流程进行监视或控制，达到远程监控的效果。具体操作步骤见表 5-23。

表 5-23　远程监控操作步骤

操作步骤及说明	示意图
1）打开 NT6000 主界面，选择集成开发环境	
2）进入工程界面，选择"画面"，双击"节点"	

续表

操作步骤及说明	示意图
3）右键新建四个节点，节点名称可以修改，默认为HMI100X	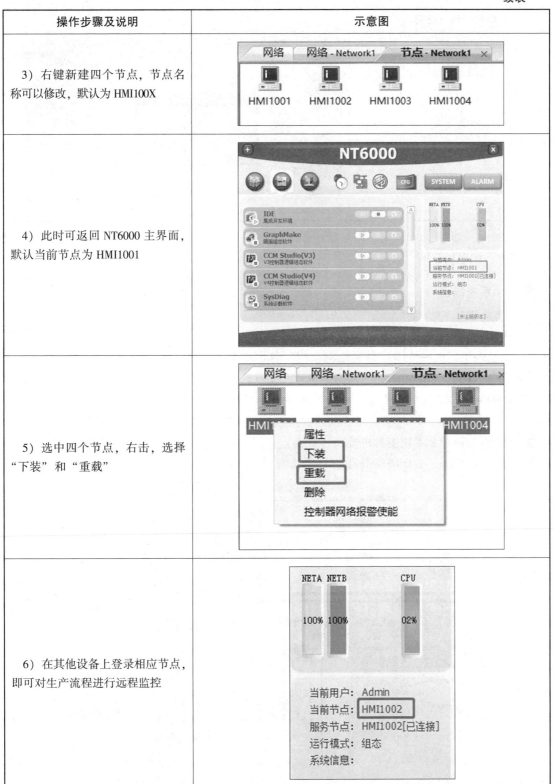
4）此时可返回NT6000主界面，默认当前节点为HMI1001	
5）选中四个节点，右击，选择"下装"和"重载"	
6）在其他设备上登录相应节点，即可对生产流程进行远程监控	

操作步骤及说明	示意图
7）监控画面参考图	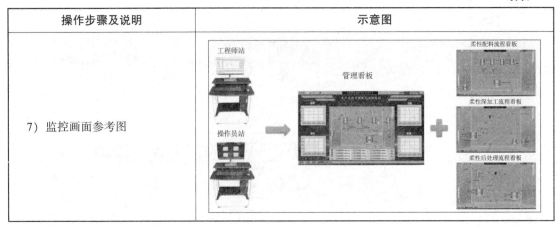

四、知识拓展

DCS 系统描述

1. 系统概述

NT6000 分散控制系统采用高起点的设计标准。目前，该系统已取得"通用工业控制器""基于人工智能的火电厂自动控制系统"等多项专利成果。

2. 系统结构

NT6000 分散控制系统吸取了国内外众多同类系统的优点，系统以高速网络和功能强大的 DPU 为基础，软、硬件都采用了国际标准或主流工业产品，构成开放的工业控制系统。

NT6000 分散控制系统由人机接口（MMI）、监控软件（KVIEW）、控制网络（eNET）、分散处理单元（DPU）、I/O 网络（eBUS）和 I/O 模块等部分组成。图 5-19 所示为系统结构图。

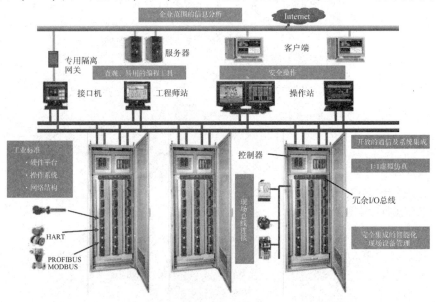

图 5-19 系统结构图

3. 人机界面

NT6000 系统的操作员站和工程师站操作系统软件采用 Windows XP 通用平台，通过 KVIEW 监控软件实现现场过程的工艺流程、诊断、趋势、报警和运行状态的显示。KVIEW 软件非常容易使用，只需单击鼠标，用户即可构建强大的监控画面。用户还可通过 KVIEW 方便地访问实时数据、历史数据、事件记录和报警管理等程序。

工程师站可实现所有操作员站的功能，另外，安装控制策略组态软件 ControlX，实现系统控制过程的逻辑策略组态，ControlX 符合 IEC 61131-3 图形化组态标准，用户工程师可很方便地实现控制策略的修改。

4. 控制网络

控制网络（eNET）用于连接分散处理单元、工程师站、操作员站等，完成各站的通信和数据交互，是符合 IEEE 802.3 协议的工业控制网络，可实现 1∶1 冗余，通信速率高达 100 Mb/s，基于双绞线的最大长度为 100 m，基于光纤的最大长度可达数十千米，拓扑结构上可采用冗余星形、环形或树状结构，最多可支持 255 个节点，具有全双工、冗余容错、自动故障诊断等特点。

五、练习题

1. NT6000 分散控制系统由哪几部分组成？

2. 利用 NT6000 编辑单步放水控制程序，实现一键启动放水，R101 罐液位到达 150 mm 时自动停止。

项目六

安全系统安装与调试

　　安全仪表系统（Safety Instrumented System，SIS）是安全相关系统（Safety Related System，SRS）的一个专门类别。安全仪表系统也称为安全联锁系统（Safety Interlock System）、紧急停车系统。一个安全仪表系统可以执行多个安全仪表功能，每一个安全仪表功能用于缓解生产过程中特定的风险。安全仪表系统必须在生产过程中对生产装置或设备正在发生或可能发生的危险进行及时响应，使其进入一个预定义的安全停车工况，从而使危险和损失降到最低程度，保证生产、设备、环境和人员安全。复杂的生产管道如图6-1所示。

图6-1　复杂的生产管道

　　在控制系统中，安全仪表系统一般是和基本过程控制系统（Basic Process Control System，BPCS）分离的。基本过程控制系统执行基本生产控制功能，以达到生产过程的正常操作要求。安全仪表系统则监视生产过程的状态，判断危险条件，防止风险的发生或减轻风险造成的后果。基本过程控制系统和安全仪表系统的关系如图6-2所示。

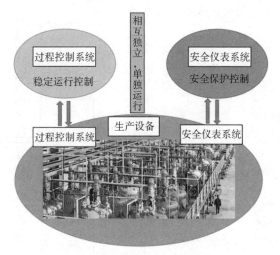

图 6-2　基本过程控制系统和安全仪表系统的关系

任务一　安全栅使用与安装

一、学习目标

1. 了解安全栅的结构组成及典型应用，增强安全意识；
2. 掌握安全栅的接线方法，锻炼动手操作能力；
3. 了解安全栅的工作原理、参数、分类及优缺点，培养应用创新能力。

二、任务描述

仪器仪表与智能传感应用教学创新平台的生产流程控制核心为 DCS 分散控制系统，I/O 模件为系统模拟量输入模件，由高精度 AD 芯片构成，采集工业现场的电流信号，输入信号类型：4~20 mA。安全栅可限制因故障引起的危险区向安全区的能量转递，所以需要加入安全栅，以隔离变送电流或电压信号输出到安全区。当安全区电流大于指定电流时，安全栅可自动开路，以保护设备。能够根据任务要求完成安全栅正确接线，实现安全控制要求。

三、实践操作

1. 知识储备

安全系统必须具备两个条件：一是现场仪表必须设计成安全火花型；二是现场仪表与非危险场所（包括控制室）之间必须经过安全栅（又称防爆栅），以便对送往现场的电压、电流进行严格的限制，从而保证进入现场的电功率在安全范围之内。由此可见，安全栅是构成安全系统极其重要的过程控制仪表之一。

安全栅的种类很多，有电阻式安全栅、中继放大式安全栅、齐纳式安全栅、光电隔离式安全栅、变压器隔离式安全栅等。目前应用最多的是齐纳式安全栅和变压器隔离式安全栅。

单通道电流输入隔离安全栅及接线图如图 6-3 所示。

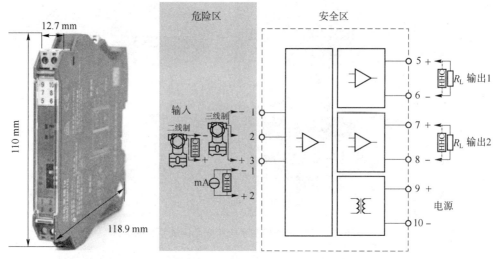

图 6-3　单通道电流输入隔离安全栅及接线图

电流检测端安全栅为危险区的二线制、三线制变送器（即相关仪器仪表）提供隔离电源，同时检测变送器输出的电流信号，经隔离变送电流或电压信号输出到安全区，输入、输出和电源三端隔离。输入连接 1、2 接口或 1、2、3 接口，输出连接 5、6 或 7、8 接口。

2. 任务实施

安全栅电气盘的接线

安全栅电气盘的安装示意图如图 6-4 所示。

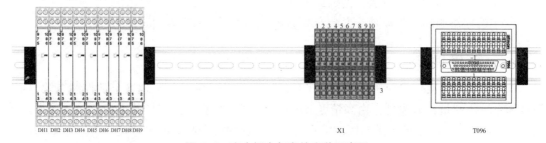

图 6-4　安全栅电气盘的安装示意图

安全栅电气盘由 9 个隔离式安全栅、端子排 X1 和 T096 端子台组成。

1）T096 端子台的接线

T096 端子台接线图如图 6-5 所示。

注：

①端子台的 1~18 接口依次连接的是 9 个安全栅的 IN-、IN+，IN-采用蓝色线，IN+采用黑色线。

②端子台的 27~44 接口依次连接的是 9 个安全栅的 OUT1+、OUT1-，OUT1-采用蓝色线，OUT1+采用黑色线。

③端子台的 25、26 接口连接至端子排 X1 的 1a、1b 接口，24 V 采用棕色线，0 V 采用蓝色线。

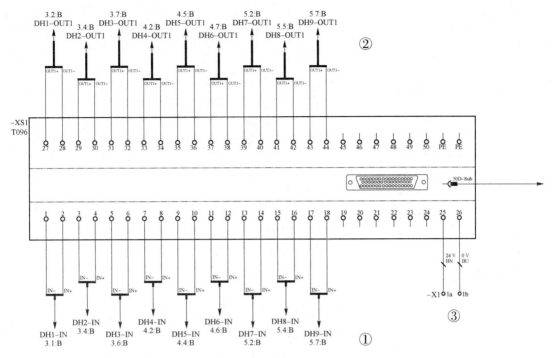

图6-5　T096端子台接线图

2）隔离式安全栅的接线

安全栅接线图（DH1）如图6-6所示。

注：以DH1安全栅为例（本示例中的仪器仪表均为二线制）：

①IN−、IN+连接至T096端子台的1、2接口，IN−采用蓝色线，IN+采用黑色线。

②OUT1+、OUT1−连接至T096端子台的27、28接口，OUT1−采用蓝色线，OUT1+采用黑色线。

③+、−连接至端子排X1的2a、2b接口，24 V采用棕色线，0 V采用蓝色线。

3）端子排X1的接线

端子排X1接线图如图6-7所示。

四、知识拓展

1. 齐纳式安全栅

（1）简单齐纳式安全栅

齐纳式安全栅采用在电路回路中串联快速熔断丝、限流电阻和并联限压齐纳二极管实现能量的限制，保证危险区仪表与安全区仪表信号连接时安全限能。它采用的器件数量少、体积小、价格低，但也有一些致命的缺陷，使应用范围受到较大的限制。

简单齐纳式安全栅利用齐纳二极管的反向击穿特性进行限压，用固定电阻进行限流，其基本电路原理如图6-8所示。

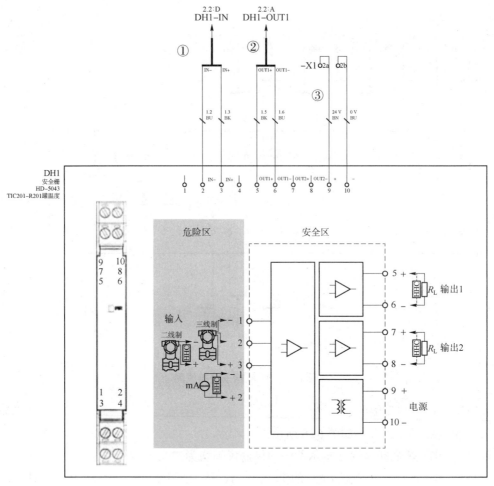

图 6-6　安全栅接线图（DH1）

规格型号	外部目标	外部连接	端子排	=+DQP_AQS-X1	端子数	10	内部连接	内部目标
STTB 2, 5 2/2			1a	1a		1a	24 V	-XS1:25
			1b	1b		1b	0 V	-XS1:26
STTB 2, 5 2/2			2a	2a		2a	24 V	-DH1:9
			2b	2b		2b	0 V	-DH1:10
STTB 2, 5 2/2			3a	3a		3a	24 V	-DH2:9
			3b	3b		3b	0 V	-DH2:10
STTB 2, 5 2/2			4a	4a		4a	24 V	-DH3:9
			4b	4b		4b	0 V	-DH3:10
STTB 2, 5 2/2			5a	5a		5a	24 V	-DH4:9
			5b	5b		5b	0 V	-DH4:10
STTB 2, 5 2/2			6a	6a		6a	24 V	-DH5:9
			6b	6b		6b	0 V	-DH5:10
STTB 2, 5 2/2			7a	7a		7a	24 V	-DH6:9
			7b	7b		7b	0 V	-DH6:10
STTB 2, 5 2/2			8a	8a		8a	24 V	-DH7:9
			8b	8b		8b	0 V	-DH7:10
STTB 2, 5 2/2			9a	9a		9a	24 V	-DH8:9
			9b	9b		9b	0 V	-DH8:10
STTB 2, 5 2/2			10a	10a		10a	24 V	-DH9:9
			10b	10b		10b	0 V	-DH9:10

图 6-7　端子排 X1 接线图

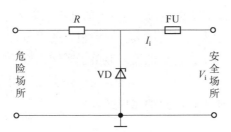

图 6-8　简单齐纳式安全栅电路原理图

由图可知，该安全栅可以限制流过的电压与电流，不让它们超过安全值，即当输入电压 V_i 在正常范围（24 V）内时，齐纳二极管 VD 不导通；当电压 V_i 高于 24 V 并达到齐纳二极管的击穿电压（约 28 V）时，齐纳二极管导通。在将电压钳制在安全值以下的同时，安全侧电流急剧增大，使快速熔丝 FU 很快熔断，从而将可能造成事故的高压与危险场所隔断。固定电阻 R 的作用是限制流往现场的电流。

这种简单的齐纳式安全栅存在两点不足：一是固定的限流电阻的大小难以选择，选小了起不到很好的限流作用，选大了又影响仪表的恒流特性。理想的限流电阻应该是可变的，即电流在安全范围内时，其阻值要足够小，而当电流超出安全范围时，其电阻要足够大。二是接地不合理，通常一个信号回路只允许一点接地，若有两点以上接地，会造成信号通过大地短路或形成干扰。因此，希望安全栅的接地点在正常信号通过时要对地断开。

（2）改进齐纳式安全栅

针对简单齐纳式安全栅存在的两点不足进行了改进。改进后的齐纳式安全栅电路原理图如图 6-9 所示。其中，第一点改进是，由四个齐纳二极管和四个快速熔丝组成双重限压电路，并取消了直接接地点，改为背靠背连接的齐纳二极管中点接地。这样，在正常工作范围内，这些二极管都不导通，安全栅是不接地的；当输入出现过电压时，这些齐纳二极管导通，对输入过电压进行限制，并通过中间接地点使信号线对地电压不超过一定的数值。第二点改进是，用双重晶体管限流电路代替固定电阻，以达到近似理想的限流效果。

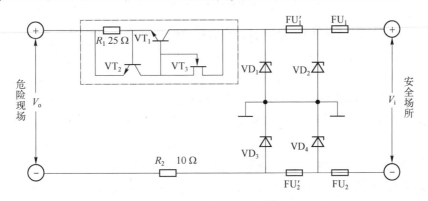

图 6-9　改进后的齐纳式安全栅电路原理图

该限流电路的工作原理为：场效应管 VT 工作于零偏压，作为恒流源向晶体管 VT 提供足够的基极电流，保证 VT 在信号电流为 4~20 mA 的正常范围内处于饱和导通状态，使安全栅的限流电阻很小；如果信号电流超过 24 mA，则电阻 R 上的压降将超过 0.6 V，于是晶体管 VT 导通，分流了恒流管 VT3 的电流，使 VT 的基极电流减小，VT 将退出饱和，使安全栅的限流电阻随信号电流的增大而迅速增大，起到很好的限流作用。

齐纳式安全栅虽然结构简单，价格低廉，但由于齐纳二极管过载能力低，并且难以解决熔丝的熔断时间和可靠性之间的矛盾，更何况熔丝是一次性使用元件，一旦熔断，必须更换后才能重新工作，从而给控制系统的自动化程度带来不利影响。

2. 隔离式安全栅

隔离式安全栅采用变压器作为隔离元件，将危险场所的本质安全电路与安全场所的非本质安全电路进行电气隔离。在正常情况下，只允许电源能量及信号通过隔离变压器，同时，切断安全侧的高压窜入危险场所的通道。当出现偶然事故时，可用晶体管限压限流电路，对事故状况下的过电压或过电流做出截止式的控制。

隔离式安全栅有两种：一种是和变送器配合使用的检测端安全栅，另一种则是和执行器配合使用的执行端安全栅。

(1) 检测端安全栅

检测端安全栅一方面为二线制变送器提供直流电源电压，另一方面把来自变送器的 4~20 mA DC 电流信号转换为与电气隔离的 4~20 mA DC 电流输出信号或 1~5 V DC 电压信号。检测端安全栅构成原理框图如图 6-10 所示，检测端安全栅电路原理图如图 6-11 所示。

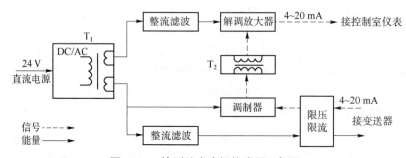

图 6-10　检测端安全栅构成原理框图

图 6-10 中，各部分之间的传输通道分为信号传输通道和能量传输通道，前者用虚线表示，后者用实线表示。

①能量传输通道。24 V 直流电源电压经直流/交流变换器变为交流电压，经变压器 T_1 将其耦合到二次侧，然后分两路传输：一路经整流滤波为解调放大器供电；另一路一方面为调制器提供调制电压，另一方面则经整流滤波和限压限流电路为变送器提供 24 V DC 电源。

②信号传输通道。一方面，由二线制变送器送来的 4~20 mA 直流电流信号经限压限流电路送往调制器，被调制成交流电流信号，再由变压器 T_2 耦合至解调放大器，解调放大器又将其恢复成 4~20 mA 直流电流信号并输出给控制室仪表，整个信号传输系数为 1。利用调制/解调的目的在于用 T_2 实现安全侧与危险侧的电气隔离。

(2) 执行端安全栅

执行端安全栅把来自安全场所的电流输入信号转换为电气隔离的电流输出信号，送至危险场所。其构成原理框图如图 6-12 所示。

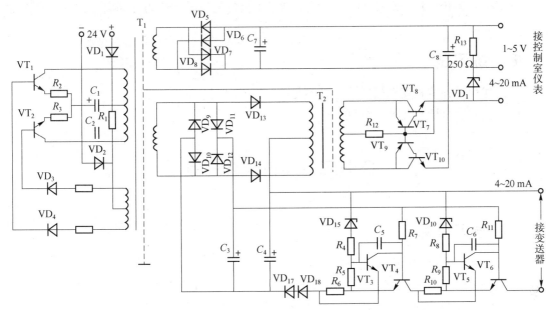

图 6-11　检测端安全栅电路原理图

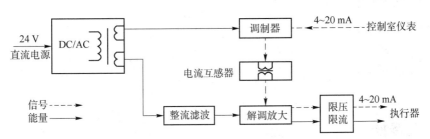

图 6-12　执行端安全栅构成原理框图

与检测端安全栅一样，各部分之间也存在信号传输通道和能量传输通道。

①信号传输通道中，由控制室调节器来的 4~20 mA 直流电流信号经调制器变成交流方波，通过电流互感器耦合到解调放大电路，经解调恢复为与原来相等的 4~20 mA 直流信号，经限压限流输出给现场的执行器。

②能量传输通道中，24 V 直流电源经磁耦合多谐振荡器将其变成交流方波电压，通过隔离变压器分成两路：一路供给调制解调器，作为 4~20 mA 信号电流的斩波电压；另一路则经整流滤波后恢复成直流电压，作为解调放大器、限压限流电路的电源电压。

执行端安全栅和检测端安全栅一样，都是传递系数为 1 的带限压限流装置的信号传送器，均采用隔离变压器和电流互感器使安全侧与危险侧实现了电气隔离。

执行端安全栅各部分的相关电路与检测端安全栅大致相同。将隔离式安全栅与齐纳式安全栅相比较，有如下优点：

可以在危险区或安全区认为合适的任何一个地方接地，使用方便，通用性强。

隔离式安全栅的电源、信号输入、信号输出均可通过变压器耦合，实现信号的输入、输出完全隔离，使安全栅的工作更加安全可靠。

隔离式安全栅由于信号完全浮空，大大增强了信号的抗干扰能力，提高了控制系统正常运行的可靠性。

五、练习题

1. 简述简单齐纳式安全栅的优点及不足。
2. 隔离式安全栅有几种？分别是什么？

任务二　液位安全控制

一、学习目标

1. 了解差压式液位计的工作原理，培养自学能力；
2. 使用 PLC 程序控制液位，达到安全保护作用，锻炼编程思维。
3. 了解液位开关的结构组成、原理及液位计的分类，增强应用意识。

二、任务描述

仪器仪表与智能传感应用教学创新平台的所有储罐和反应混合罐，有一定的体积限制，当原料持续输入时，会造成储罐原料和混合罐反应物的溢出，PLC 通过罐体壁上的液位传感器（液位开关）检测警戒水位信号，通过联锁控制，关闭水泵或电磁阀，防止原料或混合反应物的溢出。

三、实践操作

1. 知识储备

差压液位计工作原理如下：

设被测液体的密度为 ρ，容器顶部为气相介质，气相压力为 p_g（若是敞口容器，则 p_g 为大气压 p_{atm}）。根据静力学原理，有 $p_2 = p_{atm}$、$p_1 = p_g + \rho g h$（g 为重力加速度），此时输入差压变送器正、负压室的压差为：

$$\Delta p = p_1 - p_2 = \rho g h \qquad (6-1)$$

当被测介质的密度一定时，其压差与液位高度成正比，测得压差即可测得液位。若采用 DDZ-Ⅲ 差压变送器，则当 $h = 0$ 时，$\Delta p = 0$ 变送器的输出为 4 mA DC 信号。差压液位计工作过程示意图如图 6-13 所示。

2. 任务实施

液位安全控制见表 6-1。

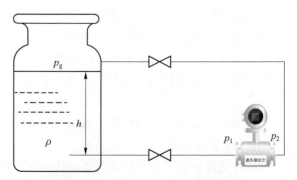

图 6-13　差压液位计工作过程示意图

表 6-1　液位安全控制

操作步骤及说明	示意图
1）添加变量 　　双击新添加的变量表，进入变量添加界面，根据设备变量表添加变量	
2）添加"函数块" 　　添加 FU 函数块，命名为"液位安全控制"	
3）原料罐液位安全控制 　　P101 泵为 V101 原料罐、V102 原料罐、V103 原料罐、V104 原料罐、V301 原料罐输送原料。当原料罐体内的液位到达警戒位置，即液位开关检测到液位时，关闭 P101 泵，停止原料供应。 　　当设备按下"急停"按钮时，P101 增压泵同样执行关闭操作，停止原料供应	

操作步骤及说明	示意图
4）混合罐液位安全控制 　　混合罐 R101 的反应物由 V101 原料罐、V102 原料罐、V103 原料罐、V104 原料罐因高度差而自由流下，它们之间的通断由电磁阀或智能流量计决定。 　　当 R101 罐体内的液位到达警戒位置，即液位开关检测到液位时，关闭原料输送管路的所有电磁阀或智能流量计，停止原料输送。 　　当设备按下"急停"按钮时，同样执行关闭原料输送管路的所有电磁阀或智能流量计的操作，停止原料输送	%I2.4 "R101液位开关"　　　　　　　%Q2.4 　┤├　　　　　　　　　"R101进水断开" %I0.5　　　　　　　　　　　　　（　） "急停" 　┤／├
5）深加工罐液位安全控制 　　P102 增压泵是将 R101（产品混合罐）体内的混合液体进行增压输送至 R201（柔性深加工）罐体内，当 R201 罐体内的液位到达警戒位置，即液位开关检测到液位时，关闭 P102 增加泵，停止上一级液体输送。 　　当设备按下急停按钮时，P102 增压泵同样执行关闭操作，停止上一级液体输送	%I2.5 "R201液位开关"　　　　　　　%Q2.6 　┤├　　　　　　　　　"关闭P102" %I0.5　　　　　　　　　　　　　（　） "急停" 　┤／├
6）柔性后处理罐 R301 液位安全控制 　　柔性后处理罐 R301 罐体内液体有两个来源：R201 罐和 V301 原料罐，`P201 泵是将 R201 罐内的混合液体进行增压输送至 R301 罐体内，当 R301 罐体内的液位到达警戒位置，即液位开关检测到液位时，需要关闭 P201 增加泵和 SV305 电磁阀（决定 V301 原料罐输送原料的通断），停止两路液体的输送。 　　当设备按下"急停"按钮时，同样执行以上两路输送通道关闭的操作	%I0.5 "急停"　　　　　　　　　　　%Q2.0 　┤／├　　　　　　　　　"关闭P201" 　　　　　　　　　　　　　　　（　） %I2.7 "R301液位开关"　　　　　　　%Q2.7 　┤├　　　　　　　　　"关闭SV305" 　　　　　　　　　　　　　　　（　）
7）柔性后处理罐 R302 液位安全控制 　　P301 增压泵是将 R301 罐体内的混合液体进行增压输送至 R302 罐体内，当 R302 罐体内的液位到达警戒位置，即液位开关检测到液位时，关闭 P301 增加泵，停止上一级液体输送。 　　当设备按下"急停"按钮时，同样执行以上操作，停止液体输送	%I3.0 "R302液位开关"　　　　　　　%Q2.1 　┤├　　　　　　　　　"关闭P301" %I0.5　　　　　　　　　　　　　（　） "急停" 　┤／├

四、知识拓展

物位测量在生产过程和计量方面占有重要的地位。物位测量为生产过程提供一个准确反映物位是否处在正常位置的操作参数，保证生产的有序运行与安全，同时，为计量需要，可提供原料罐（槽）、半成品罐（槽）和产品罐（仓）内存物质数量，并为生产活动、经营业务提供必要数据。

1. 浮力式液位计和静压式液位计

浮力式液位计是应用最早的一类液位测量仪表，由于结构简单，价格低廉，至今仍有广泛的应用。这类仪表在工作中可分为两种情况：一种是测量过程中浮力维持不变的，如浮标、浮球等液位计，工作时，浮标漂浮在液面上随液位高低变化，通过杠杆或钢丝绳等将浮标位移传递出来，再经电位器、数码盘等转换为模拟或数字信号；另一种是浮力变化的，根据浮筒在液体内浸没的程度不同、所受的浮力不同来测定液位的高低。图 6-14 所示的是一种常用的变浮力液位计，可用来测量密封压力容器内的液位。

利用液体静压测量液位也是一种常见的方法。在敞口容器中，储液底部压力与容器内的液面高度成正比，故可用压力测量仪表在底部测量压力，来间接测定液位高低，使用前面讨论的压力变送器将液位转换为电信号。当压力变送器与容器底面不在同一水平面上时，可使用变送器内的零点迁移装置减去一段相应的液位。

在带有压力的密封容器内，由于底部压力不仅与液面高度有关，还与液体表面上的气压有关，这时可用测量差压的方法消除液面上压力的影响。如图 6-15 所示，将差压变送器的正压室与容器底部相连，负压室与液面上的空间连通。从原理上说，这时差压变送器的输出只反映下部取压点以上液体的静压，可准确地反映出液位的高低。但实际使用中，要考虑上部取压管中必然有气体冷凝，出现附加液柱高度的问题，为了稳定此附加液柱高度，常在上部取压管路中加冷凝罐，这时需在差压变送器中用迁移装置平衡这一固定的压力。

图 6-14 浮力式液位计

图 6-15 差压式液位计

2. 电容式液位计

电容式液位计是根据电容极板间介质的介电常数 s 不同（如干燥空气的介电常数为 1、水的介电常数为 79 等）所引起的电容变化并通过检测电容进而求得被测介质的物位这一原理设计的。在工业生产过程中，许多大型储料容器，其器壁有金属的，也有非金属的；储料有液体的，也有固体粉状或粒状的，有导电的，也有非导电的。在电容器的极板间填充不同的介质时，由于介电系数的差别，电容量也会不同。例如，以液体代替空气作为介质时，由于液体的介电系数比空气大得多，电容量将变大，因此，测量电容量的变化可知液面的高低。电容式液位计如图 6-16 所示。

3. 超声波液位计

利用超声波在液体中传播有较好的方向性，并且传播过程中能量损失较少，遇到分界面时能反射的特性，可用回声测距的原理测定超声波从发射到液面反射回来的时间，以确定液面的高度。超声波液位计如图 6-17 所示。

图 6-16　电容式液位计　　图 6-17　超声波液位计

五、练习题

1. 简述差压液位计工作原理。
2. 物位测量在生产过程和计量方面占有重要的地位，常用的物位测量仪器包括哪几种？

任务三　温度安全控制

一、学习目标

1. 熟练掌握 PLC 常用指令的使用方法；
2. 了解温标，掌握温标分类与相互转换方法；
3. 掌握温度检测仪表测量温度的主要方法及测温仪表的选用原则。

二、任务描述

仪器仪表与智能传感应用教学创新平台循环水管中的"热媒"即热水通过加热棒获得。混合罐、反应罐的液体需要恒定的温度通过冷热媒循环来保证，温度过高或过低都对生产产生影响。本套系统通过 PLC 控制加热棒，当温度过高或过低时，可通过断电降温或通电加热进行温度调节。

三、实践操作

1. 知识储备

（1）PLC 指令

1）MOVE

移动值指令。可以使用"移动值"指令将 IN 输入处操作数中的内容传送给 OUT1 输出的操作数中。始终沿地址升序方向进行传送。如果满足下列条件之一，使能输出 ENO 将返回信号状态"0"：使能输入 EN 的信号状态为"0"；IN 参数的数据类型与 OUT1 参数的指定数据类型不对应。MOVE 指令的参数说明见表 6-2。

表 6-2　MOVE 指令的参数说明

参数	声明	数据类型	存储区	说明
		S7-1200		
EN	Input	BOOL	I、Q、M、D、L 或常量	使能输入
ENO	Output	BOOL	I、Q、M、D、L	使能输出
IN	Input	位字符串、整数、浮点数、定时器、日期时间、CHAR、WCHAR、STRUCT、ARRAY、IEC 数据类型、PLC 数据类型（UDT）	I、Q、M、D、L 或常量	源值
OUT1	Output	位字符串、整数、浮点数、定时器、日期时间、CHAR、WCHAR、STRUCT、ARRAY、IEC 数据类型、PLC 数据类型（UDT）	I、Q、M、D、L	传送源值中的操作数

2）CMP＝＝

等于指令。可以使用"等于"指令判断第一个比较值（<操作数 1>）是否等于第二个比较值（<操作数 2>）。

如果满足比较条件，则指令返回逻辑运算结果（RLO）"1"；如果不满足比较条件，则该指令返回 RLO"0"。该指令的 RLO 通过以下方式与整个程序段中的 RLO 进行逻辑运算：

串联比较指令时，将执行"与"运算。

并联比较指令时，将进行"或"运算。

在指令上方的操作数占位符中指定第一个比较值（<操作数 1>），在指令下方的操作数占位符中指定第二个比较值（<操作数 2>）。

如果启用了 IEC 检查，则要比较的操作数必须属于同一数据类型。如果未启用 IEC 检查，则操作数的宽度必须相同。

"CMP ==" 指令的工作原理如图 6-18 所示。

满足以下条件时，将置位输出 "TagOut"：

操作数 "TagIn_1" 和 "TagIn_2" 的信号状态为 "1"。

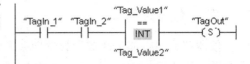

图 6-18   "CMP =="指令的工作原理

如果 "Tag_Value1" = "Tag_Value2"，则满足比较指令的条件。

3）复位输出

可以使用 "复位输出" 指令将指定操作数的信号状态复位为 "0"。仅当线圈输入的逻辑运算结果（RLO）为 "1" 时，才执行该指令。如果信号流通过线圈（RLO = "1"），则指定的操作数复位为 "0"。如果线圈输入的 RLO 为 "0"（没有信号流过线圈），则指定操作数的信号状态将保持不变。复位输出指令如图 6-19 所示。

4）置位输出

使用 "置位输出" 指令，可将指定操作数的信号状态置位为 "1"。仅当线圈输入的逻辑运算结果（RLO）为 "1" 时，才执行该指令。如果信号流通过线圈（RLO = "1"），则指定的操作数置位为 "1"。如果线圈输入的 RLO 为 "0"（没有信号流过线圈），则指定操作数的信号状态将保持不变。置位输出指令如图 6-20 所示。

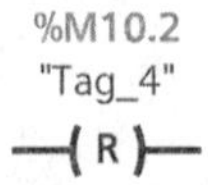

%M10.2
"Tag_4"
—(R)—

%M10.3
"Tag_5"
—(S)—

图 6-19   复位输出指令 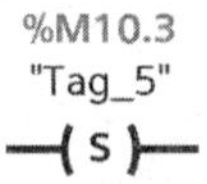   图 6-20   置位输出指令

5）P_TRIG：扫描 RLO 的信号上升沿

使用 "扫描 RLO 的信号上升沿" 指令，可查询逻辑运算结果（RLO）的信号状态从 "0" 到 "1" 的更改。该指令将比较 RLO 的当前信号状态与保存在边沿存储位（<操作数>）中上一次查询的信号状态。如果该指令检测到 RLO 从 "0" 变为 "1"，则说明出现了一个信号上升沿。

每次执行指令时，都会查询信号上升沿。检测到信号上升沿时，该指令输出 Q 将立即返回程序代码长度的信号状态 "1"。在其他任何情况下，该输出返回的信号状态均为 "0"。

扫描 RLO 的信号上升沿指令的参数说明见表 6-3。

表 6-3   扫描 RLO 的信号上升沿指令的参数说明

参数	声明	数据类型	存储区	说明
CLK	Input	BOOL	I、Q、M、D、L 或常量	当前 RLO
<操作数>	InOut	BOOL	M、D	保存上一次查询的 RLO 的边沿存储位
Q	Output	BOOL	I、Q、M、D、L	边沿检测的结果

6）N_TRIG：扫描 RLO 的信号下降沿指令

使用 "扫描 RLO 的信号下降沿" 指令，可查询逻辑运算结果（RLO）的信号状态从 "1" 到 "0" 的更改。该指令将比较 RLO 的当前信号状态与保存在边沿存储位（<操作数>）

中上一次查询的信号状态。如果该指令检测到 RLO 从 "1" 变为 "0"，则说明出现了一个信号下降沿。

每次执行指令时，都会查询信号下降沿。检测到信号下降沿时，该指令输出 Q 将立即返回程序代码长度的信号状态 "1"。在其他任何情况下，该指令输出的信号状态均为 "0"。扫描 RLO 的信号下降沿指令的参数说明见表 6-4。

表 6-4　扫描 RLO 的信号下降沿指令的参数说明

参数	声明	数据类型	存储区	说明
CLK	Input	BOOL	I、Q、M、D、L 或常量	当前 RLO
<操作数>	InOut	BOOL	M、D	保存上一次查询的 RLO 的边沿存储位
Q	Output	BOOL	I、Q、M、D、L	边沿检测的结果

7）ROL：循环左移

可以使用 "循环左移" 指令将输入 IN 中操作数的内容按位向左循环移位，并在输出 OUT 中查询结果。参数 N 用于指定循环移位中待移动的位数。用移出的位填充因循环移位而空出的位。

如果参数 N 的值为 "0"，则将输入 IN 的值复制到输出 OUT 的操作数中。

循环左移指令的工作原理如图 6-21 所示，参数说明见表 6-5。

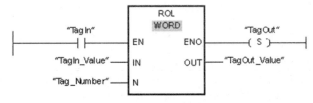

图 6-21　循环左移指令的工作原理

表 6-5　循环左移指令的参数说明

参数	操作数	值
IN	TagIn_Value	1010 1000 1111 0110
N	Tag_Number	5
OUT	TagOut_Value	0001 1110 1101 0101

如果输入 "TagIn" 的信号状态为 "1"，则执行 "循环左移" 指令，"TagIn_Value" 操作数的内容将向左循环移动 2 位，结果发送到输出 "TagOut_Value" 中。如果成功执行了该指令，则使能输出 ENO 的信号状态为 "1"，同时，置位输出 "TagOut"。

数 N 的值大于可用位数，则输入 IN 中的操作数值仍会循环移动指定位数。

8）TON：接通延时指令

使用 "接通延时" 指令，可以将 Q 输出，依照 PT 设置的数据延时指定的一段时间。当输入 IN 的逻辑运算结果（RLO）从 "0" 变为 "1"（信号上升沿）时，启动该指令。指令启动时，预设的时间 PT 即开始计时。超出时间 PT 之后，输出 Q 的信号状态将变为 "1"。

只要启动输入仍为"1",输出 Q 就保持置位。启动输入的信号状态从"1"变为"0"时,将复位输出 Q。在启动输入检测到新的信号上升沿时,该定时器功能将再次启动。

可以在 ET 输出查询当前的时间值。该定时器值从 T#0s 开始,在达到持续时间 PT 后结束。只要输入 IN 的信号状态变为"0",输出 ET 就复位。如果在程序中未调用该指令(例如,由于跳过该指令),则 ET 输出会在超出时间 PT 后立即返回一个常数值。

"接通延时"指令可以放置在程序段的中间或者末尾。它需要一个前导逻辑运算。

每次调用"接通延时"指令,必须将其分配给存储实例数据的 IEC 定时器。

接通延时指令的工作原理如图 6-22 所示,参数说明见表 6-6。

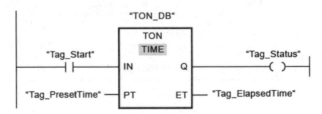

图 6-22 接通延时指令的工作原理

表 6-6 接通延时指令的参数说明

参数	操作数	值
IN	Tag_Start	信号跃迁"0"=>"1"
PT	Tag_PresetTime	T#10s
Q	Tag_Status	FALSE;10 s 后变为 TRUE
ET	Tag_ElapsedTime	T#0s => T#10s

当"Tag_Start"操作数的信号状态从"0"变为"1"时,PT 参数预设的时间开始计时。超过该时间周期后,操作数"Tag_Status"的信号状态置位为"1"。只要操作数 Tag_Start 的信号状态为"1",操作数 Tag_Status 就会保持置位为"1"。当前时间值存储在"Tag_ElapsedTime"操作数中。当操作数 Tag_Start 的信号状态从"1"变为"0"时,将复位操作数 Tag_Status。

(2) PLC 组态(表 6-7)

表 6-7 PLC 组态步骤

操作步骤及说明	示意图
1)新建项目 打开博途软件,创建新项目,确定项目名称,确定路径,单击"创建"按钮进行保存	

续表

操作步骤及说明	示意图
2）组态 在单击"创建"后的界面中选中"组态设备"，进入组态编辑界面	
3）添加控制器 在单击"组态设备"后的界面中选中"添加新设备"，再选择"控制器"→"SIMATIC S7-1200"→"CPU"→"CPU 1214C DC/DC/DC"→"6ES7 214-1AG40-0XBO"，版本选择 V4.0、V4.1 或 V4.2 皆可	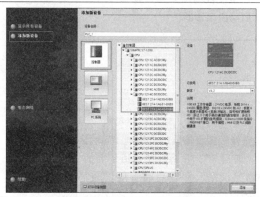
4）添加数字量、模拟量模块 在添加 PLC 之后，需要添加数字量和模拟量的输入输出模块，单击"硬件目录"，分别选择 DI/DQ 目录下的"DI16x 24VDCIDQ 16xRelay"→"6ES7 223-1PL32-0XBO"和 AI/AQ 目录下的"A4x13BITAQ 2x14BIT"→"6ES7 234-4HE32-0XBO"，将其拖至左侧	
5）修改 DI/DQ 输入输出起始地址 双击 DI/DQ 输入输出模块，单击"常规"下面的"I/O 地址"，将输入地址、输出地址的起始地址均设置为"2"	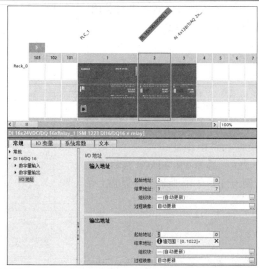

操作步骤及说明	示意图
6）修改 AI/AQ 输入输出模块参数 双击 AI/AQ 输入输出模块，选择模拟量输入的"通道 0"，将测量类型修改为"电流"，电流范围调整为"4～20 mA"，取消"启动溢出诊断"	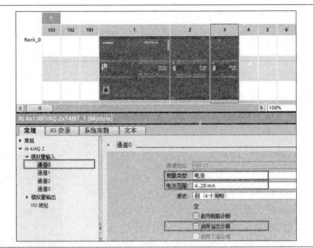
7）修改 AI/AQ 输入输出模块参数 依次选择模拟量输入的"通道 1""通道 2""通道 3"，并将三个通道下面的"启动溢出诊断"和"启动下溢诊断"进行关闭	
8）修改 AI/AQ 输入输出模块参数 选择模拟量输出的"通道 0"，将模拟量输出类型调整为"电流"，电流范围修改为"4 到 20 mA"，将"启动断路诊断"进行关闭。选择模拟量输出的"通道 1"，将"启动短路诊断"进行关闭。I/O 地址起始默认"112"	
9）设置 PLC IP 地址 双击 PLC，选择 PROFINET 接口下面的以太网地址，在 IP 地址上设置 PLC IP 地址	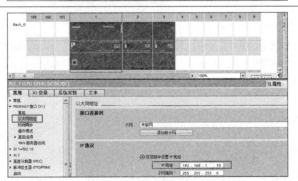

续表

操作步骤及说明	示意图
10）S7 通信 　双击 PLC，在属性界面选择防护与安全下面的"连接机制"，勾选"允许来自远程对象的 PUT/GET 通信访问"。PUT/GET 为 S7 通信指令，用于 PLC 与其他系统的通信	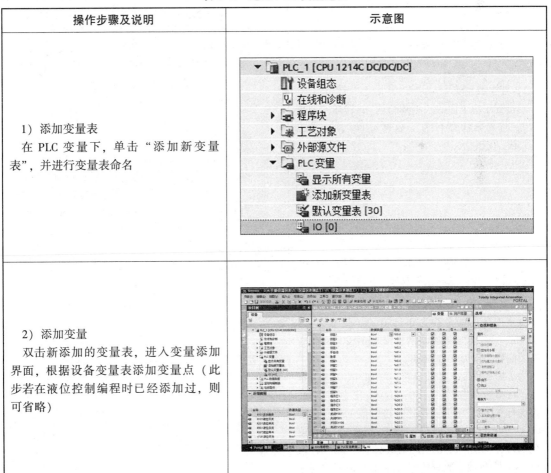

（3）建立 PLC 变量（表 6-8）

表 6-8　建立 PLC 变量过程

操作步骤及说明	示意图
1）添加变量表 　在 PLC 变量下，单击"添加新变量表"，并进行变量表命名	
2）添加变量 　双击新添加的变量表，进入变量添加界面，根据设备变量表添加变量点（此步若在液位控制编程时已经添加过，则可省略）	

2. 任务实施（表6-9）

表6-9　温度安全控制

操作步骤及说明	示意图
1）添加"函数块"	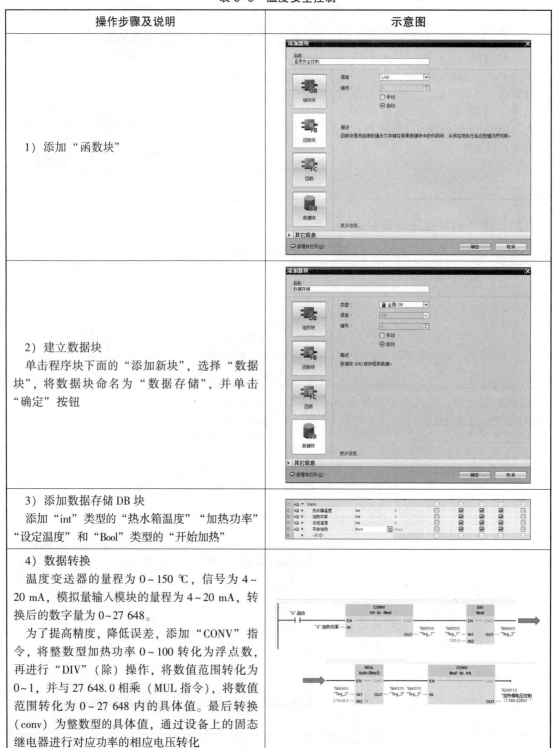
2）建立数据块 单击程序块下面的"添加新块"，选择"数据块"，将数据块命名为"数据存储"，并单击"确定"按钮	
3）添加数据存储DB块 添加"int"类型的"热水箱温度""加热功率""设定温度"和"Bool"类型的"开始加热"	
4）数据转换 温度变送器的量程为0~150 ℃，信号为4~20 mA，模拟量输入模块的量程为4~20 mA，转换后的数字量为0~27 648。 为了提高精度，降低误差，添加"CONV"指令，将整数型加热功率0~100转化为浮点数，再进行"DIV"（除）操作，将数值范围转化为0~1，并与27 648.0相乘（MUL指令），将数值范围转化为0~27 648内的具体值。最后转换（conv）为整数型的具体值，通过设备上的固态继电器进行对应功率的相应电压转化	

续表

操作步骤及说明	示意图
5）温度控制 设置恒温水箱温度（本程序示例为 70 ℃），当反馈的实时水温低于设定温度时，温度开关打开，加热棒进行加热，当反馈的实时水温不低于设定温度时，加热棒停止加热。 若按下"急停"按钮，则处于工作状态的加热棒停止工作	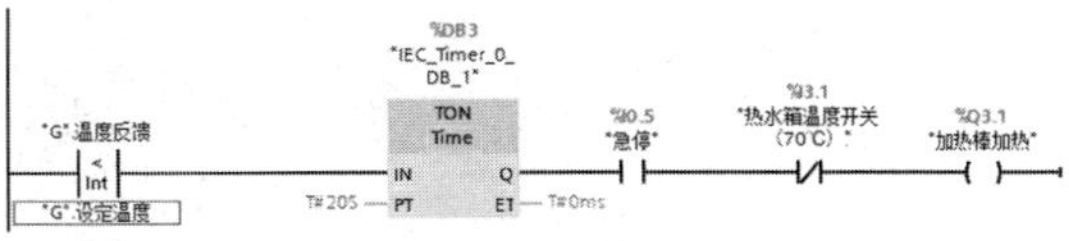
6）添加"急停"按钮	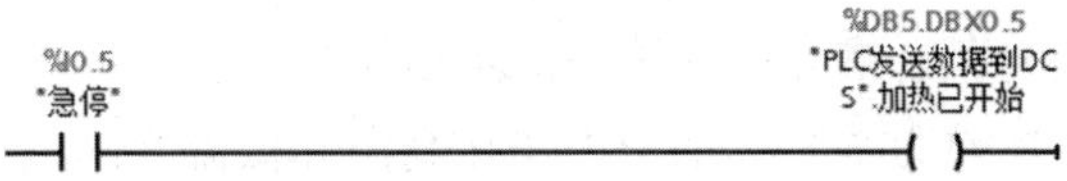
7）加热功率完整程序如右图所示	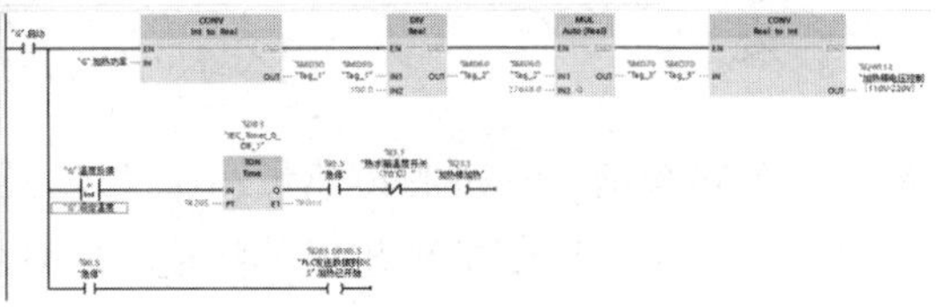
8）温度反馈 为了提高精度，使用"标准化"指令，通过将输入 VALUE 中的热水箱温度变量的值映射到线性标尺对其进行标准化，转化为 4～20 mA 对应的 0～27 648 中的具体值。 再将具体值"标准化"为 0～150 之间的具体温度值，并将温度值通过"MOVE"发送至 DCS 系统	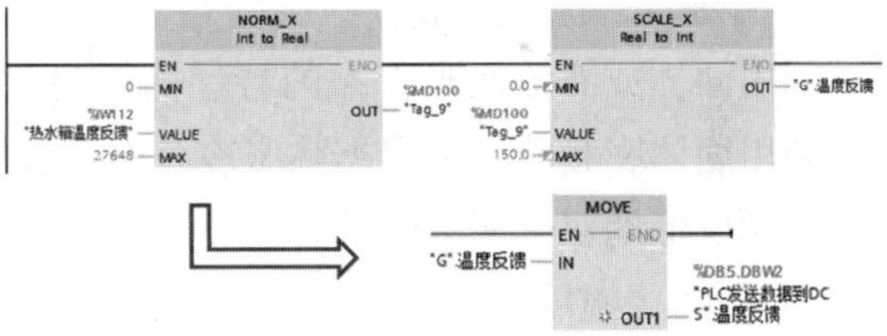

四、知识拓展

温度是工业生产中最基本的工艺参数之一，任何化学反应或物理变化的进程都与温度密切相关，因此温度的测量与控制是生产过程自动化的重要任务之一。

1. 温标

表示物体温度值的标准尺度，简称温标。温标规定了温度的读数起点（零点）和温度测量的基本单位。国际上使用较多的温标为经验温标（摄氏温标、华氏温标）、热力学温标以及国际实用温标。

1）摄氏温标

摄氏温标规定在标准大气压下纯水的冰熔点为 0 ℃，水沸点为 100 ℃，把 0～100 ℃分成 100 等份，每一等份为 1 ℃，摄氏温度用 t 表示。

2）华氏温度

华氏温标规定在标准大气压下纯水的冰熔点为 32 F，水沸点为 212 F，中间分为 180 等份，每一等份为 1 F。华氏温度用 t_F 表示。

摄氏温度 t（℃）和华氏温度 t_F（F）之间的关系为

$$t = \frac{5}{9}(t_F - 32) \tag{6.2}$$

$$t_F = \frac{9}{5}t + 32 \tag{6.3}$$

3）热力学温标

热力学温标是以热力学第二定律为基础的理论温标，与被测介质性质无关，国际权度大会将其采纳为国际统一的基本温标。

热力学温标基于工作在高温和低温之间的理想（卡诺）热机与两个热源之间交换热量，用 T 表示，单位为开尔文，符号为 K。热力学温标可表示为

$$T = 273.16 \times \frac{Q_1}{Q_2} \tag{6.4}$$

式中，Q 为热源给予热机的传热量；Q_2 为热机传给冷源的传热量。

热力学温标可以借助理想气体温度计实现，或者用与理想气体在一定范围内，性质极其相似的实际气体制成的气体温度计实现。

2. 温度检测仪表测量温度的主要方法

1）膨胀式温度计

利用固体或液体热胀冷缩的特性测量温度。例如，常见的体温表便是液体膨胀式温度计；利用固体膨胀的，有根据热胀冷缩而使长度变化做成的杆式温度计和利用双金属片受热产生弯曲变形的双金属温度计。

2）压力式温度计

压力式温度计是根据密封在固定容器内的液体或气体，当温度变化时，压力发生变化的特性，将温度的测量转化为压力的测量。它主要由两部分组成：一是温包，由盛液体或气体的感温固定容器构成；二是反映压力变化的弹性元件。

3）热电偶温度计

根据热电效应，将两种不同的导体接触并构成回路时，若两个接点温度不同，回路中便出现毫伏级的热电动势，该电动势可准确反映温度。

4）电阻式温度计

利用金属或半导体的电阻随温度变化的特性，将温度的测量转化为对电阻的测量。

非接触式测温仪表是根据物体发出的热辐射来测量物体温度。常见的有根据物体在高温时的发光亮度测定温度的光学高温计，以及将热辐射能量聚焦于感温元件上，再根据全频段辐射能的强弱测定温度的全辐射温度计。

非接触测温方法的优点是测量上限不受感温元件耐热程度的限制，因而最高可测温度原则上没有限制。事实上，目前对 1 800 ℃ 以上的高温，辐射温度计是唯一可用的测温仪

表。近年来红外线测温技术的发展，使辐射测温方法由可见光向红外线扩展，对 700 ℃以下不发射可见光的物体也能应用，使非接触测温下限向常温扩展，可用于低到 0 ℃左右的温度测量。由于非接触测温仪表不需要与被测物体进行传导热交换，因此不会因测温而改变原来的温度场，而且测温速度快，可对运动物体进行测量。其缺点是对不同物体进行测量时，由于各种物体的辐射能力不同，必须根据物体不同的吸收系数对读数进行修正，一般误差较大。

综观以上各种测温仪表，机械式的大多只能做就地指示，辐射式的精度较差，只有电的测温仪表精度较高，信号又便于远传和处理。因此热电偶与电阻式两种测温仪表得到了最广泛的应用。

3. 常用温度计参数及特性

常用温度计参数及特性见表 6-10。

表 6-10　常用温度计参数及特性

原理	种类	使用温度范围/℃	测量温度范围/℃	误差/℃	线性化	响应速度	记录与控制	价格
膨胀	水银温度计 有机液体温度计 双金属温度计	−50~650 −200~200 −50~500	−50~550 −100~200 −50~500	0.1~2 1~4 0.5~5	可 可 可	中 中 慢	不适合 不适合 适合	低
压力	液体压力温度计 蒸汽压力温度计	−30~600 −20~350	−30~600 −20~350	0.5~5 0.5~5	可 非	中 中	适合 适合	低
电阻	铂电阻温度计 热敏电阻温度计	−260~1 000 −50~350	−260~630 −50~350	0.01~5 0.3~5	良 非	中 快	适合 适合	高 中
热电偶	N K E J T	0~1 300 −200~1 200 −200~800 −200~800 −200~350	0~1 200 −180~1 000 −180~700 −180~600 −180~300	2~10 2~10 3~5 3~10 2~5	良 良 良 良 良	快	适合	中
热辐射	光电高温计 辐射高温计 比色温度计	200~3 000 100~3 000 180~3 500	— — —	1~10 5~20 5~20	非	快 中 快	适合	高

4. 测温仪表的选用

测温仪表种类多、应用范围宽，其精度及测量范围等技术要求差异较大。图 6-23 列举了工业常规测温仪表的种类、使用条件及测量范围。

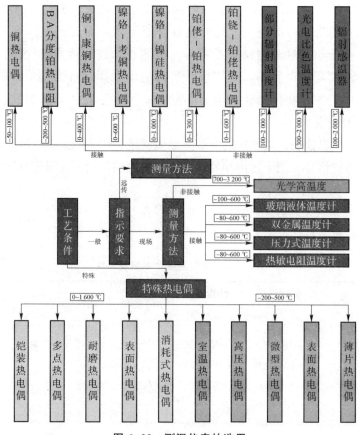

图 6-23 测温仪表的选用

五、练习题

1. 通过 PLC 编程控制热水箱温度，使温度小于 55 ℃时开始加热，温度大于 65 ℃时停止加热。

2. 简述电阻式温度计测温原理。

任务四 DCS 与 PLC 通信

一、学习目标

1. 掌握 NT6000 与 PLC 之间通过 S7 通信的参数配置，通过完成本任务加深对通信的理解和认识；

2. 通过知识拓展了解"GET""PUT"指令的使用，扩大知识面。

二、任务描述

建立 PLC 与 DCS 之间的通信，DCS 将设定的温度及加热功率等数据发送至 PLC，PLC

接收设定数据，控制加热棒进行水温加热。

三、实践操作

1. 知识储备

NT6000 软件安装 S7 通信插件

若 NT6000 软件中没有包含 S7 通信插件，则需要手动添加，在电脑中找到 NT6000 软件安装位置，按照 NT6000 软件→bin→Drv 的文件顺序，将"S7TCP"插件安放于 Drv 文件夹中，如图 6-24 所示。

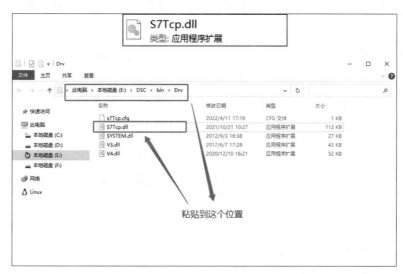

图 6-24　通信插件安放位置

2. 任务实施

DCS 与 PLC 通信见表 6-11。

表 6-11　DCS 与 PLC 通信

操作步骤及说明	示意图
1）打开 NT6000 软件 打开 NT6000 软件的集成开发环境，依照网络→节点→HMI1001→驱动管理的顺序依次打开，鼠标右击空白处，选择"新建"	

续表

操作步骤及说明	示意图
2）添加新驱动 在上一步中，单击"新建"后，会出现一个新增驱动窗口，选择 S7TCP，然后单击"确定"按钮	
3）添加网络通道 双击"S7TCP"，再单击 ▣，即可添加网络通道，单击"TcpChannel0"，进入网络设置界面，在主 IP 地址内写入 PLC 的 IP 地址，并将主槽位设置为"1"	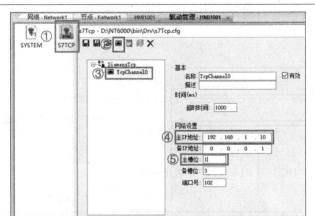
4）添加"设备""数据块" 首先选中"TcpChannel0"，单击 ▣ 添加设备，再单击 ▣ 按钮添加数据块，因为 PLC 中存放的数据块为 DB2（可自定义），因此内存类型为"数据块（DB）"，块地址为"002"。长度根据 PLC 中存储的长度设置为"7"，最后单击"保存"按钮进行保存	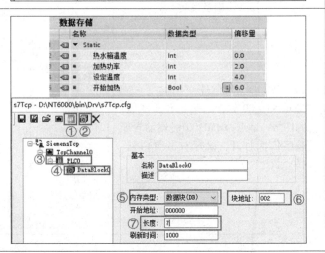

续表

操作步骤及说明	示意图
5）添加新测点 　再次打开"HMI1001 节点"，单击"点表管理"。 　在打开的"点表管理"界面，单击"锁定"，将锁定打开，再单击"添加测点"	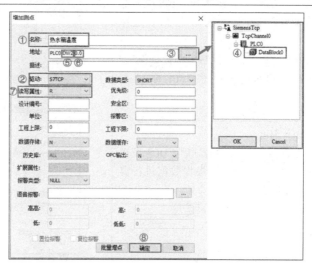
6）增加测点 　名称根据要读取的内容修改，比如"热水箱温度"。驱动设置为"S7TCP"。地址填写需要单击右图中的③，再单击"DataBlock0"，地址内容修改为 DW2（表示数据类型为"SHORT"）、X.0（表示 PLC 中数据偏移量，比如 0.0、2.0 等）。最后"读写属性"调整为"R"（只读），并单击"确定"按钮进行保存	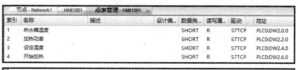
7）点表保存 　将点表设置完毕后，单击"保存"按钮进行保存	
8）下装和重载 　打开 NT6000 软件首页，单击左上角加号，依次单击"下装"和"重载"按钮完成 PLC 与 DCS 之间的通信设置	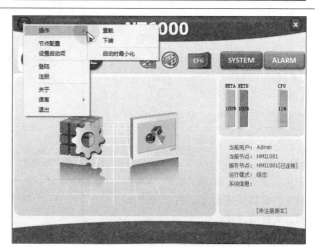

操作步骤及说明	示意图
9）添加"函数块"和"数据块" 在建立程序之前，首先要添加"函数块"和"数据块"。 在"程序块"中新增组，命名为"DCS 接收控制"，选中并右击，添加新块，选择"FB 函数块"，将块名称修改为"DCS 接收控制"，语言选择 LAD 梯形图语言。 添加"DCS 接收控制"的数据模块，选择"DB 数据块"，并修改名称	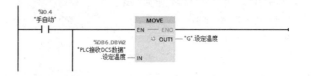
10）温度 在自动状态下，PLC 接收 DCS 发送过来的温度数据，并根据数据进行温度自动控制	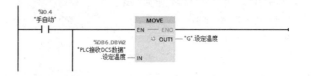
11）加热启动 在自动状态下，PLC 检测到 DCS 发送过来的温度数据，启动加热	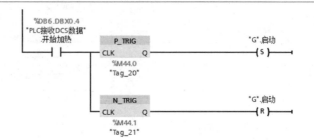
12）预留指示灯 1~4 设备预留有 4 个指示灯，用于自主设定显示安全系统的其他信号指示灯（1~4 操作相同）	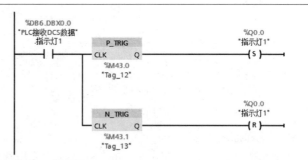
13）温度 在自动状态下，将 PLC 接收 DCS 发送过来的温度设定数据，并根据数据进行温度自动调节	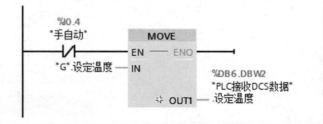

操作步骤及说明	示意图
14）按钮启动 按下"预留"按钮，PLC 将数据发送给 DCS 系统，执行相应操作，并将指示灯 2 进行点亮（按钮 1~4 操作相同）	

四、知识拓展

S7 协议是 SIEMENS S7 系列产品之间通信使用的标准协议，其优点是通信双方无论是在同一 MPI 总线上、同一 PROFIBUS 总线上还是在同一工业以太网中，都可通过 S7 协议建立通信连接，使用相同的编程方式进行数据交换而与使用何种总线或网络无关。S7 通信按组态方式，可分为单边通信和双边通信。单边通信通常应用于以下情况：

- 通信伙伴无法组态；
- S7 连接通信伙伴不允许停机；
- 不希望在通信伙伴侧增加通信组态和程序。

液位安全控制见表 6-12。

表 6-12　液位安全控制

S7 通信协议参考模型		
层	OSI 模型	S7 协议
1	物理层	以太网/RS485/MPI
2	数据链路层	以太网/FDL/MPI
3	网络层	IP
4	传输层	ISO-ON-TCP（RFC 1006）
5	会话层	S7 通信
6	表示层	S7 通信
7	应用层	S7 通信

西门子 1200PLC 通过以太网通信与其他设备进行数据交互，可以和西门子系列 PLC 进行通信，例如 S7-300、S7-1200、S7-1500 等，使用 ModbusTCP、S7、Profinet 等通信协议。支持 1 个编程设备（PG）的连接，支持 12 个 HMI 设备的连接。西门子 1200PLC 可以和机器人、相机等第三方设备进行通信，使用 ModbusTCP、Profinet 等通信协议。

西门子 1200PLC 使用 S7 通信时，一个做客户端，一个做服务器，客户端同时也可以作为其他 PLC 的服务器，服务器也可以作为其他 PLC 的客户端，S7 通信最多支持 3 个服务器和 8 个客户端的连接客户端使用 PUT/GET 通信指令，服务器不需要通信指令。

1200PLC S7 进行通信编程时，打开博途软件，创建新项目，添加两个 1200PLC，一个做客户端一个做服务器，在 PLC 属性中找到"防护与安全"→"连接机制"，勾选"允许来自远程对象的 PUT/GET 通信访问"，如图 6-25 所示，添加两个触摸屏。

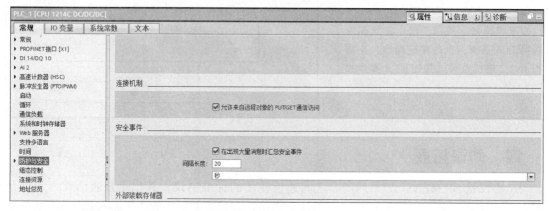

图 6-25　允许 S7 通信访问

在客户端 PLC 中，创建一个函数块并命名，再创建两个数据块并命令，数据块属性中取消勾选"优化的块访问"选项，在数据块中分别定义 8 个整型数据类型的变量。

在指令中找到 S7 通信指令 PUT/GET，创建通信指令，如图 6-26 所示。

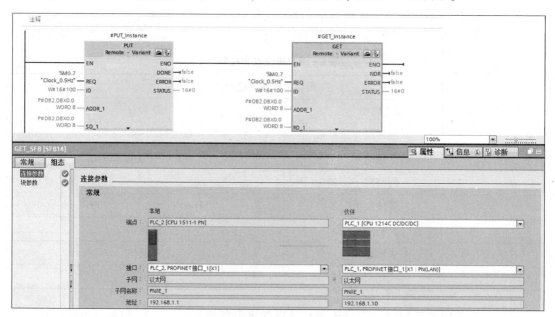

图 6-26　S7 通信编程

单击指令右上角的"开始组态"按钮，在"组态"选项中选择连接的伙伴 PLC，输入各引脚关联的变量。

PUT 写入数据指令每个引脚的功能说明如图 6-27 所示。

GET 写入数据指令每个引脚的功能说明如图 6-28 所示。

在服务器 PLC 中，创建两个数据块并命名，数据块属性中取消勾选"优化的块访问"

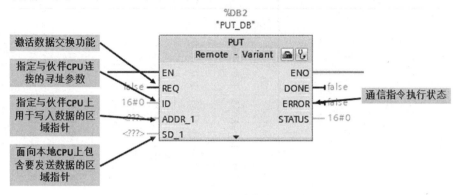

图 6-27　PUT 写入数据指令每个引脚的功能说明

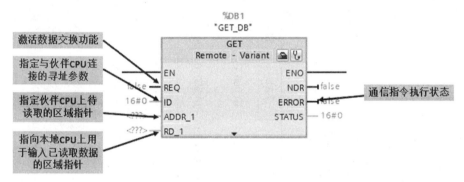

图 6-28　GET 写入数据指令每个引脚的功能说明

选项，在数据块中分别定义 8 个整型数据类型的变量。

客户端和服务器 PLC 对应的触摸屏上组态 8 个数值输入框，关联 PLC 对应的变量，用于输入要发送的数据；组态 8 个数值显示框，关联 PLC 中对应的变量，用于显示收到的数据。

五、练习题

1. 如何在点表管理中添加测点？
2. 简述建立 S7 通信 PLC 端编程操作。

附录

附录 A DCS 测点表

ADDR	TYPE	CH	DESP	SCI	HR	LR	HHAL	HAL	LAL	LLAL	OSV	ADB	ACFG	K	B	CTRI
0101	KM231A	AI010101	LIC101-V101 罐液位	4~20 mA	290.0	0.0	20 000.0	10 000.0	-10 000.0	-20 000.0	2.5	0.0	0-0-E033	1.0	0.0	
		AI010102	LIC102-V102 罐液位	4~20 mA	290.0	0.0	20 000.0	10 000.0	-10 000.0	-20 000.0	2.5	0.0	0-0-E033	1.0	0.0	
		AI010103	LIC103-V103 罐液位	4~20 mA	290.0	0.0	20 000.0	10 000.0	-10 000.0	-20 000.0	2.5	0.0	0-0-E033	1.0	0.0	
		AI010104	LIC104-V104 罐液位	4~20 mA	290.0	0.0	20 000.0	10000.0	-10 000.0	-20 000.0	2.5	0.0	0-0-E033	1.0	0.0	
		AI010105	FIQ101-V101 罐流量	4~20 mA	2.5	0.0	20 000.0	10 000.0	-10 000.0	-20 000.0	2.5	0.0	0-0-E033	1.0	0.0	
		AI010106	FIQ102-V102 罐流量	4~20 mA	2.5	0.0	20 000.0	10 000.0	-10 000.0	-20 000.0	2.5	0.0	0-0-E033	1.0	0.0	
		AI010107		4~20 mA	100.0	0.0	20 000.0	10 000.0	-10 000.0	-20 000.0	2.5	0.0	0-0-E033	1.0	0.0	
		AI010108		4~20 mA	100.0	0.0	20 000.0	10 000.0	-10 000.0	-20 000.0	2.5	0.0	0-0-E033	1.0	0.0	

续表

ADDR	TYPE	CH	DESP	SCI	HR	LR	HHAL	HAL	LAL	LLAL	OSV	ADB	ACFG	K	B	CTRI
0102	KM231A	AI010201	TIC201-R201 罐温温度	4~20 mA	150.0	0.0	20 000.0	10 000.0	-10 000.0	-20 000.0	2.5	0.0	0-0-E033	1.0	0.0	
		AI010202	TI202-E201 管道温度	4~20 mA	150.0	0.0	20 000.0	10 000.0	-10 000.0	-20 000.0	2.5	0.0	0-0-E033	1.0	0.0	
		AI010203		4~20 mA	100.0	0.0	20 000.0	10 000.0	-10 000.0	-20 000.0	2.5	0.0	0-0-E033	1.0	0.0	
		AI010204	LI201-R201 罐液位	4~20 mA	312.0	0.0	20 000.0	10 000.0	-10 000.0	-20 000.0	2.5	0.0	0-0-E033	1.0	0.0	
		AI010205	TIC301-R301 罐温温度	4~20 mA	150.0	0.0	20 000.0	10 000.0	-10 000.0	-20 000.0	2.5	0.0	0-0-E033	1.0	0.0	
		AI010206	TI302-E301 管道温度	4~20 mA	150.0	0.0	20 000.0	10 000.0	-10 000.0	-20 000.0	2.5	0.0	0-0-E033	1.0	0.0	
		AI010207	TIC303-R302 罐温温度	4~20 mA	150.0	0.0	20 000.0	10 000.0	-10 000.0	-20 000.0	2.5	0.0	0-0-E033	1.0	0.0	
		AI010208	PI302-R301 罐压力	4~20 mA	1.0	0.0	20 000.0	10 000.0	-10 000.0	-20 000.0	2.5	0.0	0-0-E033	1.0	0.0	
0103	KM231A	AI010301	LI302-R302 罐液位	4~20 mA	500.0	0.0	20 000.0	10 000.0	-10 000.0	-20 000.0	2.5	0.0	0-0-E033	1.0	0.0	
		AI010302		4~20 mA	100.0	0.0	20 000.0	10 000.0	-10 000.0	-20 000.0	2.5	0.0	0-0-E033	1.0	0.0	
		AI010303	LI301-V301 罐液位	4~20 mA	290.0	0.0	20 000.0	10 000.0	-10 000.0	-20 000.0	2.5	0.0	0-0-E033	1.0	0.0	
		AI010304	FIQ302-V301 流量检测	4~20 mA	2.5	0.0	20 000.0	10 000.0	-10 000.0	-20 000.0	2.5	0.0	0-0-E033	1.0	0.0	
		AI010305		4~20 mA	100.0	0.0	20 000.0	10 000.0	-10 000.0	-20 000.0	2.5	0.0	0-0-E033	1.0	0.0	
		AI010306		4~20 mA	100.0	0.0	20 000.0	10 000.0	-10 000.0	-20 000.0	2.5	0.0	0-0-E033	1.0	0.0	
		AI010307		4~20 mA	100.0	0.0	20 000.0	10 000.0	-10 000.0	-20 000.0	2.5	0.0	0-0-E033	1.0	0.0	
		AI010308		4~20 mA	100.0	0.0	20 000.0	10 000.0	-10 000.0	-20 000.0	2.5	0.0	0-0-E033	1.0	0.0	

续表

ADDR	TYPE	CH	DESP	SCI	HR	LR	HHAL	HAL	LAL	LLAL	OSV	ADB	ACFG	K	B	CTRI
0104	KM231A	AI010401	FV101-V101 排出调节阀反馈	4~20 mA	100.0	0.0	20 000.0	10 000.0	-10 000.0	-20 000.0	2.5	0.0	0-0-E033	1.0	0.0	
		AI010402	FV102-V102 排出调节阀反馈	4~20 mA	100.0	0.0	20 000.0	10 000.0	-10 000.0	-20 000.0	2.5	0.0	0-0-E033	1.0	0.0	
		AI010403	FV201-R201 热媒流量调节反馈	4~20 mA	100.0	0.0	20 000.0	10 000.0	-10 000.0	-20 000.0	2.5	0.0	0-0-E033	1.0	0.0	
		AI010404	FV202-R201 冷媒流量调节反馈	4~20 mA	100.0	0.0	20 000.0	10 000.0	-10 000.0	-20 000.0	2.5	0.0	0-0-E033	1.0	0.0	
		AI010405		4~20 mA	100.0	0.0	20 000.0	10 000.0	-10 000.0	-20 000.0	2.5	0.0	0-0-E033	1.0	0.0	
		AI010406	FV302-R301 热媒调节阀反馈	4~20 mA	100.0	0.0	20 000.0	10 000.0	-10 000.0	-20 000.0	2.5	0.0	0-0-E033	1.0	0.0	
		AI010407	FV303-R301 冷媒调节阀反馈	4~20 mA	100.0	0.0	20 000.0	10 000.0	-10 000.0	-20 000.0	2.5	0.0	0-0-E033	1.0	0.0	
		AI010408	FV304-R302 冷媒进调节阀反馈	4~20 mA	100.0	0.0	20 000.0	10 000.0	-10 000.0	-20 000.0	2.5	0.0	0-0-E033	1.0	0.0	

ADDR	TYPE	CH	DESP	SCI	HR	LR	HHAL	HAL	LAL	LLAL	OSV	ADB	ACFG	K	B	CTRI
0202	KM631A	MB020201	KM631A Modbus–RTU 通道1	MASTER									0–0–0000			
		MB020202	KM631A Modbus–RTU 通道2	MASTER									0–0–0000			
		AQ020301		4~20 mA	100.0	0.0	105.0	102.0	–2.0	–5.0	2.5		0–0–0000			
		AQ020302	FV101–V101 排出调节阀控制	4~20 mA	100.0	0.0	105.0	102.0	–2.0	–5.0	2.5		0–0–0000			
		AQ020303	FV102–V102 排出调节阀控制	4~20 mA	100.0	0.0	105.0	102.0	–2.0	–5.0	2.5		0–0–0000			
0203	KM236A	AQ020304	FV201–R201 热媒流量调节控制	4~20 mA	100.0	0.0	105.0	102.0	–2.0	–5.0	2.5		0–0–0000			
		AQ020305	FV202–R201 冷媒流量调节控制	4~20 mA	100.0	0.0	105.0	102.0	–2.0	–5.0	2.5		0–0–0000			
		AQ020306		4~20 mA	100.0	0.0	105.0	102.0	–2.0	–5.0	2.5		0–0–0000			

续表

ADDR	TYPE	CH	DESP	SCI	HR	LR	HHAL	HAL	LAL	LLAL	OSV	ADB	ACFG	K	B	CTRI
0204	KM236A	AQ020401	FV302-R301 热煤调节阀控制	4~20 mA	100.0	0.0	105.0	102.0	-2.0	-5.0	2.5		0-0-0000			
		AQ020402	FV303-R301 冷煤调节阀控制	4~20 mA	100.0	0.0	105.0	102.0	-2.0	-5.0	2.5		0-0-0000			
		AQ020403	FV304-R302 冷煤进调节阀控制	4~20 mA	100.0	0.0	105.0	102.0	-2.0	-5.0	2.5		0-0-0000			
		AQ020404		4~20 mA	100.0	0.0	105.0	102.0	-2.0	-5.0	2.5		0-0-0000			
		AQ020405		4~20 mA	100.0	0.0	105.0	102.0	-2.0	-5.0	2.5		0-0-0000			
		AQ020406		4~20 mA	100.0	0.0	105.0	102.0	-2.0	-5.0	2.5		0-0-0000			
0301	KM235B	DQ030101	SV101-V101 进料电磁阀	NO									0-0-0000			
		DQ030102	SV102-V101 出料电磁阀	NO									0-0-0000			
		DQ030103	SV103-V102 进料电磁阀	NO									0-0-0000			
		DQ030104	SV104-V102 出料电磁阀	NO									0-0-0000			
		DQ030105	SV105-V103 进料电磁阀	NO									0-0-0000			

续表

ADDR	TYPE	CH	DESP	SCI	HR	LR	HHAL	HAL	LAL	LLAL	OSV	ADB	ACFG	K	B	CTRI
		DQ030106	SV106-V103 出料电磁阀	NO									0-0-0000			
		DQ030107	SV107-V104 进料电磁阀	NO									0-0-0000			
		DQ030108	SV108-V104 出料电磁阀	NO									0-0-0000			
		DQ030109	SV109-R101 罐出料电磁阀	NO									0-0-0000			
		DQ030110		NO									0-0-0000			
0301	KM235B	DQ030111	SV202-R201 罐排出电磁阀	NO									0-0-0000			
		DQ030112	SV203-E201 冷媒进电磁阀	NO									0-0-0000			
		DQ030113	SV204-A102 冷媒回电磁阀	NO									0-0-0000			
		DQ030114	SV205-A103 热媒回电磁阀	NO									0-0-0000			
		DQ030115		NO									0-0-0000			
		DQ030116		NO									0-0-0000			

续表

ADDR	TYPE	CH	DESP	SCI	HR	LR	HHAL	HAL	LAL	LLAL	OSV	ADB	ACFG	K	B	CTRI
0302	KM235B	DQ030201		NO									0-0-0000			
		DQ030202	SV304-V301 进料电磁阀	NO									0-0-0000			
		DQ030203	SV305-V301 出料电磁阀	NO									0-0-0000			
		DQ030204	SV306-R301 出料电磁阀	NO									0-0-0000			
		DQ030205	SV307-E301 冷媒进电磁阀	NO									0-0-0000			
		DQ030206		NO									0-0-0000			
		DQ030207		NO									0-0-0000			
		DQ030208		NO									0-0-0000			
		DQ030209		NO									0-0-0000			
		DQ030210	P101-原料进料泵	NO									0-0-0000			
		DQ030211	P102-R101 罐进 R201 罐泵	NO									0-0-0000			
		DQ030212	P201-R201 罐进 R301 罐泵	NO									0-0-0000			
		DQ030213	P202-冷媒泵	NO									0-0-0000			
		DQ030214	P203-热媒泵	NO									0-0-0000			
		DQ030215	P301-R301 罐进 R302 罐泵	NO									0-0-0000			
		DQ030216		NO									0-0-0000			

附录 B　PLC-I/O 配置表

序号	名称	类型	地址	量程
	PLC-I/O 测点清单			
1	按钮 1	Bool	%I0.0	
2	按钮 2	Bool	%I0.1	
3	按钮 3	Bool	%I0.2	
4	按钮 4	Bool	%I0.3	
5	手自动	Bool	%I0.4	
6	急停	Bool	%I0.5	
7	预留 1	Bool	%I0.6	
8	预留 2	Bool	%I0.7	
9	预留 3	Bool	%I1.0	
10	预留 4	Bool	%I1.1	
11	预留 5	Bool	%I1.2	
12	预留 6	Bool	%I1.3	
13	预留 7	Bool	%I1.4	
14	预留 8	Bool	%I1.5	
15	V101 液位开关	Bool	%I2.0	
16	V102 液位开关	Bool	%I2.1	
17	V103 液位开关	Bool	%I2.2	
18	V104 液位开关	Bool	%I2.3	
19	R101 液位开关	Bool	%I2.4	
20	R201 液位开关	Bool	%I2.5	
21	V301 液位开关	Bool	%I2.6	
22	R301 液位开关	Bool	%I2.7	
23	R302 液位开关	Bool	%I3.0	
24	温度开关（70 ℃）	Bool	%I3.1	
25	预留 9	Bool	%I3.2	
26	预留 10	Bool	%I3.3	
27	预留 11	Bool	%I3.4	
28	预留 12	Bool	%I3.5	
29	预留 13	Bool	%I3.6	
30	指示灯 1	Bool	%Q0.0	
31	指示灯 2	Bool	%Q0.1	
32	指示灯 3	Bool	%Q0.2	
33	指示灯 4	Bool	%Q0.3	
34	关闭 P201	Bool	%Q2.0	

序号	名称	类型	地址	量程
		PLC-I/O 测点清单		
35	关闭 P301	Bool	%Q2.1	
36	关闭 SV105	Bool	%Q2.2	
37	关闭 SV107	Bool	%Q2.3	
38	R101 进水断开	Bool	%Q2.4	
39	关闭 SV202	Bool	%Q2.5	
40	关闭 P102	Bool	%Q2.6	
41	关闭 SV305	Bool	%Q2.7	
42	关闭 P101	Bool	%Q3.0	
43	加热棒加热	Bool	%Q3.1	
44	预留 14	Bool	%Q3.2	
45	热水箱温度反馈	WORD	%IW112	110~220 V
46	加热棒电压控制	WORD	%QW112	0~150 ℃

参 考 文 献

［1］ 马菲. DCS 控制系统的构成与操作 ［M］. 北京：化学工业出版社，2012.

［2］ 任丽静，周哲民. 集散控制系统组态调试与维护 ［M］. 北京：化学工业出版社，2010.

［3］ 申忠宇，赵瑾. 基于网络的新型集散控制系统 ［M］. 北京：化学工业出版社，2009.

［4］ 吴才章. 集散控制系统技术基础及应用 ［M］. 北京：中国电力出版社，2011.